AF523230

Inhaltsverzeichnis

Vorwort:

Als Erstes:
ALLE Namen, auch die der Hunde, wurden mit Absicht geändert. Alle Bilder sind mein Eigentum und haben nichts mit den Geschichten zu tun. Sie sollen nur zur Auflockerung dienen.

In diesem Buch soll es in keinster Weise um Hundetraining gehen, ich möchte euch einfach nur mitnehmen und euch einen Einblick in meine Geschichten und Erlebnisse geben.

Die beschriebenen Ereignisse haben einen wahren Kern und basieren zum Großteil auf den Erfahrungen und Erlebnissen, die ich im Laufe meines Berufslebens gesammelt habe.
Aus rechtlichen Gründen wurden deshalb alle Namen der Menschen und der Hunde geändert. Auch die Bilder haben mit den Geschichten nichts zu tun.
Halbwahrheiten sind nur zur Hälfte erfunden.

Mein Name ist Dieter Paul,

in einer Spedition in Insheim groß geworden, war mein Leben von Anfang an auf Arbeiten eingestellt. Nach Schule und Berufsausbildung als Fahrzeuglackierer arbeitete ich in den verschiedensten Firmen und Berufszweigen als Schlosser, Sandstrahler, Automechaniker, Industrielackierer, Customizer, LKW-Fahrer im Europaverkehr, Disponent, Formenbauer, Ofenbauer oder Schweißer ... all das füllte mich aber nie wirklich aus.

Mit 20 Jahren begannen mein Interesse und meine Freude an Hunden. Am Anfang nur durch deren Erscheinungsbild, wurde mein Interesse jedoch schnell größer und ich wollte mehr über den Umgang mit Hunden erfahren.

Speziell der Rottweiler gefiel mir und lies mich seither nicht mehr los. Ich suchte in verschiedenen Zeitungen und über Bekannte (Internet kannte man noch nicht) nach einem Hund.

Mein damaliger Chef kannte jemanden, der sich seines Rottweilers übers Tierheim „entledigt“ hatte, da er lt. Aussage „nicht zurechnungsfähig und gefährlich“ sei.

Ich dachte einfach zu wenig nach und schaute mir den Hund an. Rico, ein Rottweiler mit 55 kg und aus 3. Hand. Ich ließ den Papierkrieg über mich ergehen und nahm Rico mit nach Hause.

Wie sich schnell herausstellte, war das nicht gerade der beste Anfängerhund, den man sich holen sollte.
Was ich auch tat, welchen Rat ich auch befolgte, ich stieß einfach sehr schnell an meine Grenzen.
Rico machte mir unser gemeinsames Leben wirklich nicht einfach. Es gab viele Situationen, in denen ich über die Abgabe des Hundes mehr nachdachte als über das Behalten.

Also Hundeplatz aufsuchen, üben und alles wird gut, half hier überhaupt nicht. Ich suchte mir bei einigen Leuten, Hundeplätzen und Trainern Hilfe, aber zufrieden war ich nirgendwo. Im Gegenteil, es wurde immer schlimmer mit Rico. Nach vielem „Probieren“ hörte ich von einem Hundetrainer aus Bayern, der sehr empfehlenswert sein sollte und sich besonders mit schwierigen Hunden gut auskennt.

Ich besorgte mir seine Telefonnummer, rief ihn an und erzählte ihm von meinem Problem. Wie sich herausstellte, war Herr Hubert Frührentner und hat seit vielen Jahren Rottweiler. Er wollte nach einem schweren Unfall und dem dadurch entstandenen Verlust seines geliebten Hundes eigentlich nicht mehr mit Hunden arbeiten.

Aber nach langem hin und her konnte ich ihn schließlich überreden, mich und meinen Hund mal anzuschauen. Wir haben einen Termin ausgemacht und ich bin mit Rico eine Woche nach Bayern gefahren, um mich mit Herrn Hubert zu treffen. Er sprach erst mal eine Zeit lang mit mir und dann sah er sich Rico an. Was er mir dann zeigte, hat mich echt verblüfft. So mit Hunden zu „sprechen“ und sie zu „verstehen“ habe ich noch nie gesehen.

Rico folgte Herrn Hubert ohne ein Wort, auch von Angst oder Aggression war nichts mehr zu sehen. Es hat mich so beeindruckt, dass ich das auch lernen wollte.

Es waren eine Menge Überredungskunst und „viele Flaschen Pfälzer Wein“ von Nöten, damit Herr Hubert mir sein großes Wissen über dieses Handwerk richtig beibrachte. Ich machte Lehrgänge und Seminare bei ihm und habe einige Jahre bei ihm gelernt, mit Hunden richtig umzugehen und diesen Tieren auch den nötigen Respekt entgegenzubringen. Der Schwerpunkt dieses Lernprozesses war der Umgang mit auffälligen, misshandelten und gefährlichen Hunden.

Er war es auch, der mir empfahl, andere Trainer zu besuchen, um unterschiedliche Methoden im Umgang mit Hunden zu sehen und zu erlernen. Daher habe ich auch mehrere Seminare bei Wolfsforschern absolviert, um mehr über den Ursprung unserer Hunde und das natürliche Rudelverhalten zu lernen. Jeder Hund ist ein Individuum und braucht eine auf ihn passende und abgestimmte Trainingsmethode. Leider ist Herr Hubert nach 4 Jahren, die ich bei ihm lernen durfte, verstorben.

Seit dieser Zeit habe ich mein erlerntes Wissen an weiteren Hunden von mir einsetzen und ausbauen können. Sie alle kommen aus dem Tierschutz und mussten schlimmstes über sich ergehen lassen. Ich versuche seitdem, seine Philosophie an meine Kunden weiterzugeben, damit wir alle mit unseren Hunden zusammen viel Freude haben.

Vertrauen, Respekt, Geborgenheit, Sicherheit
Nach diesen 4 Bedeutungen sollte jeder mit seinem Hund arbeiten und umgehen.

Im Laufe der Zeit kamen meine Familie und Freunde mit ihren Problemen zu mir und baten mich um Hilfe. Später deren Freunde und es wurden immer mehr.

Ich musste mich entscheiden, wie es weitergehen sollte, denn der Zeitaufwand wurde ja nicht weniger. Also machte ich ein Nebengewerbe auf. Nach einigen Jahren kam ich wieder an den Punkt, eine Entscheidung treffen zu müssen. Also machte ich mich schließlich im Jahr 2008 als Hundetrainer selbstständig.

Ich nehme regelmäßig an Fortbildungskursen teil und besuche weitere Seminare. Durch den Besuch von Seminaren und Tagungen, vielfältigster Literatur und natürlich dem täglichen Umgang und Training mit Hunden erweitere ich meinen Wissens- und Erfahrungsstand permanent.

Ich versuche seitdem, allen interessierten Hundebesitzern meine Hilfe anzubieten. In unserer sehr sensiblen Zeit ist es immer wichtiger, einen gut sozialisierten und erzogenen Hund zu haben.

Dazu müssen sich natürlich auch die Hundeausbildung und ihre Methoden weiterentwickeln. Ich trainiere mit den Hunden und ihren Besitzern nach meiner über 30-jährigen Erfahrung und meinen eigenen Methoden ohne Gewalt, hauptsächlich basierend auf Körpersprache. Dabei versuche ich mich - soweit es geht - an den natürlichen Gesetzen zu orientieren und nicht irgendetwas zu versuchen, das wir Menschen uns ausgedacht haben.

Besonders wichtig finde ich es, den Hundebesitzern bei ihren alltäglichen Problemen mit ihrem vierbeinigen Freund zu helfen. Probleme können sich zuhause, beim Spaziergang oder in der Stadt zeigen. Gezielte Hilfe ist jedoch nur möglich, wenn sich der Hundetrainer die Probleme auch in der jeweiligen Umgebung, in der sie sich zeigen, anschauen kann. Dies ist auf Hundeübungsplätzen nicht immer möglich.

Oftmals sind die gezeigten Probleme nur die Oberfläche, die eigentliche Ursache kann viel tiefer sitzen. Daher ist es wichtig, dass sich der Trainer einen Gesamteindruck von dem Hund und seinem Halter machen kann. Dazu gehört auch das

Lebensumfeld, der Tagesablauf oder die grundsätzliche Beziehung zum Besitzer. Ich bespreche dies mit dem Halter gemeinsam beim ersten Treffen. Auf der Grundlage meiner Eindrücke und den Informationen, die ich aus dem Beobachten des Hundes und seines Besitzers ziehe, erstelle ich einen speziell auf diesen Hund und seinen Besitzer zugeschnittenen Übungsplan.

In diesem Buch sind lustige, aber auch traurige und tragische Kurzgeschichten dabei - denn das ist mein Leben.

Und nun viel Spaß beim Lesen

1. Die Wilde Cherie

Hund: Cherie
Halter: Kress

Vor vielen Jahren, am Anfang meiner Selbstständigkeit, bekam ich morgens einen Anruf. Eine Frau war am Telefon und sie war ziemlich fertig.
Sie sagte, dass ihr Hund beiße, und sie wisse sich einfach nicht mehr zu helfen.
Zufällig hatte ich an diesem Tag keine Termine und versprach, mich sofort auf den Weg zu machen.

Zu dieser Zeit stellte ich noch wenig Fragen am Telefon, heute bin ich klüger.
Also: Beißschutz ins Auto und los ging es. Der Termin war nur 20 Kilometer weit entfernt, aber das Wetter war ganz anders als zuhause.
Bei der vereinbarten Adresse angekommen schüttete es wie aus Kübeln und natürlich war direkt vorm Haus keine Möglichkeit zu parken. Ca. 50 Meter weiter bekam ich einen Parkplatz. Ich schnappte meine Sachen und rannte zum Haus.
Selbstverständlich war auch kein Vordach über der Tür.
Ich klingelte und hörte hinter der Tür das Gebell eines kleinen Hundes.
Mein erster Gedanke war, dass sie bestimmt noch einen Hund hat, denn am Telefon klang es ziemlich ernst.
Mein zweiter Gedanke war, dass mir der Regen so langsam in die Unterhosen lief.
Die Frau hinter der Tür hatte alle Kommandos wie Sitz, Ruhig, Still, Bleib, Platz, Fertig, Bitte, ... lautstark durch, aber das Bellen hörte nicht auf.

Der Regen hatte meine Unterhosen nun völlig im Griff und ging bereits in meine Socken über.
Die Tür ging 10 cm auf, ich freute mich, leider zu früh, denn Frau Kress sagte nur, dass es noch etwas dauern würde und schlug mir die Tür vor der Nase zu.
Ich war sauer und ging in den Hof vom Nachbarhaus, um mich unter deren Dach vor dem Regen zu schützen. Endlich ging die Tür auf und ich rannte wieder zum Hauseingang.
Im Haus angekommen war ich dann komplett nass, dass sogar das Wasser in meinen Schuhen stand und ich war echt sauer.
Denn wir standen in einem Vorraum, in den mich Frau Kress auch gleich hätte reinlassen können.
Hinter der Glastür sah und hörte ich einen kleinen Chihuahua.
Ich fragte, wo der große Hund sei, der sie attackiert habe.
Sie verstand das nicht, weil sie nur den kleinen hatte.
Mein Puls stieg.
Ich bat um ein Handtuch, um mich wenigstens etwas abzutrocknen und fragte, ob wir mal reingehen könnten. Darauf erzählte mir Frau Kress, dass dies keine gute Idee sei, da der Kleine mich sofort attackieren würde.
Na großartig.
Ich fragte, ob ich trotzdem rein gehen dürfe, da es in dem Vorraum keinen richtigen Sinn machte und mir von dem lauten Gebell so langsam das Gehör abhandenkam.
Ein Satz, den ich hierbei sehr oft höre:
„Aber auf Ihre Verantwortung."

Ich machte die Glastür auf und der Chihuahua stürzte sich sofort auf meine Hosen.
Eine schnelle Berührung meinerseits und der Kleine hörte auf und war etwas verwirrt.

Kein Gebell mehr und auch keine Attacken mehr. Frau Kress holte mehrere Handtücher und legte sie auf einen Stuhl, damit ich mich setzen konnte und ihr Stuhl nicht nass wurde.

Dann erzählte sie mir von ihrem Problem:
Cherie, so hieß die kleine Hündin, war 4 Jahre alt und seit ca. 3!!!!!! Jahren durfte Frau Kress nicht mehr auf ihrer Couch Platz nehmen, weil Cherie sie sofort attackieren und beißen würde.
Wenn sie fernsehen wollte, holte sie einen Stuhl aus dem Esszimmer und stellte ihn neben die Couch, damit würde Cherie dann zufrieden sein.

Ich wusste nicht gleich, was ich sagen sollte oder ob das hier versteckte Kamera sei. Sie hatte sich damit einfach arrangiert.
Gerufen hatte sie mich nur, weil eine Freundin zu Besuch war und die Kleine auch Frau Kress' Freundin gebissen hatte.
Ok. Auf meine Frage, ob Frau Kress mir das mal zeigen könnte, wich ihr vor Entsetzen die Farbe aus dem Gesicht.
Sie hatte echt Angst.
Ich erklärte ihr über 30 Minuten lang, wo das Problem lag. Cherie hatte hier alles im Griff, sie hatte gelernt, dass ausnahmslos nach ihrer Pfeife getanzt wird.
Bei mir hatte Cherie sofort gemerkt, dass ich mir nichts gefallen ließ und hat erst mal den Rückzug angetreten.
Während des ganzen Gesprächs lag Cherie in ihrem Körbchen und ließ mich nicht aus den Augen.
Frau Kress nahm ihren ganzen Mut zusammen und wollte versuchen mir zu zeigen, wie das Problem auf der Couch ablief.
Wohlgemerkt war diese Couch in einer 90° Form von ca. 3x3 Meter. Da sollten doch 2 Platz haben.

Frau Kress ging zur Couch und Cherie schoss von ihrem Körbchen hoch und rannte bellend zu ihr, um ihr die Couch zu vermiesen.

Frau Kress wich vor Angst sofort zurück und sagte, dass dies immer so sei.
Ich fragte, ob ich ihr das mal zeigen dürfe, da sie anscheinend nicht in der Lage war, dieses Problem in den Griff zu bekommen.
Ich wickelte mir ein Handtuch um den Arm, ging zur Couch und setzte mich darauf - Cherie kam sofort angeschossen und wollte mir ans Leder. Doch ich korrigierte sie sofort und sie verstand nicht, was da gerade passierte.
Cherie setzte nochmals nach und ich korrigierte sie erneut.
Daraufhin saß die Kleine verdutzt neben mir und schaute ganz bedröppelt aus der Wäsche.

Was machte Frau Kress? Sie war erstaunt und freute sich, ging sofort zu Cherie und wollte sie streicheln.
Kein guter Plan.
Cherie saß noch auf der Couch und ging sofort auf Frau Kress los.
Ich korrigierte Cherie erneut. Das Ganze machte ich ca. 5-mal bis Cherie akzeptierte, dass ich mir das Recht rausnahm, auf der Couch Platz zu nehmen. Dann sagte ich Frau Kress, dass sie nun an der Reihe sei. Sie müsse sich durchsetzen, da es sonst nicht besser werden würde.

Sie sollte sich setzen, zur Not das Handtuch um den Arm gewickelt einsetzen und Cherie klar sagen, dass sie das nicht dürfe.
Ok, Frau Kress ging zur Couch und setzte sich, Cherie kam angerannt und ging bellend auf sie los.
Sie sprang auf, drehte sich zu Cherie und sagte:
„Cherie hör auf, Herr Paul hat gesagt, dass du das nicht mit mir machen darfst."

Ok, so hatte ich mir das nicht vorgestellt. Ich musste es mit Frau Kress anders angehen.
Ich erklärte ihr, dass es so nicht funktionieren würde. Sie hatte Tränen in den Augen und sagte, dass sie das nicht hinbekäme.

Ich merkte, dass es ihr einfach zu viel war. Es war alles so eingeschliffen, dass sie nicht mehr aus ihrer Haut raus konnte.
Ich versuchte nun was anderes.
Psychologie.
Ich redete mit ihr, was sie so beruflich gemacht hatte und wie es in ihrem Leben gelaufen sei.
Sie erzählte mir voller Stolz, dass sie in ihrem Beruf als Sängerin sehr erfolgreich war und ihr Publikum immer im Griff hatte.
Das nahm ich auf.
Nun gingen wir wieder zur Couch und stellten uns davor. Ich sagte zu ihr, sie solle an ihre Zeit als Sängerin denken und das ganze schöne Gefühl fließen lassen.
Als sie anfing zu lächeln sagte ich ihr, dass sie sich hinsetzten und den Hund zurechtweisen solle.

Sie setzte sich und Cherie fing wieder an Theater zu machen.
Sie schaute die Kleine streng an und sagte ihr, sie solle sich benehmen. Mit der einen Hand tippte sie den kleinen Kasper zusätzlich an.
Und siehe da: Cherie war richtig ruhig. Sie stand auf und lief um die Couch, um sich erneut zu setzen. Sie akzeptierte schnell, dass nun ein anderer das Sagen hatte.
Frau Kress war überglücklich und dieses Mal hatte sie Tränen der Freude im Gesicht.

Wir ließen Cherie eine Zeit lang in Ruhe und ich erklärte ihr, dass das erst der Anfang sei. Sie müsse dem Hund bei jeder Gelegenheit erklären, dass sie, und nur sie, das Sagen hatte und Cheries Prinzessinnen-Status nun vorbei war.

Ich wollte es aber zum Abschluss noch einmal sehen.
Frau Kress ging schnurstracks zur Couch und setzte sich hin, der Hund sprang dazu und legte sich neben sie.

Das war's. Kundin glücklich und ich glücklich.

Wir machten noch verschiedene Übungen im Haus, um Frau Kress sicherer zu machen.
Nach 2 Stunden verabschiedete ich mich.

Einige Tage später hat mich Frau Kress angerufen und mir erzählt, dass alles funktioniert und Cherie nicht mehr angreift. Auch die Freundin von Frau Kress ist nun sicher.

2. Dickköpfige Kundin

Hund: Peggy
Halter: Haber

Vor einigen Jahren kam Frau Haber mit der Bitte zu mir, mit ihr ins Tierheim zu fahren, um einen Hund zu begutachten.

Ich wusste nicht, auf was ich mich da eingelassen hate. Aber von vorn:
Termin gemacht, mit Frau Haber ins Tierheim gegangen und ich habe mir den Hund angeschaut.
Nach nur 10 Minuten mit dem Hund sagte ich Frau Haber, dass sie nicht bereit sei für diesen Hund. Sie war von meiner direkten Art begeistert, aber nach dem Spruch ziemlich erschrocken.
Man muss dazu sagen, dass es sich bei dem Hund um eine 2-jährige Rottweiler-Hündin namens Peggy handelte, die schon sehr oft gebissen hatte und die angeblich niemanden akzeptierte. Nur ein Pfleger konnte mit ihr Gassi gehen und sie füttern.
Ich erklärte Frau Haber, dass ich ihr so nicht helfen könne, sie sei einfach mental zu schwach und zu labil.

Wir fuhren wieder nach Hause und ich gab ihr den Rat, sehr viel und ganz genau darüber nachzudenken. Nach ein paar Tagen rief sie mich an und wollte nochmals, dass ich mit ihr zu Peggy ins Tierheim gehe.
Ich sagte ihr erneut, dass der Hund nichts für sie sei. Diese Hündin brauchte eine stabile Führung, das hatte Frau Haber aber nicht. Sie war sauer und legte auf.

Aber das sollte es nicht gewesen sein - im Gegenteil.
Nach ca. einer Woche bekam ich einen Anruf von Frau Habers Nachbarn.
Sie erzählten mir, dass Frau Haber einen Trainer gesucht hatte, der ihr helfen sollte, Peggy aus dem Tierheim zu holen, weil ich ja keine Ahnung hätte. Schließlich fand sie einen „Trainer", der ihr zusagte zu helfen. Mit ihm ging sie ins Tierheim, um Peggy erneut zu begutachten. Sie holten Peggy schließlich nach Hause und es passierte das, was passieren musste.
Es gab eine üble Beißerei. Ich solle doch bitte kommen und Frau Haber helfen.

Ich machte mit den Nachbarn dann einen Termin aus und fuhr einen Tag später zu Frau Haber, die sich die ganze Zeit über bei den Nachbarn aufgehalten und bei ihnen geschlafen hatte.

Zitternd und mit etwas Angst öffnete Frau Haber die Tür. Ich sah eine verzweifelte Frau vor mir stehen die kurz davor war, zusammenzubrechen.
Ich nahm sie in den Arm und sie konnte ihre Tränen nicht mehr zurückhalten. Wir gingen ins Wohnzimmer, wo auch die Nachbarn saßen. Nach einer gefühlten Ewigkeit, nachdem Frau Haber sich etwas beruhigte, fragte ich sie, was denn nun alles vorgefallen sei.

Sie erzählte mir unter Tränen die ganze Geschichte:
„Der „Trainer", den ich gefunden hatte, sagte mir, dass er mir helfen kann. Mein Herz sprang vor Freude und ich war froh, dass ich nicht auf dich gehört habe, denn er wollte mir helfen, du nicht. Nach einem Termin im Tierheim sagte der „Trainer", dass der Pfleger Peggy einen Maulkorb anziehen und herausbringen soll, um einen Spaziergang zusammen zu machen.

Als Peggy rausgebracht wurde, war ich überglücklich.
Dass sie sich aggressiv an der Leine aufbaute, übersah ich, der „Trainer“ auch. Wir gingen Spazieren, erst mehr schlecht als recht, nach einiger Zeit wurde es besser. Der „Trainer“ hatte Peggy die ganze Zeit an der Leine. Er erzählte mir, dass Peggy nicht gelernt hatte, sich uns unterzuordnen. Er würde das locker hinbekommen, alles kein Problem.

Weil der „Trainer“ mir seine Hilfe zusicherte, bekam ich Peggy. Wir fuhren nach Hause und ließen Peggy erst mal ins Haus und in den Garten. Nach wenigen Minuten war sie sehr entspannt (das sagte der „Trainer“) und wir können jetzt den Maulkorb entfernen. Er ging zu ihr und löste den Maulkorb. Ich vertraute ihm, schließlich war er ja der „Fachmann“.
Kaum war der Maulkorb weg, sprang Peggy auf und biss den „Trainer“ in den Arm, er schrie, ich schrie, Peggy ließ von ihm ab und rannte auf mich zu. Sofort biss sie mir ins Bein.
Meine Nachbarn hatten alles beobachtet und kamen schnell herüber, um den Hund mit Wasser von uns abzuhalten.
Als das gelang, gingen wir zu unseren Nachbarn, um uns zu versorgen. Mein Bein war nicht so schlimm, aber den „Trainer“ hatte es übel erwischt. Wir holten sogar den Notarzt und er musste ins Krankenhaus gebracht werden.
Meine Nachbarn waren mir eine große Hilfe und überredeten mich, dich doch bitte nochmals anzurufen, schließlich musste ich ja in meine Wohnung. Ich habe mich nicht getraut, deshalb haben sie dich angerufen.
Ich habe dann bei meinen Nachbarn geschlafen, weil du erst den nächsten Tag kommen konntest.“

Ok, ich hatte genug gehört.
Ich musste ins Haus von Frau Haber und nach Peggy schauen. Die Menschen mussten alle dableiben. Dafür konnte ich keine Ablenkung gebrauchen. Egal was passieren und egal wie lange es dauern würde, sie durften nicht kommen und nach mir sehen, klingeln oder sonst was.

Frau Haber gab mir den Schlüssel und wünschte mir viel Glück. Als ich die Tür langsam öffnete und hineinschaute, sah ich noch nichts von Peggy. Ich hatte nur ein Handtuch und meine Spezialleine dabei. Ich ging rein und schloss die Tür hinter mir. Erster Raum rechts war die Küche - Kot und Urin auf dem Boden. Im Flur Blut, musste von der Beißerei sein.
Nächster Raum links der Hauswirtschaftsraum, auch hier kein Hund. Dann weiter vor zum Wohnzimmer.
Da stand Peggy.
Zwischen Schrank und Sessel und mit einem Blick in meine Richtung, dass einem die Unterhosen feucht werden konnten. Ich nahm meine Spezialleine, um bereit zu sein, falls Peggy etwas Dummes machte.
Sie legte sich hin und beobachtete mich.
Ich bewegte mich im Raum, jedoch nur langsam und immer so, dass Peggy mich auch sehen konnte. Ich ging langsam in ihre Richtung und versuchte ihr die Leine umzulegen.
Alles ohne Probleme. Ich hatte das Gefühl, dass Peggy spürte, dass ich es gut mit ihr meinte und ihr helfen werde.
Ich führte sie aus dem Haus und brachte sie in mein Auto.

Dann ging ich ins Nachbarhaus, alle Anwesenden standen vor mir und wollten wissen, was passiert sei. Ich erzählte Frau Haber, dass ich Peggy mit zu mir nach Hause nehmen und mit ihr arbeiten würde. Das werde aber etwas dauern und ich würde mich melden, wenn ich was berichten könne.

Nach 5 Wochen rief ich mal bei Frau Haber an, um ihr kurz einen Zwischenstand mitzuteilen.
Es gab einen Beißvorfall gegen mich, aber nichts Dramatisches.
Ich versprach weiterzumachen und mich wieder zu melden.

Nach weiteren 9 Wochen war Peggy so weit. Sie wurde komplett resozialisiert und war ein fester Teil meines Rudels geworden. Doch das sollte nicht so bleiben, denn es war von Anfang an geplant, Peggy wieder zu Frau Haber zu bringen.
Ich rief Frau Haber an und wir vereinbarten einen Termin, damit sie vorbeikommen konnte, um mit mir zusammen und Peggy zu arbeiten, damit es keine Rückschläge mehr gäbe.

Als Frau Haber ankam, zitterte sie am ganzen Körper.
Wir machten erst mal einen kleinen Spaziergang mit meinen Hunden zusammen, dass sie etwas lockerer wurde. Dann gingen wir zu mir nach Hause und ich holte Peggy raus.
Sie ging ganz ruhig zu Frau Haber und legte sich gleich zu ihren Füßen ab.
Nun gab es kein Halten mehr. Frau Haber heulte vor lauter Freude und konnte es gar nicht fassen.

Sie konnte Peggy mit nach Hause nehmen.
Im Anschluss arbeiteten wir jede Woche im Training zusammen und Peggy entwickelte sich zu einer traumhaften und lieben Hündin.

3. Hund auf dem Tisch

Hund: Lillyfee
Halter: Matusch

Mein Telefon klingelte und der Stimme nach war eine ältere Frau am Telefon.
Frau Matusch schien laut ihren Aussagen sehr gebildet und hatte schon sehr viel Hundeerfahrung.
Ihr Problem war, dass wenn es an der Tür klingelte, Lillyfee so laut bellte, dass niemand irgendetwas verstand. Frau Matusch erklärte mir, dass Lillyfee eine kleine Havaneser Dame und die Königin zuhause sei, das sei völlig normal.
Ok, das sollten wir doch hinbekommen.

Termin machen und gut. Als ich zu Frau Matusch fuhr und mich an der Klingel ankündigte, brach drinnen schon die Hölle los. Dass so ein kleiner Hund so ein Theater veranstalten konnte, war schon Weltklasse.
Frau Matusch öffnete die Tür und Lillyfee sprang an mir hoch und freute sich ein Loch in den Bauch. Sie war kaum zu beruhigen. Dass Frau Matusch sie dann auf den Arm nahm, machte die Sache auch nicht besser. Aber wir konnten wenigstens ins Haus und uns hinsetzen.

Frau Matusch hielt das zappelige Etwas die ganze Zeit auf dem Arm und streichelte Lillyfee. An ein entspanntes Gespräch war erst mal nicht zu denken. Doch Frau Matusch schien das überhaupt nicht zu stören. Nach ca. 10 Minuten hatte sich Lillyfee endlich beruhigt und Frau Matusch sagte voller Stolz, dass es sonst länger gehe, aber heute hätte sie sich extra durchgesetzt ??????????

Wir saßen im Esszimmer und Frau Matusch setzte Lillyfee auf den Stuhl neben sich. Wohlgemerkt, nicht auf den Boden. Ok, es gibt Schlimmeres.
Sie sagte, dass sie extra frischen Tee gemacht habe und fragte mich, ob ich auch eine Tasse trinken möchte.

Ich glaube, dass ich das Problem da schon erahnt hatte.
Ich sagte ja, und Frau Matusch ging in die Küche und holte einen Teller mit Keksen und stellte ihn auf den Tisch, dann ging sie wieder in die Küche, um den Tee zu holen. Lillyfee sprang vom Stuhl auf den Tisch und spazierte ganz selbstverständlich zu den Keksen, schlabberte etwas daran, nahm sich einen Keks heraus und aß ihn auf dem Tisch.
Ich war perplex, wusste nicht, was ich sagen sollte, und rief nach Frau Matusch. Sie kam herein, sah alles und fragt mich was los sei. Ich sagte ihr, dass Lillyfee sich einen Keks geholt und auf dem Tisch gefressen habe.
Frau Matusch schaute mich an und sagte: *„Und?“*

Ok, Problem erkannt.
Sie stellte den Tee ab und setzte sich mir gegenüber. Sie sagte, dass ich doch bitte ihre Kekse probieren sollte, sie hatte sie selbst gebacken. Ich erwiderte, dass Lillyfee alles voll geschlabbert hatte. Frau Matusch meinte ganz trocken *„Dann nehmen Sie doch einfach einen von unten.“*

Was sollte ich tun? Ich merkte, dass Frau Matusch allein war, Lillyfee schien ihr einziger Kumpel, Freund, Zuhörer, Partner, ... zu sein.
Ich sprach sie darauf an und Frau Matusch fing an zu weinen. Sie erzählte mir, dass sie keine Familie mehr hatte, keine Freunde, nur Lillyfee.
Ich hatte einen Kloß im Hals, was sollte ich da sagen?

Ich nahm einen Keks und Frau Matusch fing an zu lächeln. Zum Hundetraining war ich nicht gekommen, sie brauchte jemanden zum Reden.

Sie erzählte mir 2 Stunden von ihrem Leben. Die Zeit war mir egal, ich würde ihr sowieso nichts berechnen.
Einige Tassen Tee und 2 Kekse später, zeigte ich ihr dann doch, wie sie das Problem an der Klingel in den Griff bekommen könne, auf eine Weise, dass sie auch Freude daran hatte.
Immer, wenn es klingelte und Lillyfee zur Tür rannte, sollte sie Lillyfee aufmerksam machen und Leckerlies nach hinten werfen.

Es war jedoch schon lange egal, was wir tun sollten, denn Frau Matusch brauchte andere Hilfe.
Sie freute sich und weinte, als ich kein Geld von ihr wollte. Daher gab sie mir eine Tüte Kekse mit.
Ich versprach ihr, in Kürze wieder zu kommen.

Zu Hause dachte ich lange über diesen Termin nach und hatte eine Idee.
Am nächsten Tag rief ich den Bürgermeister von Frau Matusch an, erklärte ihm das Problem und was ich mir vorstellte. Er sagte, dass es in ihrem Ort eine Gruppe Landfrauen gebe, die sich umeinander kümmern. Ich nahm in den nächsten Tagen Kontakt mit ihnen auf und erzählte ihnen von meiner Idee.
Alle waren begeistert und wollten sich einbringen.

Anschließend rief ich Frau Matusch an, um einen weiteren Termin zu machen. Ich sagte ihr, dass sie bitte Kaffee und Tee kochen sollte, denn ich hätte eine Überraschung dabei.
Was es denn sei, fragte sie, und ich entgegnete, dass es doch keine Überraschung mehr wäre, wenn ich es ihr sagen würde.
Ok, sie war einverstanden.

Zum besagten Termin kam ich mit 6 Landfrauen aus der Gruppe zu Frau Matusch. Sie hatten sogar Kuchen gebacken.
Als wir klingelten, brach drinnen wieder die Hölle los. Die Frauen wussten alle Bescheid was sie zu tun hatten und was sie erwartete. Eine von ihnen hatte einen kleinen Mischling dabei, um Lillyfee etwas abzulenken.
Ich wusste nicht, ob das alles funktionieren würde, aber ich war guter Dinge.

Frau Matusch öffnete und erschrak kurz, sie fragte was los sei. Ich fragte, ob wir reinkommen dürften.
Ich nahm Lillyfee auf den Arm, um erst mal das Haus zu betreten. Wir gingen ins Esszimmer und setzten uns. Die Frauen fingen gleich an, den Kuchen aufzutischen, Kaffee und Tee stand auch schon in der Küche bereit.
Ich erzählte Frau Matusch kurz, was das hier sollte:
Die Frauen kämen nun öfters vorbei und Frau Matusch sollte an der Gruppe auch teilnehmen, zusammen mit Lillyfee. Nur bitte nicht mehr auf dem Tisch.
Die beiden Hunde verstanden sich prächtig und sprangen zusammen durchs Wohnzimmer. Hier konnte ich nun nichts mehr tun.

Ich verabschiedete mich von Frau Matusch und wünschte ihr alles Gute. Sie umarmte mich und wollte mich nicht mehr loslassen. Also alles richtig gemacht.

4. Butsch der Kämpfer

Hund: Butsch
Halter: Bauer

Eines Tages bekam ich einen Anruf von meiner Tierärztin, Frau Dr. Kaan. Sie fragte, ob ich zufällig Zeit hätte und mal kurz vorbeikommen könnte.
Es sei ein Notfall. Ein Mann sei bei ihr und wollte, dass sie einen gesunden, aber aggressiven Hund einschläfert. Vielleicht könne ich was tun, bevor der letzte Schritt eingeleitet wird.
Ich sagte, dass ich in ca. 40 Minuten da wäre.

Als ich auf den Parkplatz fuhr, fiel mir gleich ein US-Fahrzeug auf. Ich ging an dem Auto vorbei zur Praxis, im Auto sah ich einen Brocken von einem Mastiff sitzen. Wie sich gleich herausstellte, ging es auch um den Kleinen. An der Anmeldung empfing mich Dr. Kaan und stellte mir Herrn Bauer vor.
Ein Schrank von einem Mann.

Wir setzten uns ins Wartezimmer und Herr Bauer erzählte mir seine Geschichte:
„Ich bekam Butsch, einen Bullmastiff, von einem Saisonarbeiter im Dorf geschenkt, weil er zu viel Schwierigkeiten machte. Butsch war ein lieber Kerl mit ca. 3 Jahren und 65kg. Aber nur solange er mit mir im Haus war. Er müsste etwas abnehmen, aber dafür müsste er ohne Probleme auch Spazieren gehen. Gehen wir Gassi oder sonst wo hin, ist der Teufel los. Er stellt sich auf die Hinterfüße und schreit förmlich seine Aggression raus. Ich kann ihn nur mit Mühe halten, Laternen, Bäume und Schilder haben mir oft dabei geholfen. Ich suchte in einer Hundeschule Hilfe. Als sie Butsch sahen, musste ich gleich wieder gehen.

Man riet mir, den Hund einzuschläfern, weil es unmöglich wäre, mit ihm zu arbeiten.
Nächste Hundeschule, derselbe Ablauf.
7 !!!!!!! verschiedene Stellen habe ich aufgesucht, keiner wollte mir helfen. Wofür sind die denn überhaupt da???

Ich bin verzweifelt und ratlos, ich kann doch nicht den Rest meines Lebens mit Butsch im Haus bleiben, das ist doch kein Leben. Ich bin am Resignieren und hab Dr. Kaan angerufen, um das Leben von Butsch zu beenden.
Als ich nun hierherkam, sagte sie mir, dass sie es nicht tun kann, der Hund ist gesund und ich sollte doch mal zu Ihnen gehen. Ich hatte bis dato noch nichts von Ihnen gehört und wollte auch nicht mehr, ich war einfach am Ende.
Dr. Kaan hat dann Sie dann angerufen und nun sitzen wir hier."

OK, ich wollte mir selbst ein Bild von Butsch machen.
Da er allerdings keinen Maulkorb kannte, bat ich Herrn Bauer, bitte die Leine an ihm zu befestigen und aus dem Auto hängen zu lassen, sodass ich die Leine fassen konnte und Butsch noch im Auto saß. Herr Bauer tat wie geheißen und kam wieder in die Praxis.
Ich bat Herrn Bauer, in der Praxis zu warten und unter keinen Umständen nach draußen zu kommen. Ich wollte Butsch alleine kennlernen und einschätzen.
Ich ging also zum Auto und nahm die Leine in die Hand, Butsch war ruhig.
Ich öffnete die Tür des Fahrzeugs, Butsch war ruhig.
Ich zeigte Butsch, dass er aussteigen sollte, Butsch war ruhig.
Dann kam Herr Bauer raus, weil er es nicht mehr ausgehalten hat. Großer Fehler.

Butsch drehte komplett durch, warf mich zu Boden und ging auf Herrn Bauer los. Ich hatte ihn noch an der Leine und zog ihn zu mir und irgendwie ins Auto zurück.

Dann habe ich mir Herrn Bauer vorgenommen. Ich war wütend, aufgeregt und schrie ihn an, dass so eine Scheiße nicht abgemacht war. Ich hatte deutlich zum Ausdruck gebracht, dass ich mir Butsch alleine anschauen wollte.

Wir gingen wieder in die Praxis und Herr Bauer sah seinen Fehler ein. Dr. Kaan hatte vom Fenster aus alles beobachtet und bat uns, noch 30 Minuten zu warten. Dann wäre kein Kunde mehr da und wir könnten ruhiger arbeiten.
Wir warteten.
Als der letzte Patient ging, begann die 2. Runde.

Dr. Kaan und Herr Bauer schauten vom Fenster aus zu. Keiner durfte rauskommen.
Als ich wieder raus ging bemerkte ich, dass durch das Chaos vorher die Leine mit Butsch zusammen im Auto lag und Butsch auch nicht mehr so ruhig war wie zuvor.
„Na toll“, dachte ich. *„Kunde hört nicht und ich kann es ausbaden.“*
Ich öffnete schnell die Tür und griff nach der Leine.
Butsch war so überrascht, dass er nicht sofort reagierte. Nach 2 Sekunden aber schon. Er versuchte mich anzugreifen und ich konnte mir den Brocken nur sehr schwer vom Leib halten.

Nach kurzer Diskussion entschied sich Butsch, es erstmal ruhiger angehen zu lassen und ging mit mir über den Parkplatz. Nicht sehr gut, aber er ging mich auch nicht an. Nach mehreren Minuten lief es immer besser. Butsch fing an zu verstehen, dass ich ihm nichts Böses wollte und ließ sich immer mehr auf mich ein. Wir liefen nun relativ entspannt über den Parkplatz.

Ich setzte Butsch dann wieder ins Auto und ging zurück in die Praxis. Dr. Kaan fiel sofort auf, dass ich am Bein verletzt war, das hatte ich noch nicht einmal bemerkt. Ich wurde verarztet und wir besprachen alles weitere.
Ich fragte Frau Kaan, ob ich noch ein bisschen weiterarbeiten könnte. Sie stimmte zu, weil sie auch interessiert war und weil ich eine große Chance sah, dass Butsch auf keinen Fall eingeschläfert werden musste.

Ich rief einen Kunden von mir an, dass er bitte mal mit seinem Hund kommen sollte. Er wohnte nur 3 Straßen weiter und war in wenigen Minuten da.
Wieder musste Herr Bauer in der Praxis bleiben.

Ich ging raus zu Butsch, öffnete die Tür und holte ihn ohne große Probleme raus.
Mein Kunde sollte mit seinem Hund als Ablenkung einfach über den Parkplatz laufen und ich ging ihm mit Butsch entgegen. Er wollte gleich etwas Stress machen, aber eine kurze Korrektur meinerseits und Butsch spielte mit. Sehr gut sogar.

Wir beendeten die Aktion nach ungefähr 20 Minuten. Butsch kam fix und fertig wieder ins Auto und ich besprach das weitere Vorgehen mit Herrn Bauer.
Eine Euthanasie stand nach den ganzen Tests nicht mehr im Raum.
Frau Kaan freute sich und Herr Bauer war skeptisch.
Wir besprachen, dass ich erst einige Tage später anfangen könne mit Butsch zu arbeiten, da ich noch einige Termine hatte, die nicht aufschiebbar waren.

Dann machte Herr Bauer mit Butsch ein 5-wöchiges Intensivtraining bei mir.
Auch Frau Kaan schaute immer mal vorbei, um die Fortschritte zu beobachten.

Viele Kunden halfen mit ihren Hunden mit, um Butsch zu resozialisieren.
Butsch wurde von Tag zu Tag ruhiger und souveräner. Auch das Spazierengehen klappte immer besser, fast etwas zu schnell. Doch es gab in der ganzen Zeit keine Rückschläge.

Nach weiteren 4 Wochen war Butsch so weit hergestellt, dass Herr Bauer auch ohne meine Hilfe weiterarbeiten konnte.
Ein schöner Abschluss, aber auch ein schwerer Weg.

5. Misshandelter Retriever

Hund: Seal
Halter: Jüliger

Morgens um kurz vor 7 Uhr klingelte das Telefon und Frau Jüliger war dran. Ich war gerade mit meinen Hunden spazieren und dabei telefoniere ich nicht gerne, aber ich hörte, dass es ernst war.
Unter Tränen entschuldigte sie sich für den frühen Anruf. Sie schluchzte und weinte, sodass ich kaum ein Wort verstand. Ich bat sie, einmal tief durchzuatmen, damit wir uns unterhalten könnten.

Sie sagte, sie habe einen 3-jährigen Golden Retriever aus dem Tierheim. Er wurde misshandelt und aggressiv gemacht.
Ich versprach zu helfen.
Da ich keinen Terminkalender bei mir hatte, sagte ich zu ihr, dass ich mich zwecks eines Termins in einer Stunde bei ihr melden würde.
Als wir zuhause waren, rief ich Frau Jüliger zurück und vereinbarte einen Termin in einer Woche mit ihr.

Am Tag des Termins musste ich leider einen unserer Hunde vom Gnadenhof zu seiner letzten Reise begleiten und daher den Termin eine weitere Woche verschieben. Denn bei einem so traurigen Ereignis bin ich nicht in der Lage, mit bissigen Hunden zu arbeiten. Frau Jüliger verstand das und so kam ich eine Woche später zu ihr.

Als ich klingelte, bellte es drinnen und das Bellen klang nicht freundlich. Ich hörte, wie eine Frau schrie und den Hund von der Tür entfernte.

Dann ging die Tür auf: Die Frau stand zitternd vor mir und stellte sich als Frau Jüliger vor. Sie sagte, sie hätte Seal in ein Zimmer gesperrt, damit ich eintreten konnte.
Ich wurde ins Haus gebeten. Alles war ganz still, wir gingen ins Wohnzimmer und setzten uns. Ich sagte Frau Jüliger, dass ich ihr helfen würde und sie sich beruhigen könne. Dann wollte ich wie immer ihre Geschichte hören.

Sie erzählte mir kurz ihr Problem:
„Vor 2 Jahren habe ich mir einen Golden Retriever aus dem Tierheim geholt. Er wurde misshandelt und war 3 Jahre alt. Mehr wusste man nicht.
Seal war sehr misstrauisch Menschen gegenüber und mir wurde dringend empfohlen, eine Hundeschule mit ihm zu besuchen. Ich tat wie geheißen und meldete mich in einer Hundeschule an. Gleich am ersten Tag als wir da waren mussten wir ein Training mitmachen, was Seal überhaupt nicht wollte.
Der Trainer motzte uns ständig an, dass ich schon Tränen in den Augen hatte.
Nach ca. 15 Minuten ging der Trainer auf uns zu und riss mir die Leine aus der Hand, um Seal mal zu zeigen, wie er sich zu benehmen hatte.
Es passierte, was passieren musste: Seal biss zu.
Wir wurden aufs Übelste beschimpft und aus dem Hundeverein geworfen. Ich war völlig fertig mit den Nerven und Seal traute mir seit diesem Vorfall noch weniger.

Ich suchte Rat bei einer Trainerin, die mir vom Tierheim empfohlen wurde. Wir machten einen Termin aus und ich fuhr zu ihr. Sie schaute sich meinen Seal an und machte einige Tests mit ihm.

Er reagierte richtig aggressiv auf sie und mir wurde gesagt, dass Seal gefährlich sei und sie mit so einem nichts zu tun haben wollte.
Ich war völlig fertig und wusste nicht mehr weiter. Ich traute Seal nicht und er mir nicht. Ich rief im Tierheim an, um Seal schweren Herzens zurückzugeben. Das Telefonat dauerte lange und Sie wurden mir mit den Worten empfohlen:
„Wenn einer noch helfen kann, dann Sie."
Eigentlich wollte ich schon gar nicht mehr, aber der Herr vom Tierheim hat mich überredet. Also habe ich Sie angerufen und nun sind Sie hier und helfen mir hoffentlich, dass Seal nicht mehr beißt."

Ok, ich musste mir selbst ein Bild von Seal machen. Wir gingen in den Flur und ich bat Frau Jüliger, ihren Hund an der Leine herauszuholen.
Als Seal mich sah, ging er auf die Hinterbeine und machte mehr als deutlich, dass ich verschwinden sollte, sonst setzt es was. Ich schrie Frau Jüliger an (durch das Bellen verstand man sein eigenes Wort nicht mehr), dass sie Seal nochmal in das Zimmer bringen sollte.
Welch eine Ruhe.

Ich sagte ihr, dass ich allein zu Seal in das Zimmer müsse, um ihm zu helfen. Als Frau Jüliger das hörte, glaubte ich, dass sie kurz vorm Zusammenbruch stand.
Ich erklärte ihr, dass ich nichts tun würde, was Seal schadet. Ich müsste in das Zimmer, und zwar allein. Sie durfte nicht reinkommen und musste warten, bis ich wieder rauskam. Egal, was sie hörte oder auch nicht.

Sie ging ins Wohnzimmer und ich in das Zimmer von Seal. Er stand in einer Ecke und starrte mich nur an. Ich schaute ihm nicht in die Augen, aber natürlich ließ ich ihn nicht aus meinem Blickfeld, genau wie er mich auch nicht. Ich lief langsam an der Wand entlang hin und her. Plötzlich setzte sich Seal hin.

Ich bewegte mich nun etwas mehr im Zimmer, ohne ihn aber zu sehr zu bedrängen. Er schaute mich nur weiter an. Dann legte er sich hin. Ich setzte mich an der gegenüberliegenden Wand auf den Boden. Er kroch langsam auf mich zu. Ich war vorbereitet, denn es könnte blöd werden. Als er fast bei mir war, legte er sich auf die Seite - das wars.
Er verstand, dass ich ihm nichts Böses tun wollte.
Ich nahm seine Leine, die er noch von Frau Jüliger anhatte und ging langsam in die Höhe. Er blieb ruhig liegen. Ich zeigte ihm, dass er aufstehen sollte, und das tat er auch.
Dann gingen wir aus dem Zimmer zu Frau Jüliger, die mit offenem Mund und Tränen in den Augen im Wohnzimmersessel saß. Ich setzte mich ihr gegenüber und Seal legte sich neben mich.

Frau Jüliger fand erst gar keine Worte, weil sie nicht glauben konnte, was sie sah. Seal war ruhig. Ich erklärte ihr, was ich in dem Zimmer gemacht habe und was Seal gezeigt hat.
Jeden Schritt erklärte ich ihr ausführlich, damit sie verstehen konnte, wie sie Seal in Zukunft führen musste. Er brauchte eine sehr konsequente Führung. Keine Gewalt und keinen Druck, nur Konsequenz und Verständnis für dieses Tier.
Nach der Misshandlung und der unqualifizierten Handhabung von den „Trainern“ brauchte er eine Person, an der er sich erst mal orientieren konnte.
Das musste Frau Jüliger lernen und verstehen.

Ich gab ihr viele Hausaufgaben, die sie mit Seal umsetzen musste. Gleichzeitig kam Frau Jüliger 3x pro Woche zu mir ins Training. Manchmal waren die beiden nur 20 Minuten da, weil an dem Tag der Stress für Seal zu groß war. Es muss immer auf den Hund geachtet werden.
Es wurde von Woche zu Woche besser.

Nach wenigen Monaten war es geschafft. Hund und Frauchen sind zu einem super Team zusammengewachsen und schaffen es nun auch ohne meine Hilfe, ein schönes Leben zu bestreiten.

6. So kann es kommen

Hund: Amy und Hilde
Halter: Gauß

Heute kam ein ungewöhnlicher Anruf bei mir an. Ein Herr von einer Hausverwaltung bat mich, mal bei einer Mieterin vorbeizuschauen. Sie hätte 2 riesengroße Hunde und ging fast nie mit ihnen aus der Wohnung.
Ich sagte, dass ich doch nicht einfach bei Fremden klingeln könne, um meine Hilfe anzubieten.

Er erzählte mir, dass es um Frau Gauß ginge. Sie wohnte im 3. Stock des besagten Hauses und die beiden Hunde wären so eine Art Bernhardiner. Sie könne die Hunde nicht halten und die Mieter des Hauses bekämen so langsam Angst. Wenn das so weiterginge, werde irgendwann das Ordnungsamt oder die Polizei tätig werden müssen. Das wollte er gerne vermeiden, daher sein Anliegen an mich.
Ich fragte, ob man mit Frau Gauß sprechen konnte oder ob sie von vorneherein Hilfe ablehnte. Er erwiderte, dass er es bestimmt schaffen würde, sie und mich zusammen zu bringen.

Ok, er redete mit ihr und 2 Tage später rief mich Frau Gauß an. Sie erzählte mir kurz, dass sie einen Bernhardiner von 3 Jahren und einen Berner Sennenhund von 4 Jahren habe.
Beide in der Wohnung sehr brav, aber wenn es vor die Tür geht, könne sie die beiden nicht halten. Ihr Ex-Mann hatte beide Hunde angeschafft und sich nun von ihr getrennt und die Hunde bei ihr gelassen. Sie wisse nicht, was sie tun solle, unzählige Bücher habe sie gelesen und genauso viele Methoden versucht anzuwenden, alles ohne Erfolg.

Sie arrangierte sich folgendermaßen mit der Situation: Jeden Abend stellte sie sich den Wecker auf 2 Uhr nachts, ging ins Treppenhaus, um zu schauen, dass niemand da ist, dann ließ sie die Hunde aus der Wohnung, weil sie die beiden noch nicht mal die Treppe runterführen konnte. Sie rannte dann hinterher bis unten vor die Haustür.
Dann erst wieder ein prüfender Blick nach draußen und anschließend ließ sie die beiden in den Hof und Garten. Sie hatte eine Stirnlampe auf und 2 Taschenlampen dabei, auch die Hunde trugen Leuchthalsbänder, damit sie sehen konnte, wo sie sich in der Dunkelheit befinden. Nach ca. einer Stunde ging sie wieder ins Haus und nach oben, weil um 4 Uhr die ersten Bewohner des Hauses zur Arbeit gingen.

Oh Mann, ich hatte genug gehört. Wir vereinbarten einen Termin.
Als ich einige Tage später zu ihr kam, lief ich die Treppen hoch zu ihrer Wohnung. Es war die oberste Etage (wie soll es auch anders sein) in diesem Haus.
Vor der Tür war ein kleiner Absatz, auf dem Schuhe standen. Hinter mir die Treppe.
Ich klingelte und auf der anderen Seite hörte ich 2 Hunde, die es nicht erwarten konnten, dass die Tür endlich aufgeht.

Frau Gauß öffnete und beide Hunde sprangen gegen mich und warfen mich die Treppe hinunter. 2 Stockwerke tief und die Hunde mit dabei.
Als ich zum Liegen kam, sprangen die beiden so auf mir herum, dass ich fast keine Luft mehr bekam. Es gelang mir nur mit Mühe und einem Mieter, bei dem ich vor der Tür lag, die Hunde zu bändigen.

Frau Gauß kam herunter und versuchte die Hunde von mir fernzuhalten. Beide hatten kein Halsband an, sodass der Mieter und Frau Gauß große Mühe hatten, das zu bewerkstelligen. Ich konnte kaum helfen da ich noch etwas brauchte, um Luft zu bekommen.
Das hätte richtig böse enden können.

Nach einer Weile brachten wir die Hunde nach oben in die Wohnung. Der Mieter wünschte mir Glück und ging wieder. Die Hunde kamen ins Wohnzimmer und wurden mit einen Kindergitter separiert. Wir saßen dann im Esszimmer und ich musste immer noch nach Luft ringen.
Als es mir endlich besser ging, kamen wir mal zu dem Vorfall von eben zurück. Frau Gauß entschuldigte sich, sie dachte die Hunde blieben drin. Ok, abhaken. Wie immer musste ich alles wissen, um helfen zu können, also was war los?

Ihr Mann hatte sie verlassen und sie war mit den Hunden und ihrer Lebenssituation überfordert. Sie arbeitete noch halbtags und sie wisse auch, dass die Hunde nicht ausgelastet waren. Aber was solle sie tun? Tierheim?

Ich merkte, dass ich hier mit Training nicht viel helfen konnte. Also zeigte ich Frau Gauß, wie sie die Hunde wenigsten sinnvoll vom Kopf her beschäftigen konnte, in der Zwischenzeit würde ich mir Gedanken über eine Lösung machen.
Ich verabschiedete mich und überlegte mir, welche Möglichkeiten es gab und welche ich auch umsetzten konnte.

Und wie das Schicksal so wollte, rief mich der Mieter an, vor dessen Tür ich bei meinem Sturz im Treppenhaus gelandet war. Er erzählte mir, dass er ausziehen würde, weil er ein kleines Haus mit Garten erworben habe.

Seine Idee war, dass Frau Gauß dann in seine Wohnung ziehen könnte, um mit den Hunden nicht immer die Treppen laufen zu müssen. Aber er wollte nicht gleich mit ihr darüber reden, weil er nicht wusste, was wir bei meinem Besuch ausgemacht hatten.

Das Gespräch dauerte sehr lange, da wir über sehr vieles sprachen. Unter anderem erfuhr ich auch, dass er darüber nachdachte, sich einen Hund zuzulegen, daher auch sein Auszug. Seit verschiedenen Filmen, die er gesehen hatte, sprachen ihn Bernhardiner sehr an, besonders seit dem Film „Beethoven".

Nach 4 Tagen ging ich wieder zu Frau Gauß, dieses Mal mit der dringlichen Bitte, die Hunde nicht über mich herfallen zu lassen. Mir tat nämlich immer noch jeder Knochen im Körper weh.
Ich ging in die Wohnung und besprach mit ihr meine Überlegungen, Möglichkeiten und Ideen. Auch dass ich mit dem Mieter von unten gesprochen hatte und ein Wohnungswechsel möglich wäre.

Wir holten Herrn Petersen (Mieter von unten) dazu. Die beiden verstanden sich echt gut und ich merkte, dass Herr Petersen auch gerne mithelfen wollte. Den eigentlichen Grund verstand ich da noch nicht.
Das Treffen war wirklich super, was sehr selten in der heutigen Gesellschaft ist. Wir sind erstmal so verblieben, dass Frau Gauß in 3 Wochen nach unten ziehen würde (mit der Absprache des Hausverwalters) und wir erst dann mit dem eigentlichen Training beginnen würden. Also verabschiedete ich mich bis zum nächsten Termin in 4 Wochen und ließ die beiden allein zurück.

Aber es sollte alles anders kommen.
Nach 3 Wochen bekam ich einen Anruf von Frau Gauß, sie hätte eine Überraschung für mich und bat mich, für den ausgemachten Termin zu einer mir fremden Adresse zu kommen.
Mehr wollte sie nicht verraten. Ich war etwas verwirrt, dachte mir aber: *„Was solls, mal schauen was passiert."*

Am Treffpunkt angekommen klingelte ich an einem schönen kleinen Häuschen mit nettem Vorgarten. Frau Gauß öffnete die Tür und bat mich herein.
Sie war richtig aufgeregt und strahlte über das ganze Gesicht. Ich fragte, was passiert sei und wo ich mich hier befände. Sie nahm meine Hand und führte mich ins Wohnzimmer. Durch die Terrassentür sah ich Herrn Petersen mit den Hunden im Garten spielen.
Ich wusste nicht, was ich sagen sollte, und war echt sprachlos.
Frau Gauß sagte nur: *„Darf ich Ihnen mein neues Leben vorstellen?"*

Ich musste mich setzen... was, wie, warum, wieso, ...? Ich verstand nichts.
Sie holte Herrn Petersen herein und die beiden setzten sich mir gegenüber. Jetzt kam die Überraschung, die ich bis dato noch nicht verstanden hatte.

Sie erzählte, dass die beiden nach unserem letzten Gespräch noch lange zusammensaßen und redeten. Sie merkten, dass sie beide gleiche Interessen hatten, und Herr Petersen wollte ihr in den 3 Wochen bis zu seinem Auszug mit den Hunden helfen.
Dabei kamen sie sich immer näher und beschlossen, die Wohnung im Mietshaus nicht zu tauschen, sondern Frau Gauß zog mit den Hunden zu Herr Petersen in das eigene Haus.

Er ergriff dann das Wort:
„Das macht alles Sinn. Ich bin nicht mehr allein und mein Wunsch nach einem Hund, speziell nach einem Bernhardiner, hat sich auch gleich erfüllt. Nur sind es jetzt eben 2 Hunde.“

Die beiden strahlten und waren sehr glücklich. Ich war so perplex, dass ich lange brauchte, um das alles zu verarbeiten. So kann es kommen.
Als ich wieder etwas bei Verstand war, beschlossen wir, nun das Training gemeinsam anzugehen. Wir verabredeten uns zu 2 Terminen pro Woche in ihrem Zuhause und arbeiteten, bis alle Probleme verschwunden waren.

Das war auch für mich ein sehr schönes Erlebnis, das mit Schmerzen anfing und mit Liebe endete.

7. Mein schlimmster Fall

Hund: Bruno
Halter: Kaiser

Ein Mann rief bei mir an und bat mich um Hilfe. Er erzählte mir am Telefon, dass er und seine Frau sich einen Rottweiler geholt hätten, der für den Schutzdienst abgerichtet wurde.
Und abgerichtet war sehr stark untertrieben, wie sich später noch herausstellen sollte.
Sie kannten den Besitzer und den Hund schon lange. Da Bruno dann den Besitzer schwer gebissen hatte, sollte er ins Tierheim. Das brachte Frau Kaiser nicht übers Herz und holte Bruno zu sich.
Doch seitdem konnten sie keinen Besuch mehr empfangen und auch nicht mit Bruno nach draußen gehen, da er unberechenbar erschien. Zum Glück hatten sie einen großen Garten, damit Bruno wenigstens etwas Bewegung hatte. Zuhause wäre auch alles gut.
Herr Kaiser erzählte auch, dass sie schon mal einen Trainer dahatten und Bruno ihn regelrecht zerreißen wollte.

Ok, das hörte sich schlimm an. Ich fragte, wer der Trainer war, und wir machten einen Termin in wenigen Tagen aus.
In der Zwischenzeit rief ich mal bei besagtem Trainer an, weil ich ihn auch gut kannte.
Er erzählte mir wahrlich nichts Schönes.
Der Hund sei eine aggressive Zeitbombe und er habe das Training abgebrochen, weil er keine Chance hatte auch nur in die Nähe des Hundes zu kommen, ohne dass Bruno attackierte. Ohne Maulkorb und Schutzanzug wäre es sehr böse ausgegangen.

Frau Kaiser verstand auch nicht, was sie da hatte, sondern sagte ständig:
„Der Trainer hatte Schuld und hat ja überhaupt keine Ahnung. Bruno ist doch ein lieber Kerl."

Er empfahl auch Bruno einzuschläfern, dieser Hund sei einfach zu gefährlich für Leib und Leben.

Nach ein paar Tagen fuhr ich also zu besagtem Termin.
An der Adresse angekommen empfing mich Herr Kaiser bereits in der Hofeinfahrt. Er erzählte mir, dass seine Frau komplett die Wahrnehmung und die Realität verloren habe und er nun selbst große Angst vor Bruno habe.
Na toll.
Wir gingen ins Haus und Richtung Esszimmer. Frau Kaiser saß auf einem Stuhl und begrüßte mich schon sehr misstrauisch. Wir mussten uns fast anschreien, weil Bruno eine Bellorgie veranstaltete, dass an Ruhe nicht zu denken war.
Links von mir in einiger Entfernung war ein geschlossener Wintergarten und Bruno war darin separiert. Er bellte und hatte vor lauter Aggression schon Schaum vorm Maul.

Direkt bei der Begrüßung kam der Satz von Frau Kaiser, dass sie mich nicht gerufen hätte, sondern ihr Mann.
Ok, was soll mir das jetzt sagen?
Ich sagte ihr, dass ich hier sei, um zu helfen. Das ignorierte sie völlig, indem sie ihrem Mann einen sehr bösen Blick zuwarf.
Sie sagte, dass ich an diesem Verhalten von Bruno schuld sei, er wäre so ein Lieber und ich mache ihn nun so wild.
Dass ich nichts machte und nur die Wohnung betreten hatte, war ihr egal. Herr Kaiser sagte nix.

Aber dafür nahm Frau Kaiser das Zepter in die Hand:
„Alle Menschen machen meinen Bruno schlecht, der Trainer vor Ihnen hatte gar keine Ahnung und Sie bestimmt auch nicht."

Ich versuchte, sie zu bremsen, aber das war vergeblich. Ich bin dann einfach aufgestanden und aus dem Zimmer gegangen. Herr Kaiser hinterher. Ich sagte ihm, er solle doch mal seine Frau zur Besinnung bringen und sie zu uns holen, damit wir mal in einer vernünftigen Lautstärke reden könnten, sonst machte das keinen Sinn hier.
Er ging wieder hinein und ich wartete. Es wurde ruhig und Herr Kaiser holte mich ins Esszimmer. Sofort als Bruno mich sah, ging es wieder los.
Eine ohrenbetäubende Lautstärke. Ich hoffte, dass das Glas am Wintergarten stabil genug war.
Wieder beschuldigte mich Frau Kaiser, dass ich Bruno zu so einem Verhalten zwang.
„Der arme Kerl will doch nur geliebt und gestreichelt werden".

Puh, ich wusste nicht so recht, was ich der Frau sagen sollte.
Anscheinend hatte sie jeden Bezug zur Realität verloren.
Sie meinte dann, sie wolle mir jetzt mal zeigen, dass Bruno ein lieber Kerl ist und würde ihn zu uns holen. Ich sagte ihr sehr deutlich, dass sie das lassen sollte, es sei lebensgefährlich.
Aber sie hörte nicht.

Ich sprang hoch und ging aus dem Haus, Herr Kaiser mir hinterher. Gerade als wir die Tür hinter uns schließen wollten, brach drinnen das absolute Chaos aus.
Geschrei ohne Ende.
Ich ging sofort rein und machte die Tür vom Esszimmer auf.

Bruno stand auf den Hinterbeinen und biss Frau Kaiser immer wieder in den Arm.
Geistesgegenwärtig und ohne zu denken, rannte ich dazu, nahm im Vorbeigehen einen Stuhl, schob Bruno damit in den Wintergarten und verschloss die Tür.

Wir zogen Frau Kaiser in den Hausflur, alles war voller Blut.
Ich sagte Herrn Kaiser, dass er sofort einen Notarzt rufen solle. Er meinte, dass nur wenige hundert Meter weiter ein Krankenhaus sei. Wir packten schnell Frau Kaiser, legten sie ins Auto und fuhren in die Klinik. Mittlerweiler war sie schon ohnmächtig. Mit Vollgas und hupend die Auffahrt zur Klinik hoch und sofort kamen Ärzte heraus, um zu helfen.
Was ein Drama.

Als das Adrenalin dann nachließ fiel ich richtig in ein Loch. Ich wusste gar nicht was da gerade passiert war, ich hatte nur funktioniert.
Das Krankenhaus hatte die Polizei verständigt und als diese kamen, mussten wir unsere Aussagen aufgeben. Nach einer gefühlten Ewigkeit fuhren wir mit der Polizei zum Unfallort zurück.

Alle beschlossen, Brunos Leben zu beenden.
Auch ich stimmte zu. Diese Entscheidung musste getroffen werden, aber sie tat sehr weh.
Die Polizei forderte einen Schützen mit Betäubungsgewehr an.
Wir lenkten Bruno im Haus ab und der Schütze schoss aus einer Öffnung im Garten auf Bruno und betäubte ihn damit.
Ein herbeigerufener Tierarzt musste dann das Unausweichliche tun, er erlöste Bruno.
Mir flossen die Tränen.
Was wurde Bruno nur angetan, dass er so wurde?

Ich fuhr dann nach vielen Stunden nach Hause. Keine Ahnung wie ich den Weg fand, denn meine Gedanken waren bei Bruno, Familie Kaiser und dem schrecklichen Erlebnis.

In den nächsten Tagen lief ich etwas neben mir, weil mich das Geschehene nicht losließ. Nach einer Woche rief ich bei Herrn Kaiser an. Er erzählte mir, dass seiner Frau der Arm amputiert werden musste.
Das Einzige, was sie fragte:
„Wie geht es Bruno?"

Als er ihr erzählte, was nach ihrem Beißvorfall geschehen war, hatte sie ihren Mann aus dem Krankenhaus entfernen lassen und ihm gesagt, er solle ausziehen. Wenn sie nach Hause käme, wolle sie ihn nicht mehr sehen.
Das war das Letzte, was ich von Familie Kaiser hörte.

8. Unqualifizierter „Trainer“

Hund: Rocky
Halter: Röller

Ich bekam einen Anruf von Frau Röller. Sie erzählte mir, dass sie sich einen Rottweiler aus dem Tierheim geholt habe. 2 Jahre alt, kastriert und sehr sozial. Aber sie würde gerne mit ihm ein bisschen trainieren und ihr Wissen erweitern. Leider hatte sie bei 3 Hundevereinen vorgesprochen und jeder lehnte sie ab, weil Rocky einer Rasse angehörte, die viele fälschlicherweise als gefährlich einstufen.
Sie war enttäuscht. Keiner wollte ihr die Möglichkeit geben, mit Rocky zu trainieren.
Über ein paar Bekannte hörte sie dann von mir und rief somit an. Leider war ich in dieser Zeit so sehr ausgebucht, dass ich erst 4 Wochen später einen Termin für Frau Röller hatte. Das war ihr zu lange und sie wollte einfach nicht mehr warten, sie fühlte sich wieder enttäuscht und wollte daher weitersuchen.
Ok, ich fand das schade, aber mehr als arbeiten kann ich ja auch nicht. Und ich arbeite ja schon 24/7.

Mehrere Wochen später klingelte am frühen Abend das Telefon, Nicole war dran. Sie war eine Kundin von mir und von Beruf Krankenschwester.
Sie rief mich aus dem Krankenhaus an.
Sie erzählte mir, dass eine Frau Röller auf ihrer Station lag und sie ein großes Problem mit ihrem Hund habe.
Ich soll doch bitte mal vorbeikommen. Es sei mehr als dringend.

Gegen 22 Uhr kam ich ins Krankenhaus. Nicole sorgte dafür, dass ich noch reindurfte.

Sie begleitete mich ins Zimmer von Frau Röller. Diese weinte, als sie mich sah und Nicole kümmerte sich gleich wieder um sie.
Ich nahm mir einen Stuhl und setzte mich neben das Bett von Frau Röller.
Wir redeten ruhig und Nicole schaute ständig nach uns. Sie sorgte auch dafür, dass ich dableiben konnte, solange wir nur ruhig wären.

Frau Röller fing dann an, mir die ganze Geschichte zu erzählen:
„Da Sie mir vor Wochen nicht helfen wollten, bin ich dann Richtung Stuttgart zu einem Trainer gegangen. Er züchtete Rottweiler und war auch „Hundetrainer". Ich dachte mir, da biste gut aufgehoben. Wie ich Ihnen schon beim ersten Telefonat erzählte, war Rocky ein ganz lieber Kerl.

Der „Trainer" sprach bei unserer ersten Begegnung erst mal mit mir und schaute sich dann Rocky an.
Der lag die ganze Zeit neben mir. Er sagte, dass er erst mal Rockys Aggression testen müsse.
Ich fragte „warum????", der hat doch keine.
Er meinte, dass jeder Hund aggressiv sei und er müsse einschätzen können, wie hoch sein Potenzial ist.
Leider ließ ich mich darauf ein.
Er sagte, ich müsse den Hund an einem Baum fest machen und weg gehen. Ich gehorchte mit Bauchweh.
Er ging mit einem Stock auf Rocky los, der lag nur da und gähnte.
Dann nahm er eine Fanfare dazu und den Stock und wiederholte das so lange, bis Rocky regelrecht ausflippte.
Ich konnte nicht mehr.
Ich bat ihn aufzuhören.
Er schrie mich an, ich solle nicht so verweichlicht sein.
Das reichte mir dann, ich machte Rocky los und fuhr mit Wut im Bauch nach Hause.

In den nächsten Tagen bemerkte ich, wie sich Rocky verändert hat. Er sprang in die Leine, wenn Männer auf uns zu kamen, bellte Leute an, rannte Fahrradfahrern hinterher...... Das alles hatte er davor nicht gemacht.
Ich wurde krank, der Hauptgrund war, dass ich mir die ganze Schuld an Rockys Verhalten gab. Es wurde so schlimm, dass ich dann schließlich ins Krankenhaus musste. Meinen Ex-Mann bat ich, Rocky zu versorgen, bis ich wieder heimkomme.

Gleich am ersten Tag hat Rocky meinen Ex gebissen, als er in meine Wohnung kam, um ihn zu versorgen.
Er rief mich hier im Krankenhaus an, um mir zu sagen, dass er das nicht mehr machen würde.
Ich war niedergeschlagen und wusste nicht mehr weiter, es kam, was kommen musste: Ich bekam einen Zusammenbruch.
Als ich wieder zu mir kam, war eine sehr nette Schwester (Nicole) bei mir. Ich erzählte ihr von meinem Kummer und dass ich nach Hause zu Rocky müsse.
Im Gespräch sagte sie mir, dass sie auch einen Hund habe und bei Ihnen im Training ist.
Ich beschwerte mich bei ihr über Sie, dass Sie ja gar keine Zeit für uns hätten.
Sie war so ruhig und sprach mir Mut zu. Ich solle mir keine Sorgen machen, sie würde für mich sofort bei Ihnen anrufen.
Und nun sitzen Sie hier und hören sich den Mist an, den ich verbrochen habe".

Ich versprach ihr zu helfen, da es sich hier um mehr als nur ein Problem handelte, es war eine Notlage.
Ich besprach mit Frau Röller, dass ich mich um Rocky kümmern würde, bis sie gesund war.
Sie solle sich nicht unter Druck setzen, ich würde Rocky in mein Rudel aufnehmen und mit ihm arbeiten.

Um 1 Uhr nachts verabschiedete ich mich, nahm noch den Hausschlüssel von Frau Röller mit und begab mich auf den Heimweg.

Am nächsten Morgen machte ich mich auf den Weg zum Haus von Frau Röller.
Ich schloss die Tür auf und Rocky stand schon im Flur.
Gut gelaunt war er zwar nicht, aber auch nicht der Aggressivste unter Gottes Sonne.
Ich ging langsam ins Haus und redete mit Rocky. Er rannte weg und kam mit einem zerrissenen Kissen zurück. Ich dachte, dass es mit dem Kleinen kein Problem geben wird.
Denkste.
Als ich 2 Meter weiter auf ihn zuging, sprang er mich an und biss mir in den Oberschenkel. Ich wehrte mich und konnte ihn von mir fernhalten. Mit meiner Spezialleine, die ich bei solchen Aktionen immer dabeihabe, fing ich ihn schließlich ein.
Als die Leine dran war, wurde Rocky viel ruhiger und ging freiwillig mit mir zum Auto. Ich setzte ihn rein und lief in die Wohnung zurück, um die Hinterlassenschaften von Rocky zu entfernen und etwas aufzuräumen.
Dann fuhren wir zu mir nach Hause und ich brachte ihn erst mal in den Garten, dass er mal rennen und ohne Stress durchatmen konnte.

Ich musste dann zu einem anderen Termin fahren. Als ich wieder heimkam, ging ich erst mit meinen Hunden spazieren und danach mit Rocky allein.
So konnte ich mich mehr auf ihn einlassen und er sich auch auf mich.

Gegen 20 Uhr fuhr ich ins Krankenhaus zu Frau Röller. Sie war ganz aufgeregt, als ich kam.
Dass ich humpelte, konnte ich ihr nicht verbergen und erzählte, dass Rocky mir eine verpasst hatte, es aber nichts Dramatisches war. Er sei bei mir zuhause und fühle sich wohl, nur das zählte erst mal.
Frau Röller erzählte mir, dass sie die ganze Nacht nicht geschlafen und sich richtig große Sorgen gemacht hatte.
Ich beruhigte sie und versprach ihr zu helfen, egal wie lange es dauern würde. Aber erst mal musste sie wieder auf die Beine kommen, sonst würde das nix werden. Rocky war sicher bei mir und ich arbeitete jeden Tag mit ihm.
Er fühlte sich in meinem Rudel sehr wohl und auch mein großer Rüde Arny freundete sich sehr schnell mit ihm an.

Ich bat Frau Röller, mir Name und Adresse von dem „Trainer“ zu geben, der Rocky so aggressiv gemacht hatte.
Auf ihre Frage, warum ich das wissen wolle, gab ich ihr keine Antwort.
Ich musste wieder nach Hause.
Nicole kümmerte sich sehr gut um Frau Röller und ich sagte ihr, dass ich erst in ein paar Tagen wiederkommen würde. Sie solle sich bitte keine Sorgen machen.

2 Tage später fuhr ich nach Stuttgart zu dem „Trainer“, der Rocky so versaut hatte.
Ich sprach ihn auf die Scheiße an die er verursacht hatte. Daraufhin wollte er mich rauswerfen.
Nur so viel dazu: Er trainiert nun keine Hunde mehr.
Einige Tage später ging ich wieder zu Frau Röller ins Krankenhaus. Sie freute sich, mich zu sehen und war ganz gespannt auf meine Berichterstattung.

Sie sah wieder richtig gut aus, das war sehr erfreulich. Sie erzählte mir, dass Nicole sich jeden Tag um sie kümmere und sie nächste Woche wieder nach Hause dürfe. Das hörte sich doch richtig gut an. Sie wollte auch gleich wissen, wann Sie Rocky wieder zu sich holen konnte, da musste ich sie erst mal bremsen. Ich brauchte noch ein paar Wochen, um Rocky wieder zu dem Hund zu machen, wie sie ihn vor dem ganzen Mist kannte. Das wollte sie zwar nicht hören, akzeptierte aber den weiteren Trainingsweg.
Ich versprach ihr, mich schnellstens zu melden, wenn Rocky reisefertig war. Dann fuhr ich wieder nach Hause zu den Hunden.

3 weitere Wochen arbeitete ich mit Rocky. Er war fester Bestandteil meines Rudels geworden und ich merkte, dass in mir der Gedanke hochkam, Rocky zu behalten.
Da wusste ich, dass es Zeit wurde.
Ich rief Frau Röller an und wir machten einen Termin am nächsten Tag mit Treffpunkt im Feld.

Sie kam dann zum vereinbarten Treffpunkt, ich stand mit 8 Rottweilern ca. 100 Meter weiter, auch Rocky war natürlich dabei. Ich machte auf mich aufmerksam, dass Frau Röller zu mir kommen sollte.
Sie rief mir zu, ob ich sicher sei, dass sie zu mir kommen durfte, denn bei den vielen Hunden wurde sie etwas unsicher.
Aber der Wunsch nach ihrem Rocky war dann doch zu groß.

Als sie bei uns ankam, sah ich ihr an, dass sie etwas enttäuscht war. Sie dachte, dass Rocky sie gleich freudestrahlend empfangen würde. Ich sagte, dass wir jetzt mal loslaufen sollten. Beim Spaziergang erklärte ich ihr jeden meiner Schritte, damit sie wusste, was ich gemacht hatte und was sie weitermachen musste.

Je länger der Spaziergang dauerte, desto mehr suchte Rocky die Nähe zu seinem Frauchen.
Alles richtig gemacht.

Bei weiteren gemeinsamen Trainingseinheiten sah man, dass Rocky wieder ganz der Alte war. Niemand brachte ihn mehr aus der Ruhe.

9. Unvergessen

Hund: Ben
Halter: Hanke

Eine Tierärztin, die ich bis dahin noch nicht kannte, kontaktierte mich per Telefon. Sie hatte eine Tierarzthelferin, Frau Hanke, die einen sehr großen Hund besaß.
Dieser sei nicht einfach, sie schätze ihn sogar als aggressiv ein.
Sie bat mich, mir das Tier doch mal anzuschauen, Frau Hanke leide sehr unter diesem Hund und das mache sich so langsam auch in der Praxis bemerkbar.
Sie traute sich aber nicht mich anzurufen, daher wäre es gut, wenn ich einfach mal in der Praxis vorbeikommen könnte. Frau Hanke und der Hund wären auch immer da.

Ok, wir machten einen Termin gemacht und ich fuhr in die Praxis.
Ich betrat die Räumlichkeiten und wurde gleich von Frau Hanke erkannt. Ihre Chefin hatte Sie darüber informiert, dass ich kommen würde. Ich kam extra zur Mittagspause, um Zeit für das Kennenlernen zu haben und den Praxisbetrieb nicht zu stören.
Wir setzten uns in das Wartezimmer und Frau Hanke erklärte mir, welche Probleme sie mit Ben hatte.

Ben war derweil in einem separaten Zimmer untergebracht, wo er auch Zugang zu einem kleinen Außenbereich hatte.
Er war ein Fila Brasileiro (brasilianischer Mastiff), 2,5 Jahre alt und mit knapp 65 Kilo Gewicht ein absoluter Brummer. Er wurde in seiner Kindheit geschlagen und schwer misshandelt, daher hatte er kein Vertrauen zu Menschen mehr.

Sie hatte ihn von einem Patienten der Praxis übernommen, weil er ihn einschläfern wollte. Sie und ihre Chefin wollten das nicht tun und hatten ihn bei sich aufgenommen. Das war nun bereits 4 Monate her. Aber es war alles nicht sonderlich gut. Auch zu den beiden baute Ben anscheinend kein richtiges Vertrauen auf. Das Gespräch dauerte sehr lange. Ich merkte, dass Frau Hanke emotional sehr in der Vergangenheit von Ben lebte.
Das war nicht gut.
Wir machten einen Termin am darauffolgenden Sonntag bei mir auf dem Hundeplatz aus.
Da hatte ich Zeit und konnte mir alles in Ruhe anschauen.

An besagtem Termin kam Frau Hanke zu mir und ich erklärte ihr, wie ich es gerne haben wollte. Ich würde auf den Platz gehen und sie sollte dann mit Ben hereinkommen.
Gesagt, getan.

Als Ben mich sah, wollte er gleich auf mich los. Ich stand ca. 25 Meter von ihnen weg. Frau Hanke hatte große Mühe, ihn zu halten. Ich ging um die beiden herum und nach draußen, denn so hatte das keinen Sinn.
Ich rief Frau Hanke zu, dass sie Ben bitte losmachen und dann ohne ihn, zu mir rauskommen sollte.
Als sie ihn losgemacht hatte, sprang er gleich zu mir und voll gegen den Zaun.
Mann, was eine Energie.
Was musste man dem Kleinen angetan haben, um so zu werden?

Ich erklärte Frau Hanke, dass ich allein zu Ben auf den Platz müsse, um ihn in Ruhe ohne Ablenkung kennenzulernen. Daher sollte sie sich bitte ins Auto setzen und von da aus zusehen.
Frau Hanke war darüber nicht begeistert, weil sie sich Sorgen machte, dass Ben auf mich los gehen würde.

Ich beruhigte sie und sagte ihr, dass ich das auch glaube, aber anders würde ich ihr und Ben nicht helfen können.
Das wollte sie nicht. Sie brach an dieser Stelle ab. Sie holte Ben und fuhr davon.

Schade. Am nächsten Tag rief ich bei ihrer Chefin an, um ihr das Ergebnis mitzuteilen. Ich wünschte beiden viel Glück.

Nach einigen Wochen bekam ich wieder einen Anruf von Frau Hanke. Sie weinte und bat um einen weiteren Termin. Ben wäre außer Kontrolle und sie hätte alles noch schlimmer gemacht.
Also machte ich wieder einen Termin bei mir. Sie sollte Ben gleich mitbringen.

Als sie kam, stieg sie aus dem Auto und wir redeten erstmal, was in den vergangenen Wochen passiert war.
Sie war bei ihrem letzten Besuch bei mir nicht einverstanden mit meiner Vorgehensweise und suchte sich einen anderen „Trainer", der etwas sanftmütiger mit ihr umgehen würde.

Frau Hanke fasste es kurz zusammen:
„In der näheren Umgebung wurde ich fündig und fand einen „Trainer", der laut Bewertungen im Internet sehr gut sein sollte.
Der „Trainer" war sehr nett und nicht so direkt wie du. Er sagte, dass er mir helfen könne.
Ich musste Ben bei ihm auf dem Hundeplatz anbinden und mich daneben stellen.
Er kam bedrohend auf Ben zu und bei jedem Fehlverhalten musste ich Futter auf den Boden werfen und weg gehen.
Wir arbeiteten 3 Wochen zusammen und es wurde immer schlimmer und nicht besser, wie er es mir versprochen hatte.
Als Ben dann zum ersten Mal nach mir schnappte, brach ich das Training ab und rief (auf Drängen meiner Chefin) dich wieder an".

Ok, ich versprach ihr zu helfen, aber nach meinen Regeln. Sie stimmte zu.
Ich wollte das gleiche wie beim letzten Mal sehen. Sie musste Ben auf den Platz bringen und wieder rauskommen. Ich wollte dann allein zu Ben und sie durfte vom Auto aus zusehen.
Ich sagte ihr auch gleich, dass ich damit rechnete, dass Ben mich angreifen würde, sie dürfe aber nicht aus dem Auto kommen.
Sie versprach es mir und wir machten uns bereit.

Ich nahm wieder meine Spezialleine mit und ging rein.
Ben gab mir keine Zeit und stürzte sich gleich auf mich.
Ich versuchte, ihn mir vom Leib zu halten, aber er erwischte mich und Biss mir trotz meiner leichten Schutzkleidung ins Bein.
Das ganze Prozedere dauerte ca. 30 Minuten (gefühlt 5 Stunden), dann ließ es Ben endlich mal gut sein und ich konnte meine Leine anlegen.

Ich führte Ben nach draußen und ging ans Auto von Frau Hanke.
Sie saß darin, weinte und wollte gar nicht aufmachen. Als sie aber Ben mit Leine neben mir sah, kam sie raus. Ich sagte ihr, dass sie bitte Ben erst mal ignorieren sollte, damit er sich auf mich einlassen könne.
Dann sah sie, dass meine Hosen zerrissen waren und ich blutete. Ich beruhigte sie, dass alles gut werden würde.
Ich wollte eine kleine Runde spazieren gehen und sie sollte mich und Ben begleiten.
Ben war danach richtig erledigt.
Wir packten ihn ins Auto und er legte sich gleich hin, dann fuhr Frau Hanke mich ins Krankenhaus.

Die Wunde war doch etwas größer.
Auf der Fahrt erklärte ich Frau Hanke alles und sagte ihr, sie solle sich bitte keine Sorgen machen. Ich werde Ben und ihr helfen.

Sie sagte:
„Ich mache mir im Moment mehr Sorgen um dich als um Ben."

Nachdem ich versorgt wurde, fuhr Frau Hanke mich wieder nach Hause. Ben schlief immer noch im Auto, der Kleine war echt fertig. Wir machten einen weiteren Termin aus und sie sollte wieder mit Ben vorbeikommen.

Am nächsten Tag bekam ich einen Anruf von Frau Hankes Chefin. Sie wollte genau wissen, was passiert ist und was ich mit Ben gemacht hatte. Er würde in der Praxis beim Kundenempfang liegen und ganz ruhig sein.
Das war schön zu hören, aber ich sagte ihr, dass ich das nicht gut fand. So schnell geht das nicht.
Ok, sie versprach mir, Ben bis zu unserem nächsten Treffen wieder in seinem Zimmer unterzubringen.

Bei unserem nächsten Termin bei mir war auch Frau Hankes Chefin dabei. Sie brachten Ben wieder auf den Platz und kamen raus.
Ich ging nun wieder alleine rein.
Wie beim letzten Mal kam Ben gleich wieder auf mich zu, dieses Mal aber stoppte er vor mir und legte sich hin.
Boa, das ging schnell, vielleicht etwas zu schnell.
Ich wollte ihm dann meine Leine umlegen, was er auch bereitwillig zuließ. Wir liefen ein bisschen über den Platz, ohne dass ich die Leine benutzte.
Dann machte ich sie ab und Ben folgte mir weiterhin.

Als ich die beiden zu mir rief, sah ich, dass beide weinten. Dieses Mal jedoch vor Freude.
Ich erklärte wieder alles, was passiert war und nun musste Frau Hanke Ben führen. Beim Laufen schaute er sich immer wieder zu mir um, aber er lief mit Frau Hanke mit.

Dann stellten wir einen Trainingsplan auf und arbeiteten mehrere Monate zusammen.

Aus Ben wurde ein glücklicher und zufriedener Hund, der sehr am Leben von Frau Hanke teilnahm.
Dann kam der Schock für mich.
Ben starb leider ca. 1,5 Jahre nach unserem Training an Krebs.
Frau Hanke plötzlich und unerwartet 6 Monate später auch.

Ruht in Frieden ihr zwei. Ich werde euch immer in Erinnerung behalten.

10. Glück auf Rädern

Hund: Jasper
Halter: Seitz

Ich bekam einen Anruf von einer Frau Seitz. Sie erzählte mir, dass sie 34 Jahre jung sei und gerne einen kleinen Hund hätte, aber körperlich sehr eingeschränkt sei.
Nach einem Unfall saß sie nämlich im Rollstuhl. Aber sie möchte gerne einen Hund haben.
Sie hatte bei Hundeschulen und Trainern nachgefragt, aber alle konnten oder wollten ihr nicht helfen. Nun bat sie mich um Hilfe.

Wir machten einen Termin bei ihr zuhause, damit ich mir alles anschauen und mir ein Bild von Frau Seitz machen konnte.
Ich fuhr also zu ihr, um zu sehen, ob ich überhaupt der Richtige für Frau Seitz war und ihr helfen konnte.
Sie empfing mich im Hof mit ihrem Rollstuhl und ich sah eine freundliche Frau vor mir. Sie wirkte etwas angespannt und unsicher, darauf sprach ich sie auch direkt an.
Sie sagte mir, dass sie sich zwar auf den Termin freue, aber gleichzeitig auch Angst habe, dass auch ich ihr nicht helfen möchte.
Ich erklärte ihr, dass es nicht darum ginge, ob ich möchte, sondern ob ich es auch könne, sonst machte das keinen Sinn.
Es war ein schöner Tag und ich fragte sie, ob wir eine bisschen spazieren gehen wollten, dabei könnten wir reden und uns besser kennenlernen.
Das freute sie und ich schob sie die Einfahrt runter und durchs Dorf. Ich wollte auch sehen, wie sie mit ihrem Rollstuhl durch die nahen Felder fahren konnte. Wir redeten und es war alles sehr interessant, was Frau Seitz zu erzählen hatte.

Ich bemerkte, dass es ihr auf einigen Strecken im Feld schwer fiel mit dem Rolli, da viele Unebenheiten im Boden waren. Aber sie wollte meine Hilfe nicht, sondern kämpfte sich durch.

Sie sagte mir:
„Ich zeige Ihnen, dass auch ich in der Lage bin, mit einem Hund Gassi zu gehen".

Ok, Feuer hatte sie, aber ob das reichte?
Wieder zuhause bei ihr angekommen gingen wir ins Haus. Dort war alles schön breit und barrierefrei. Sie zeigte mir jeden Raum und auch, wo sie noch Probleme hatte, zum Beispiel beim Anziehen oder Putzen.
Aber sie macht alles selbst. Das hat mich sehr beeindruckt.
Auf meine Frage, welcher Hund ihr denn so vorschwebe, hatte sie sofort einen kleinen Malteser im Sinn. Doch das wäre kein Muss. Es wäre schön, wenn es ein Hund sei, der schon aus dem Gröbsten raus ist, also kein Welpe und mindestens 2 Jahre alt.
„Ok, also aus dem Tierschutz?" „Das wäre großartig", sagte sie.

Doch ich merkte, dass da noch was war und sprach sie darauf an.
Sie erzählte mir von ihrem Unfall und dass der Bau ihres Hauses viel Geld verschlungen hatte. Sie hatte mit ihrem Freund alles geplant und auch als der Bau losging, war alles super. Aber dann kam der besagte Unfall und er hatte sich schließlich von ihr getrennt. Sie glaubte, dass er auf Dauer keine Frau im Rolli wollte.
Sie hatte einen hoch bezahlten Job, den sie nun nicht mehr ausüben konnte und bei ihrem neuen Job verdiente sie nur so viel, dass sie gut über die Runden kam.
Das Haus musste während der Bauphase gestoppt und umgeplant werden.
Das verschlang alles an Geld, was sie hatte.

Ich merkte, dass sie das sehr belastete und versprach ihr zu helfen. Über meine Bezahlung solel sie sich mal keine Sorgen machen.

Ich fuhr nach Hause und musste erstmal alle Eindrücke sacken lassen. Am nächsten Tag fing ich dann an zu recherchieren.
Welchen Hund würde ich nehmen?
Wirklich ein Kleiner?
Ich rief in Tierheimen an und durchforstete das Internet. Aber ich konnte mir keinen der angebotenen Hunde für Frau Seitz vorstellen.
Musste ich umdenken? Meine Empfindungen ausblenden?

Ich fand einen Hund in einem Tierheim, ca. 70 Kilometer entfernt.
Er wurde abgegeben, weil sein Besitzer verstorben war und die erwachsenen Kinder sich nicht kümmern wollten.
Sowas bringt mich immer auf die Palme.

Ich rief im Tierheim an und vereinbarte einen Termin, allerdings ohne Frau Seitz. Ich wollte mir erstmal alleine ein Bild machen.
Im Tierheim angekommen ging ich mit der Leiterin zu den Zwingern und schaute mir Jasper an.
Hübscher Junge, dachte ich.
Jasper war nicht das, was Frau Seitz mir sagte.
Klein? Nein, er war groß.
Malteser? Nein, er war ein Rottweiler-Mix.
Ich verbrachte über eine Stunde mit Jasper und fand, dass er sehr gut zu Frau Seitz passen würde.
Aber ob sie das wollte? Keine Ahnung.
Warum suchte ich nicht einen kleinen Hund?
Nun, als ich bei Frau Seitz war, sah ich ein paar Sachen, bei denen ihr vielleicht ein größerer Hund helfen, und sie unterstützen könnte.

Mit der Tierheimleiterin hatte ich alles besprochen und sie würde grünes Licht geben, wenn die neue Halterin das möchte, aber nur unter der Voraussetzung, dass ich sie unterstützen werde.
Ok, erste Hürde genommen.

Ich fuhr nach Hause und während der Fahrt rief ich Frau Seitz an, um ihr mitzuteilen, dass ich was Passendes gefunden hätte. Sie war ganz aus dem Häuschen und freute sich. Ich erzählte ihr allerdings nichts über den Hund. Überhaupt nichts.

Wir vereinbarten einen Termin 3 Tage später. Ich holte Frau Seitz ab und wir fuhren ins Tierheim.
Als wir ankamen, bat ich die Tierheimleitung, Jasper in den großen Auslauf zu bringen und wir kämen dann dazu. 10 Minuten später war es dann so weit. Ich schob Frau Seitz den Eingang hoch und an einigen Zwingern mit Hunden vorbei.
Bei jedem kleinen, an dem wir vorbei gingen, fragte sie mich:
„Ist es der?"

Dann gingen wir zu dem Auslauf mit Jasper drin. Ich hielt an und Frau Seitz schaute sich um. Dann fragte sie, wo der Hund sei. Ich zeigte auf Jasper.
Sie sagte kein Wort, schaute nur zu Jasper. Ich glaube, sie hat gedacht, dass ich nicht mehr alle Tassen im Schrank habe.
Wir standen nur da und schauten in den Auslauf. Ich bemerkte, dass Frau Seitz nicht wusste, was sie sagen sollte, und sprach sie an. *„Und, was meinen Sie?"*

Sie wusste nicht, was sie meinen sollte. Tagelang dachte sie an einen Malteser und dann stand da Jasper.
Ich erklärte ihr mein Denken.

Jasper war ein lieber und ruhiger Hund. Sein Wesen war genau das, was sie brauchte. Er hatte noch nie schlechte Erfahrungen gemacht. Er war sehr wissbegierig und wollte immer gefallen.

Deshalb hatte ich ihn ausgesucht, ich hatte nach dem Wesen gesucht, nicht nach der Rasse.
Ich erklärte ihr auch, dass ich bei unserem gemeinsamen Spaziergang im Feld gesehen hatte, dass sie mit den Unebenheiten zu kämpfen hatte. Ich stellte mir vor, dass Jasper sie unterstützen und ziehen könnte. Auch sonst hatte ich Ideen, wie sie Jasper auslasten und beschäftigen könnte und er auch gleichzeitig ihr Leben erleichtern könnte.

Ok, das klang einleuchtend. Sie wollte nun zu Jasper rein. Wir öffneten die Tür und ich schob sie in den Auslauf. Jasper kam langsam zu uns. Er stupste sie an und schnüffelte alles ab. Sie streichelte ihn und ich sah Freude in ihrem Gesicht.
Während sie sich um Jasper kümmerte, versprach ich ihr, sie zu unterstützen, wo ich nur konnte. Ich war absolut überzeugt, dass Jasper der richtige Hund sei und es funktionieren würde.
Nach einer Stunde gab Frau Seitz ihr OK. Wir erledigten den Papierkram und nahmen Jasper gleich mit.

Bei ihr zuhause angekommen bekam Frau Seitz einen Plan für eine Woche Training inclusive Eingewöhnung für Jasper.
Ich nahm mir jede Woche den Sonntagnachmittag frei, um die beiden zu unterstützen.
Es war auch für mich lohnend, denn Frau Seitz hat jeden Tag, an dem ich kam, einen Kuchen gebacken, da konnte ich doch nicht nein sagen.

Nach wenigen Wochen konnte Jasper ihr helfen, Kleidungsstücke zu holen (am Anfang wurden da noch Löcher reingebissen), bestimmte Türen zu öffnen, beim Bäcker die Einkäufe zu tragen, ...

Aber für mich das Schönste und auch das, wo ich alle Hoffnung reingesetzt hatte: Beim Spazierengehen auf Feldwegen zog Jasper ganz langsam den Rolli und Frau Seitz konnte sich immer mehr auf ihn verlassen.

Das Finanzielle wurde auch geregelt und sie hatte den besten Freund bekommen, den es auf der Welt gab.

11. Junges Glück

Hund: Luis, Sam / Blue
Halter: Moritz / Bein

Herr Moritz rief mich an einem Tag spät abends an. Er sagte, dass er dringend einen Termin brauche und ich ihm helfen müsste. Seine Beziehung stünde auf dem Spiel.
Oha, das war neu. Ich sagte ihm, dass ich Hundetrainer sei und kein Paartherapeut.
Das war ihm schon klar, es ging ja auch um die Hunde. Aber die Beziehung hatte unter dem Stress, den die Hunde hatten, richtig Schaden genommen.

Er hatte 2 Jack Russel und seine Freundin einen Border Colli. Zwischen den Hunden knallte es ständig und das brachte nun die noch junge Beziehung ins Wanken.
Ok, wie immer machten wir einen Termin, um das Problem vor Ort zu besprechen und zu analysieren.

Als ich zu Herrn Moritz kam, machte mir seine Partnerin auf. Wir gingen ins Wohnzimmer, setzten uns und kurz darauf kam auch Herr Moritz. Die Hunde waren alle in verschiedenen Zimmern untergebracht.
Man merkte förmlich die Spannung, die in der Luft lag.

Frau Bein fing an zu erzählen:
„Ich bin mit meinem Hund namens Blue öfter im Stadtpark unterwegs gewesen, irgendwann fiel mir Herr Moritz mit seinen zwei Jack Russel auf. Er spielte immer Frisbee mit ihnen und das gefiel mir. Ich sprach ihn darauf an, ob er mir das auch beibringen könnte. Er stimmte zu und zeigte mir, wie ich mit Blue arbeiten musste.

Unsere Hunde verstanden sich gut und dadurch sahen wir uns immer öfter, auch außerhalb der Frisbee-Stunden verbrachten wir immer mehr Zeit zusammen. Wir wurden schließlich ein Paar.
Als wir uns auch in den jeweiligen Wohnungen zusammen trafen, begannen unsere Probleme. Spannungen unter den Hunden fingen an, sich zu zeigen".

Frau Bein fing an zu schluchzen und Herr Moritz erzählte daraufhin weiter:
„Unsere Hunde waren draußen immer freundlich zueinander, sogar der Frisbeescheibe jagten alle drei hinterher, ohne irgendwelche Probleme zu zeigen. Von Aggression ganz zu schweigen.
Erst als wir in die Wohnung gingen, war Chaos. Und wie. Üble Beißereien untereinander. Als wir rausgingen, wieder alles gut. Das belastet uns so sehr, dass wir alle Möglichkeiten durchdacht haben.
Hundetrainer.
Hunde abgeben.
Uns trennen.
Alle Möglichkeiten wurden besprochen. Keiner wollte seine Hunde abgeben, trennen wollten wir uns auch nicht, dazu verstanden wir uns zu gut.

Also fingen wir an, eine Hundetrainerin zu kontaktieren.
Als sie kam, war ich schon etwas stutzig. Sie hatte einen Einkaufskorb dabei und Hausschuhe an. Ich stellte mir da was anderes vor. Wir setzten uns hin und die „Trainerin" legte uns verschiedene Spielsachen aus ihrem Korb vor, die wir bitte kaufen sollten, um unsere Hunde besser auszulasten.
Auf meine Frage hin, was das soll, wir lasten doch die Hunde aus, legte sie uns auch gleich die Rechnung für ihre Dienste vor.

Sie hat nicht eine Frage zu den Hunden gestellt, nicht unsere Probleme angehört, nix.
Ich habe sie dann rausgeschmissen und nie wieder was von ihr gehört.
Wir gaben nicht auf und suchten den nächsten „Trainer".

Frau Bein redete nun wieder weiter:
„Der zweite „Trainer" wollte erst mal mit uns und unseren Hunden getrennt arbeiten.
Ich mit Blue und Bernd mit Luis und Sam.
Er erklärte uns, wie wir uns verhalten sollten, wenn wir aufeinandertreffen und was wir tun sollten. Doch zusammen mit uns allen hat er nie gearbeitet. Darauf angesprochen sagte er immer wieder, dass dies keinen Sinn machen würde, da die Hunde bei den Begegnungen zu viel Stress hätten und bei dem Stress nicht gearbeitet werden könnte.

Nach insgesamt 5 Stunden brachen wir das Training mit ihm ab. Wir gingen in den örtlichen Hundeverein und machten gemeinsam beim Training mit, aber wir hatten ja dort nie Probleme, nur im jeweiligen Zuhause.
Also konnten wir da auch keine Hilfe bekommen.
Eine Arbeitskollegin empfahl mir eine Hundekommunikatorin, das war noch weniger als nix. Sie wollte anhand von Bildern Kontakt mit den Hunden aufnehmen und mit ihnen reden, dass sie das Verhalten ändern sollen. Außer dass es Geld kostete, hat sich nichts geändert.
Unsere Beziehung steht auf der Kippe und Sie sind unsere letzte Hoffnung.
Wir stehen kurz vor unserer Trennung, da keiner von uns beiden seine Tiere hergeben möchte. Ein Freund hat mir dann Ihre Nummer gegeben und gesagt, ich sollte mich doch mal bei Ihnen melden".

Ok, ich hatte genug gehört. Hier war richtig Not am Mann.
Ich sagte ihnen, dass ich nun gerne mal die Hunde kennenlernen möchte.
Frau Bein wurde daraufhin schon unruhig, das fiel mir sofort auf. Herr Moritz holte mal den ersten, Luis, ins Wohnzimmer. Der Kleine kam sehr selbstbewusst herein und versuchte gleich, mit mir Kontakt aufzunehmen. Dann kam Sam. Die beiden schnüffelten mich ab und sprangen dann durch das Wohnzimmer.
Ich bat darum, die Hunde wieder rauszunehmen und Blue zu holen.

Auch dieser Hund war freundlich und aufgeschlossen, ich wurde gründlich inspiziert und dann lief er durchs Zimmer und verfolgte Gerüche der beiden anderen.
Nun gut, nun wollte ich gerne, dass Sam dazu geholt wird.
Frau Bein begann zu zittern, stand auf und wollte aus dem Zimmer gehen. Ich stoppte kurz die Aktion und fragte, was los sei, es sei doch noch gar nichts passiert.
Sie wisse aber, was passieren würde und das halte sie nicht mehr aus.
Ich sagte ihr, dass ich helfen würde, aber mit Kartenlegen oder Ähnlichem kämen wir nicht weiter.
Ok, sie setzte sich wieder und Herr Moritz holte Sam. Als der Kleine reinkam, wollte er sofort auf Blue los.
Beide Menschen schrien und keiner wusste mehr, was er tat.

Ich schnappte mir die beiden Hunde am Halsband, übergab Blue an Frau Bein und nahm mir nun erstmal Sam vor. Er wehrte sich, wo er nur konnte, aber das beeindruckte mich nicht. Ich hielt ihn direkt vor mir und schaute ihm, ohne was zu sagen, ganz tief in die Augen geschaut. Ich näherte mich seinem Gesicht immer weiter, bis sich unsere Nasen berührten.

Da wurde Sam ruhig und ich löste die Spannung auf.
Herr Moritz sollte nun Sam wieder rausbringen und ich nahm mir Blue, von einer sehr zittrigen Frau Bein, zur Brust.
Das gleiche Prozedere und die gleiche Reaktion.
Nun ging es Schlag auf Schlag, aber mit sehr viel Ruhe und Bedacht.
Dann musste Luis rein. Auch er musste da durch.

Dann noch Sam dazu. Alle Hunde waren nun um mich herum „aufgebaut" und ich mittendrin.
Kein Bellen, kein Chaos, aber Anspannung. Nun bat ich darum, die Hunde loszulassen. Ich korrigierte alle drei sofort und zeigte ihnen, dass ich dieses Verhalten keineswegs akzeptieren würde. Dann bewegte ich mich mit den Hunden zusammen durch das Wohnzimmer, alle drei folgten mir. Ich begann, das ganze untere Stockwerk zu nutzen.
Keine Probleme.
Dann setzte ich mich wieder hin, Luis kam auf die Couch neben mich und Sam und Blue legten sich auf den Boden.

Herr Moritz bekam den Mund nicht mehr zu und Frau Bein war zwischen Weinen und Freude hin und her gerissen.
Ich erklärte sehr ausführlich, was ich getan hatte und was die beiden in Zukunft tun müssten. Als sich jeder wieder gefangen hatte, wollte ich mit allen einen kleinen Spaziergang machen. Im Anschluss gingen wir wieder ins Haus. Etwas Spannung, aber kein Chaos.

Wir fuhren danach noch in die Wohnung von Frau Bein und wiederholten alles.
Wieder ging alles gut.

Dann wollte ich gerne, dass die beiden das ohne mich machten. Ich blieb auf der Straße stehen und wartete nur, ob ich etwas Negatives hörte. Nix. Dann wieder zurück in die Wohnung von Herrn Moritz. Ich blieb wieder auf der Straße und die beiden mussten es alleine schaffen.
Alles funktionierte.

Ich verabschiedete mich und kam drei Tage später wieder zum nächsten Termin.
In der Zwischenzeit war alles gut gelaufen. Beide hatten nach meinen Anweisungen gearbeitet und sich an jede Kleinigkeit gehalten. Von meiner Seite aus war es das. Ich wollte noch jede Woche ein telefonisches Update haben, bis wirklich alles in Ordnung war.
3 Wochen später war unser letzter Termin.

Was soll ich sagen?
Hunde glücklich, Menschen glücklich.
Und ganz nebenbei noch eine Beziehung gerettet.

12. Kaputte Couch

Hund: Aaron
Halter: Warnitz

Als mich Frau Warnitz kontaktierte, hörte sich ihre Geschichte alles andere als gut an.
Ihr Sohn hatte sich einen Pitbull angeschafft und musste nun aus seiner Wohnung ausziehen. Wie immer kamen die gleichen Fragen auf: Wohin mit dem Hund?
Eine neue Wohnung zu finden ist mit Hund generell schon nicht leicht, mit einem Pitbull fast unmöglich.
Also hatte seine Mutter, Frau Warnitz, den Hund bei sich aufgenommen, sodass Sohnemann seine neue Wohnung beziehen konnte.

Leider war Frau Warnitz nicht mehr so gut auf den Beinen und hatte von Hunden auch keine Ahnung.
Also wie immer, Termin ausgemacht und hingefahren.

Frau Warnitz empfing mich schon voller Erwartung an der Haustür. Wir gingen ins Wohnzimmer und in einer Ecke war Aaron angebunden. Natürlich kamen wir sofort darauf zu sprechen, warum.
Währenddessen setzte ich mich auf die Couch, die komplett mit Decken abgedeckt war. Frau Warnitz schrie noch, dass ich mich nicht setzten sollte, aber ich war zu schnell.
Ich fiel förmlich in die Couch und etwas bohrte sich in meinen Allerwertesten.
Ich schrie auf und kämpfte mich aus dem Sofa heraus.
Frau Warnitz entschuldigte sich vielmals und ich fragte, was das gerade war.

Voller Scham nahm sie die Decken beiseite und ich sah die Sitzfläche der Couch ohne Bezug. Nur die Federn und Drähte schauten heraus.

Ich fragte, ob ich mal ins Bad durfte, um nach meinem Allerwertesten zu schauen.
Ok, Hosen runter, gesehen, dass es blutete, aber anscheinend war es nicht allzu schlimm gewesen. Nun sieht man seinen eigenen Hintern nicht gut ohne Spiegel. Also rief ich nach Frau Warnitz, ob sie mir helfen könnte.
Ich kann euch sagen: Peinlicher ging es kaum.

Sie schaute und verarztete mich. Wir gingen dann wieder ins Wohnzimmer, um den eigentlichen Zweck meines Kommens anzugehen.
Ich fragte nun vorsichtshalber, wo ich mich setzen durfte, ohne aufgespießt zu werden. Ein Stuhl war die beste Wahl.
So hatte ich auch noch nie einen Termin begonnen.
„Also, wie kann ich helfen?“

Frau Warnitz war das mit der Couch immer noch peinlich und sie zeigte mir noch einige Verschönerungen von Aaron.
Eine Türzarge wurde komplett demontiert, als er raus wollte, 2 Türen kaputt, Löcher in den Wänden, Vorhänge hatte sie bereits alle entsorgt, 2 Küchenschränke kaputt, ...
Oha, das Erste, was sich mir regelrecht aufzwang:
Ist Aaron ausgelastet?

Nein, natürlich war er das nicht.
Sie ging nur nachts eine kleine Runde Gassi (10 Minuten), weil sie danach völlig entkräftet war. Der Kleine ziehe nämlich wie ein Wahnsinniger. Ansonsten hatte er Zugang zum Garten.
Das war mal nix.
Sie wusste das auch, aber was sollte sie machen?

Ich fragte nach ihrem Sohn und sie sagte, dass er den Hund nicht mehr nehmen konnte. Er sei in einer Wohnung, in der Hunde nicht erlaubt seien und seine Arbeit mache es ihm auch nicht möglich, sich um Aaron zu kümmern.

Toll, wieder unüberlegt angeschafft und Aaron muss darunter leiden.
Wie sollte ich da helfen?

Ich ging nun erstmals zu Aaron, ein kleines Kraftpaket, das unbedingt Hilfe brauchte. Aber wie?
Ich sagte Frau Warnitz, dass ich gerne mal mit Aaron Gassi gehen wollte, um mir ein genaues Bild außerhalb des Hauses zu machen.
Sie willigte ein und ich ging spazieren.

Am Anfang mehr schlecht als recht kamen wir beide uns immer näher, je mehr ich mich mit Aaron beschäftigte. Er war ein lieber Junge, nur chronisch unterfordert und nicht ausgelastet.
Ich ließ mir viel Zeit und als wir zurückkamen, sagte ich Frau Warnitz, dass ich nicht richtig wisse, wie ich ihr helfen könne.
Der Hund wäre prima zu erziehen, aber bekäme sie das hin?
Wollte sie den Hund eigentlich noch?

Beide Fragen beantwortete sie sehr schnell mit NEIN.
Hm, ich versprach eine Lösung zu finden, welche wisse ich noch nicht. Ich ging mit ihr in den Garten und sah mir da mal alles an.
Auch nicht gut.
Kleiner Zaun, da könnte Aaron locker drüber springen.
Alles Umstände, die es unmöglich machten, zu helfen.
Aber wenn ihr in die Augen dieses Hundes geblickt und die Hilflosigkeit gesehen hättet, echt traurig.

Ich sagte Frau Warnitz, dass ich nach einer Lösung suchen würde, diese müsste meiner Meinung nach ein Vermitteln von Aaron sein. Sie stimmte zu.
Ich zeigte ihr ein paar Spiele, die sie mit Aaron machen konnte, bis ich wiederkam.
Damit verabschiedete ich mich erstmal von Aaron.

In den nächsten Tagen versuchte ich fieberhaft, ein neues Zuhause für Aaron zu finden, doch es schien unmöglich.
Ich hatte schon daran gedacht, ihn selbst zu nehmen, aber ich war komplett voll.

Nach fast 2 Wochen bekam ich einen Anruf einer Tierschutz-Freundin, ob Aaron noch zur Vermittlung stand.
Ich sagte „Ja".
Sie kenne jemanden, der schon mehrere Pitbulls hatte und auch gerade eine Hündin. Sofort gingen bei mir die Alarmglocken an. Wollte dieser Mensch etwa züchten?
Das glaubte sie nicht. Sie gab mir seine Nummer und ich rief bei ihm an.

Im Gespräch beschlich mich immer mehr der Verdacht, dass er züchten wollte, obwohl er es auf mein Fragen hin verneinte. Ich sagte, dass Aaron kastriert sei. Als er das hörte, wollte er plötzlich das Telefonat beenden und Aaron war uninteressant.
Hat mich mein Gefühl mal wieder bestätigt.
Also weitersuchen.

Nach insgesamt 3 Wochen hatte ich gefühlt 300 Telefonate geführt und Null erreicht.
Ich rief also Frau Warnitz an, um ihr meinen Zwischenstand mitzuteilen.
„Ach Gott", sagte sie. Sie hätte mich glatt vergessen.
Aaron war nicht mehr bei ihr. Ihr Sohn hatte eine Möglichkeit gefunden und ihn vor 2 Wochen wieder zu sich genommen.

Ok, erst mal gut.
Doch das hätte sie mir auch schon früher sagen können. Dann hätte ich mir sehr viel Arbeit erspart.
Aber was soll`s.
Ich wünschte ihr noch viel Glück und legte auf.
Akte Aaron geschlossen.

Nach ca. 6 Wochen rief mich doch glatt Frau Warnitz an.
Aaron wäre wieder bei ihr. Ihr Sohn konnte ihn doch nicht halten.
Ich bekam eine scheiß Wut im Bauch, hatte ich es denn nur mit Idioten zu tun? Denkt denn niemand mal an das Tier?
Ich sagte, dass ich am nächsten Tag vorbeikommen würde und legte auf.

Mein Kopfkino lief auf Hochtouren, was sollte ich tun?
Mein Kopf und mein Bauch kämpften gerade gegeneinander. Einen richtigen Sieger schien es jedoch nicht geben zu können.

Am nächsten Tag fuhr ich hin, im Gepäck meine Entscheidung.
Ich klingelte und wir gingen hinein. Im Haus hatte sich nichts verändert. Aaron war wieder in seiner Ecke angebunden.
Ich fragte, was sie denn die ganze Zeit gemacht hatte, als Aaron nicht da war, doch sie ist all meinen Fragen ständig ausgewichen. Hier stimmte was nicht.
Ich sagte ihr, dass ich Aaron gerne mit zu mir nehmen möchte. Einen Übernahmevertrag hatte ich dabei. Bereitwillig hat sie mir den unterschrieben. Es floss kein Geld.

Ich nahm Aaron an die Leine und ging zur Tür.
Beim Schließen der Tür sagte Frau Warnitz:
„Warum nicht gleich so?“ und machte schnell hinter mir zu.

Ich dachte, dass ich mich verhört hatte. Ich klopfte und klingelte, aber sie machte mir nicht mehr auf.

Das war der absolute Hammer. Egal, wie sagt man bei uns? Mund abwischen und weiter geht's.
Ich fuhr erst mal nach Hause. Unterwegs hielten wir noch und gingen spazieren.

Zuhause musste Aaron dann erstmal auf dem Gelände im Hundehaus (halb überdacht mit 16 qm und Rasen 20 qm) einziehen. Das mache ich mit allen Hunden, die bei uns einziehen. Hier können sie ankommen und sich erstmal separat an alles gewöhnen. Durch den Zaun kommen alle hier lebenden Hunde auch in den Erstkontakt.

Die nächsten Wochen suchte ich in aller Ruhe nach einem geeigneten Platz für Aaron.
In der Zwischenzeit arbeiteten wir zusammen und er konnte nach einer Woche auch ins Rudel integriert werden. Meine Befürchtungen, dass Aaron alles zerstörte, bewahrheiteten sich nicht. Er hatte Beschäftigung und musste nichts mehr zerlegen.

Nach vielen Wochen (ich hatte schon meine Suche eingestellt) bekam ich Besuch von einem Freund.
Er fragte mich, ob ich ihm helfen könnte, ihm wieder einen Rottweiler aus dem Tierschutz zu holen. Seiner war vor einiger Zeit verstorben. Ich ging mit ihm in den Garten und zeigte ihm Aaron. Er war sofort Feuer und Flamme. Er wollte zwar was anderes, aber Aaron gefiel ihm auf Anhieb.
Wir besprachen alles und Aaron konnte endlich ein schönes und endgültiges Zuhause bekommen.

Ich war ein bisschen traurig darüber, hatte mich anscheinend schon zu sehr an Aaron gewöhnt.
Aber Ende gut, alles gut.

13. Schlaues Mädchen

Hund: Susi
Halter: Helck

Abends um 22:30 Uhr rief mich Frau Helck an. So spät, weil sie einfach vor Verzweiflung nicht mehr weiterwusste.
Frau Helck erzählte mir, dass sie mit ihrem Mann zusammen eine Gaststätte gepachtet hatte. Nach vielen Jahren, nachdem die Kinder aus dem Haus waren und soweit alles gut lief, wollten beide endlich einen Hund haben.
Denn wie heiße es oft: *„Das letzte Kind hat Fell."*
Den Spruch kannte ich auch noch nicht.

Gesagt getan, bei einem Züchter wurden sie fündig, ein Chow Chow sollte es sein. Alles lief in den ersten Monaten echt super. Entweder ihr Mann kümmerte sich um Susi oder eben sie selbst. Leider war ihr Mann vor einem halben Jahr plötzlich an einem Herzinfarkt verstorben. Nun hatte sie das Restaurant, die Belastungen und eben Susi alleine. Der kleine Wirbelwind war gerade mal 11 Monate alt und hatte dem Alter entsprechend nur Flausen im Kopf.
Ich bat Frau Helck das Gespräch etwas kürzer zu halten, da ich gerne ins Bett wollte. Sie entschuldigte sich vielmals, da ihr die Uhrzeit gar nicht bewusst war.

Wir machten einfach einen Termin und wenige Tage später trafen wir uns an einem Ruhetag in ihrer Gaststätte.
Im Eingangsbereich begrüßte mich als erstes Susi, dann der Koch und 2 Bedienungen und zum Schluss Frau Helck.
Sah ich da schon das erste Problem?
Wir gingen an einen Tisch, um mir von Frau Helck alles anzuhören.

Ihr größtes Problem war einfach, dass Susi nicht Gaststätten-kompatibel sei. Ich fragte, wie ich das verstehen soll.
Sie sagte, dass Susi ständig ihren zugedachten Platz verließ und durch das Restaurant streifte. Bis sie das bemerkte, sei der Hund schon in der Gaststätte unterwegs.
Bei jedem Gast wollte sie Streicheleinheiten haben. Bei einigen Stammgästen sprang sie auch mal gerne auf die Eckbank und holt sich Essen vom Teller.
Es gab immer mehr Stress dadurch und einige Gäste wollten schon gar nicht mehr kommen.

Ich merkte, dass Frau Helck überfordert war und fragte, warum Susi überhaupt mit ins Lokal musste.
Frau Helck erzählte, dass sie schon probiert hatten, Susi in der Wohnung darüber zu lassen, aber sie bellte dann so laut, dass die Gäste wieder gestört waren.
Auch vor die Tür zwischen Treppenaufgang und Gaststätte hätten sie schon versucht. Das sei der private Bereich, außer ihr käme da niemand hin und Susi würde ja alles durch die Glastür sehen können. Aber auch da bellte sie so laut und lange, dass es für die Gäste unzumutbar war.
Nun stand sie da ohne Partner, mit Schulden und Susi.
Sie wusste nicht mehr weiter und dachte schon intensiv darüber nach, Susi abzugeben.

Ok, hier musste eine Lösung her.
Wir brachten Susi erstmal in die darüberliegende Wohnung, damit ich mir selbst ein Bild machen konnte. Kaum oben angekommen, bemerkte ich gleich, dass Susi keine Ruhe fand. Wir waren gerade im Treppenhaus, als Susi anfing, in der Wohnung loszulegen.
Wir holten sie und machten das gleiche vor der Tür zur Gaststätte. Auch da ein identisches Theater.

Dann wollte ich sehen, wo der Platz in dem Lokal angedacht war. Hier legte sich Susi sofort auf ihre Decke, die in einer Nische lag. Sie wirkte sehr ruhig und entspannt.
Dann spielte das Personal die Gäste und sie kamen ins Lokal, setzten sich und standen wieder auf, gingen zur Toilette und liefen durchs Lokal. Alles war entspannt.
Frau Helck und ich standen die ganze Zeit hinter dem Tresen.
Dann liefen auch wir beide im Lokal umher. Alles war super, ich sah einfach kein Problem.
Lag es an mir?

Ich sagte allen, dass ich nun das Lokal verlasse und alle so weitermachen sollten. Wenn was passiert, sollten sie mich rufen.
Ich ging vor die Tür und wartete,
2 Minuten,
5 Minuten,
10 Minuten.
Hatten sie mich vergessen?

Ich ging dann wieder hinein und fragte, warum mich keiner geholt hat. Sie sagten mir, dass sie sich nur an meine Anweisungen gehalten hätten, ich hätte ja gesagt, nur wenn was passiert, sollten sie mich holen.
Ok, ich muss in Zukunft also auch das kleinste Detail besprechen.
Susi lag die ganze Zeit auf ihrem Platz und schlief sogar.
Aber warum konnte sie das nicht während des Gaststättenbetriebs?
Ich fragte, ob Susi von den Gästen gefüttert werde. Das verneinten alle, denn die Stammgäste wurden extra darum gebeten, dies nicht zu tun.

Nächste Idee: vielleicht lag es an den Gerüchen, wenn die Bedienungen das Essen zu den Tischen brachten.
Der Koch sagte, dass er für jeden eine Kleinigkeit zu Essen machen könnte und wir auch das nachspielen könnten.
Gesagt, getan.
Wir liefen im Lokal umher, mal raus und zur Toilette. Dann kam das Essen und Susi lag auf ihrer Decke.
Ich wusste kaum noch weiter, na wenigstens gab`s was zu Essen.
Dann kam mir eine Idee. Ich fragte, ob Susi während der Öffnungszeiten zu jedem Gast oder nur zu bestimmten ging.
Die Bedienungen meinten, dass sie hauptsächlich zu 6 Stammgästen ging, die fast täglich in unterschiedlichen Besetzungen hier wären.

Ok, wie konnten wir diese Herrschaften dazu nehmen, damit ich alles sehen konnte? Und am besten, ohne dass sie es bemerkten und gleichzeitig sollten natürlich alle anderen Gäste nicht gestört werden.
Das schien mir unmöglich zu sein.
Wir überlegten uns, wie wir das bewerkstelligen könnten.

Frau Helck schlug vor, eine Aktion zu machen, 10% Nachlass auf das Essen. Reichte das, um Kunden bei Laune zu halten?
Nach vielen Ideen hatten wir eine Lösung.
Sie würden eine geschlossene Gesellschaft machen und dafür Freunde und Bekannte einladen, die ganz normale Gäste spielen sollten. Diese würden im Vorfeld eingeweiht, dass es hauptsächlich um Susi ging.
Jeder sollte sich völlig natürlich benehmen. Dafür gebe es dann 10% Rabatt und ein freies Getränk. Die Stammgäste kämen sowieso.
Bis dato mein größter Aufwand, um einer Frau mit ihrem Hund zu helfen.

2 Tage später fand dann das „Ereignis“ statt. Ich war schon etwas früher vor Ort, damit mir auch nichts entging, was vielleicht wichtig wäre.

Susi wurde zu ihrem Platz gebracht und die ersten Gäste trafen ein. Susi schaute ganz genau wer da kam, blieb aber liegen. Der erste Stammgast kam, Susi wurde unruhig und schaute ständig hinter die Theke zu Frau Helck.
Ich hatte mich so hingesetzt, dass ich alles im Blick hatte und mir ja nichts entging.
Der zweite Stammgast kam, Susi wurde immer nervöser. Als Frau Helck ihren Posten verließ, stand Susi sofort auf und begab sich zu den Stammgästen. Sie wurde überschwänglich begrüßt. Ok, war es das?

Weitere Gäste kamen und der nächste Stammgast.
Er setzte sich auf seinen Platz und holte aus seiner Hosentasche etwas heraus, das er Susi gab. Es war etwas zu fressen.
Die ersten Essen gingen raus und Susi wurde wieder zu ihrem Platz gebracht.
Als Frau Helck wieder außer Sicht war, ging Susi sofort wieder zum Stammtisch. 5 Stammgäste saßen daran und einer nahm etwas von seinem Essen und steckte es Susi zu.
Dann musste sie wieder auf ihre Decke.
Ich wusste nun, wo das Problem lag, wollte aber den Gaststättenbetrieb nicht abbrechen.
Susi ging wieder zum Stammtisch und sprang zu einem der Herren auf die Eckbank. Er fütterte sie sogleich mit Essen.
Ok, das wars nun. Frau Helck holte Susi und ich ging mit ihr nach draußen.
Ich sagte ihr kurz, was ich gesehen hatte und dass dieses Vorgehen dazu beitrage, Susi zu „verführen“.
Sie konnte also nichts dafür.

Wir gingen wieder rein und ich setzte mich zu Susi, bis der Abend vorbei war.
Dann setzten wir uns zusammen und ich teilte allen meine Erkenntnisse mit.
Es war ein langer Tag für mich, ich verabschiedete mich und würde morgen zu den ganz normalen Öffnungszeiten vorbeikommen und das Problem lösen.
Ich war von der Länge des Termins und der Dreistigkeit der Stammgäste so mitgenommen, dass mich das die ganze Nacht beschäftigte.

Nächster Tag: Neuer Tag, neues Glück.
Ich war wieder auf dem Weg zum Lokal von Frau Helck. Im Gepäck ein „Kindergitter“.
Ich betrat das Lokal und alle waren schon da, man sah noch jedem die Anstrengung und Anspannung von gestern an.
Ich brachte schnell das Gitter an der Nische an und dann besprachen wir alles.

Ich sagte Frau Helck, wer Susi gestern gefüttert hatte, damit sie wusste, wer für das Verhalten ihres Hundes verantwortlich war. Wir machten aus, dass Susi zuhause nichts mehr zu essen bekam und nur noch in der Gaststätte gefüttert wurde, mit dem Unterschied, dass Frau Helck das Füttern übernahm und nicht ihre Gäste. Das Futter wurde in eine Extraschublade gelegt und während die ersten Gäste kamen, bekam Susi immer etwas Futter auf ihren Platz. Sie sollte lernen, dass es nur hier etwas zu Essen gab und nur von Frau Helck.

Dann kamen die ersten Stammgäste, Susi wurde nervös und Frau Helck stellte sich, gemäß meinen Anweisungen, vor Susi hin. Wurde sie ruhig, bekam sie etwas, wenn nicht, bekam sie nichts.

Dann kam der „Übeltäter“ dazu und wollte doch tatsächlich Susi füttern, während wir sogar danebenstanden.
Wir nahmen ihn zur Seite und redeten mit dem Mann.
Herr Streuer entschuldigte sich vielmals, das wollte er nicht. Er hätte es nur gut gemeint und freute sich immer, wenn er Susi sah. Dass er das ab sofort nicht mehr machen durfte, machte ihn traurig. Herr Streuer war alleine und hatte immer Hunde, aber aufgrund seines Alters und seiner kleinen Rente ging das nicht mehr. Ich schlug was vor:
Warum kam er nicht jeden Mittag, wenn das Lokal öffnete, und ging mit Susi spazieren. Er dürfte ihr nur nicht zu viel Futter geben.
Frau Helck war einverstanden.
Super, den ersten Spaziergang machten wir zusammen und ich erklärte Herrn Streuer, was er wissen musste. Er setzte alles genau um und die beiden hatten Spaß zusammen.

Wieder im Lokal angekommen ging Herr Streuer zu seinen Kumpels und erzählte voller Stolz, was er und Susi erlebt hatten.
Ich beendete meine Hilfe für heute und verabschiedete mich.
So umfangreich dieser Termin war, so schön war er auch.

Zwei Wochen später war ich bei einem anderen Termin im gleichen Ort. Als dieser beendet war, dachte ich mir, dass ich kurz Frau Helck und Susi besuchen gehen könnte.
Als ich reinkam, freuten sich alle. Susi war nicht da und auch das Gitter stand daneben, dass ich es mitnehmen konnte.

Auf meine Frage, wo Susi sei und ob alles klar sei, erzählte mir Frau Helck, dass Herr Streuer nun jeden Mittag und jeden Abend mit Susi spazieren ging, dafür bekam er das Essen gratis. Sie hatte nun mehr Zeit und Susi legte sich immer auf ihren Platz und belästigte keinen Gast mehr.
Ich blieb noch ein bisschen, um mir das anzuschauen.

Als die beiden kamen, brachte Herr Streuer Susi auf ihren Platz, streichelte sie und ging zu seinem Tisch. Ich begab mich kurz zu ihm und bedankte mich für sein Verständnis und sein Mitwirken.
Was dann kam, damit hatte ich nicht gerechnet.
Er bat mich, mich zu ihm zu setzten und bedankte sich bei mir.
Seit er alleine war, ist er immer mehr vereinsamt. Mit Susi hatte er nun wieder eine Aufgabe, auf die er sich freute. Das sei das größte Geschenk, das er bekommen konnte.
Bei diesen Worten bekam ich Tränen.

Ich verabschiedete mich bei allen und freute mich, dass ich diesen Termin erleben durfte.

14. Ungewöhnliche Freunde

Hund: Boris
Halter: Steinmeier

Mit einem eher ungewöhnlichen Fall kam Familie Steinmeier auf mich zu.
Sie hatten einen großen Teich mit viel Fischbestand.
Und einen Jagdhund. Das Problem sei, dass Boris fast immer draußen schlafe, nicht weil er muss, sondern weil er will. Sie gingen abends ins Haus, Boris bekam sein Futter und irgendwann hörten sie, dass Boris die Tür öffnete und nach draußen ging. Er fresse auch seit einigen Wochen nicht mehr so viel.
Aber zurück zum Problem: jeden Tag kamen Fischreiher, um sich am Teich zu bedienen und sie wollten nicht, dass Boris den Vögeln nachjagt und sie vielleicht sogar tötet.

Auf meine Frage hin, warum sie nicht einfach die Tür abschließen, sagte Herr Steinmeier, dass Boris dann die ganze Nacht keine Ruhe gebe und sie daher keinen Schlaf bekämen.
Ok, das musste ich mir vor Ort anschauen.

Als ich einige Tage später zu Familie Steinmeier fuhr, dachte ich während der Fahrt nach, was es für Möglichkeiten gäbe.
Den Teich mit einem Netz überspannen?
Den Hund daran zu gewöhnen, im Haus zu schlafen?
Den Bereich mit dem Teich abzugrenzen?
Naja, mal sehen.

Familie Steinmeier begrüßte mich sehr herzlich, ich wurde hereingebeten und gleich zum Essen eingeladen.
Solche Termine könnte ich öfters haben.

Während des Essens besprachen wir meine Ideen und was sie von den Möglichkeiten hielten.
Kurz gesagt: Nix.
Wenn Boris draußen sein möchte, sollte er das auch dürfen.
Den Teich abtrennen wollten sie nicht.
Ein Netz über den Teich, wie sähe das denn aus?

Ok, nach dem Essen gingen wir mal hinter das Haus in den Garten. Meine Güte, ein Park wäre der passendere Begriff. Garten war da fast schon eine Beleidigung.
Nun konnte ich auch die Argumente gegen Abgrenzung und Netz verstehen.
Aber wie sollte ich helfen, dass Boris nachts keinen Vögeln hinterherjagt, wenn er alleine draußen war?

Nach ausgiebiger Begutachtung des Geländes schlug ich vor, 3 Kameras aufzustellen und Boris einen GPS-Tracker anzulegen, damit ich mal ein paar Tage sehen konnte, was da so alles passierte. Die Bilder der Kamera und das Signal des Trackers kamen automatisch auf meinen Rechner, da konnte ich mir, ohne vor Ort zu sein, alles anschauen.

Nach einigen Tagen und nach Sichtung der Daten konnte ich es kaum glauben, was ich da sah.
Und auch den Grund, warum Boris immer raus wollte, sah man mehr als deutlich.
Und zwar ging der Lausbube nicht in den Garten - Entschuldigung, Park-, um den Vögeln ans Leder zu wollen, sondern er half ihnen, Fische zu fangen.
Der kleine Kerl ging nachts an den Teich und wartete bis die Reiher kamen, dann ging er ins Wasser, fing Fische und legte sie neben den Teich, dass die Vögel den Fisch fressen konnten.
Die hatten anscheinend einen Deal zusammen.
Das hatte ich bis dato noch nie gesehen.

Ich zeigte den Steinmeiers die ganzen Aufnahmen und war über die Reaktion erstaunt.
Frau Steinmeier fragte, ob es für Boris gefährlich sei, dass er auch an den Fischen knabberte.
Ich musste erst wissen, was für Fische im Teich waren und das mal im Netz nachlesen.
Ok, unbedenklich.
Herr Steinmeier sagte nur trocken, dass dann alles in Ordnung sei.
Ich fragte, ob ich nun irgendwas am Verhalten von Boris ändern sollte, aber Familie Steinmeier entschied, dass, so wie es aussah, alles in Ordnung sei. Sie waren zufrieden und bezahlten mich.
Dann war dieser Termin beendet.

15. 1000 Namen

Hund: Festus
Halter: Bast

Der Anruf von Herrn Bast amüsierte mich von der ersten Sekunde an. Nicht, weil ich mich über ihn lustig machen wollte, nein, es war einfach lustig.
Einer der ersten Sätze am Telefon war:

„Zu meinem Hund möchte ich folgende Auskunft geben:
Parson Jack Russel
Rüde
Kastriert
Lieb
Freundlich
7 Jahre alt
Ein kleiner Sonnenschein
Sein Name ist eigentlich Festus, aber ich rufe ihn auch Mäuschen, Schnucki, Herrgott Sack, Knirps, Herzchen, Kleiner, Teufel, Luzifer, Sonnenschein, Holzkopf, Struppi,"

Ich unterbrach kurz und wollte wissen, um was es überhaupt ging.
Herr Bast sagte nur trocken:
„Entschuldigung, ich war noch nicht fertig, Sie müssen alles erfahren: Franz-Josef, Schnitzel, Frissnix, Nein, Nicht, Admiral, Gangster, Al Capone, Bandit,"

Ich legte das Telefon bei Seite und holte mir währenddessen einen Kaffee. Wieder am Telefon hörte ich weiter zu, während ich meinen Kaffee genoss.
„Chaos, Chaot, Räuber, Copperfield, Blödel, Kasper.
So, dass müssten nun alle Namen gewesen sein."

Ich lobte Herrn Bast, denn ich könnte mir so viele Namen nicht merken. Aber was sollte ich nun mit diesen Informationen anfangen?
Er meinte, dass Festus überhaupt nicht auf seinen Namen höre und dass das für ihn ein Problem darstelle.
Auf meine Frage hin, ob es sein könnte, das Festus gar nicht wisse, wie er heißt, kam sofort ein deutliches:
„Auf keinen Fall, Festus ist ja schlau".

Ich dachte mir, vielleicht zu schlau. Ich fragte ihn, was er denn nun von mir wolle.
Festus sollte endlich mal auf seinen Namen hören und nicht ständig alles klauen.
Ok, da ich noch mehr zu tun hatte, machten wir einen Termin und ich schaute mir das vor Ort an.

Gleich an der Haustür hörte ich Herrn Bast im Inneren des Hauses gefühlt jeden Namen hintereinander aufsagen.
Ich dachte mir nur: *„Oh mein Gott, warum tue ich mir das an?"*
Die Tür öffnete sich und Herr Bast lies mich herein. Festus war auch da und hopste wild an mir hoch.
Auf meine Frage, ob er das gut fände, kam nur:
„Das legt sich in den ersten 15 Minuten von ganz alleine".

Ich sagte Herrn Bast freundlich, aber mehr als deutlich, dass ich so ein Verhalten nicht wünschte, entweder er unternehme etwas dagegen oder ich würde das tun.
Er sagte mir, dass Festus doch nicht höre und er nicht mehr weiterwisse. Ich korrigierte Festus ganz kurz und er hörte sofort auf damit. Herr Bast konnte das nicht glauben und fragte, was ich getan hätte. Ich erklärte ihm, was und warum. Des Weiteren müsse hier mal ordentlich Struktur rein.
Das ganze Reden und die vielen Namen waren nicht das, was Festus brauchte.

Diese deutlichen Worte hatte Herr Bast nicht erwartet und setzte sich erstmal. Ich setzte mich ihm gegenüber und Festus nahm auf dem Sessel daneben Platz. Es sah aus wie ein Thron. Bevor Herr Bast was sagen konnte, erklärte ich ihm, was ich schon am Telefon gehört hatte.
Ab sofort gebe es für Festus nur diesen einen Namen, es würden Regeln aufgestellt und, ganz wichtig, auch konsequent umgesetzt.
Jeden Schritt erklärte ich ihm. Dann kam seine Frau nach Hause.

Als Sie uns sah, sagte sie gleich zu ihrem Mann:
„Und? Hat Herr Paul dir endlich mal gesagt, was ich seit Jahren versuche?“

Ich sagte erst mal *„Hallo“* und stellte mich vor.
Herr Bast schien mir etwas bedröppelt. Ich erklärte dann beiden, dass ich es nur gut meinte und gerne helfen möchte, aber das viele Reden half definitiv nicht. Ok, beide wollten mitspielen.
Dann kam noch raus, dass Festus ständig durch die Wohnung rannte und irgendwelche Gegenstände mopste.
Socken, Fernbedienung, Kleidung, Brille, ...

„Das Problem ist nicht unbedingt, dass er das macht, aber er versteckt die Sachen, dass wir sie nicht mehr finden.“
Auch dafür hatte ich eine Erklärung parat. Festus war nicht ausgelastet und sorgte selbst für seine Beschäftigung.
Also stellen wir schließlich ein Trainingsprogramm auf, das beide umsetzen sollten. Ich würde in zwei Wochen wiederkommen und alles überprüfen.
Beim Abschied ermahnte ich Herrn Bast nochmals:
„Und nicht vergessen, ein Name und der ist Festus.“

Nach zwei Wochen fuhr ich wieder zu Familie Bast. Beim Klingeln und auch beim Eintreten sah und hörte ich nichts von Festus.
Wir setzten uns und Familie Bast erzählte voller Freude, dass fast alles besser sei.

Es gab Rückschläge, besonders am Anfang, aber sie hätten sich ganz auf das Trainingsprogramm eingelassen.
Das freute mich, wir gingen nun nochmals alles durch und ich überprüfte auch das ein oder andere.

Noch etwas Feinschliff und ich konnte Familie Bast beruhigt alleine lassen.

16. Postbote

Hund: Wilma
Halter: Schneider

Folgende Geschichte zeigt uns wieder einmal, was wir Menschen für Lebewesen sind. Ich wurde gerufen, weil ein Hund einen Postboten gebissen hatte.
Traurig, aber wie man weiß, leider nichts Ungewöhnliches.
Ich fuhr zu besagtem Termin, um mir anzuhören, was da los war.
Ich wurde ins Haus gebeten, denn die Nachbarschaft sollte nichts mitbekommen.
Es handelte sich hier um eine kleine Familie, Mann, Frau im 6. Monat schwanger und Hündin Wilma. Das Anwesen bestand aus einem typischen Zweifamilien-Bauernhaus. Links wohnten meine Kunden und rechts die Eltern von Herrn Schneider, nach hinten hinaus ein großer Garten.
Auf meine Frage, wo der Hund sei, sagte Herr Schneider, dass hinten im Garten noch ein großer Zwinger aus der frühen Zeit vom Vater stand. Da würden sie Wilma seit ca. 3 Wochen halten, weil sie kein Risiko eingehen wollten.
Ich fragte, ob Wilma schon mal auffällig gewesen sei oder auch gegen die Familie gehe. Beide sagten nein, aber aufgrund der Schwangerschaft wollten sie kein Risiko eingehen. Es gefalle ihnen nicht, doch sie wüssten keinen anderen Rat.

Frau Schneider erzählte mir dann die Geschichte, weil sie zur „Tatzeit“ alleine zuhause war:
„Unsere Wilma war über 3 Jahre, in denen sie nun bei uns ist, zu allen freundlich. Zu Mensch und Hund gleichermaßen. Auch der Postbote, der gebissen wurde, kannte Wilma von klein auf und jedes Mal, wenn er kam, freute sie sich wie verrückt und bekam auch immer ein Leckerli von ihm.

Aber an dem Tag, an dem es passierte, war Halloween.
Ich war mit Wilma im Hof als der Postbote kam. Wie üblich bei uns, konnte er, ohne zu klingeln das Tor öffnen und eintreten. Dieses Mal war er aber kostümiert. So eine Art Zorro wollte er darstellen. Schwarz angezogen, Umhang mit Maske und Hut. Als Wilma ihn sah, ging sie sofort auf ihn los und biss ihm ins Bein. Er hat gleich geschrien und Wilma ließ sofort von ihm ab und wedelte, da sie ihn nun anscheinend erkannte."

Ok, das hörte sich so an, als ob der Hund vielleicht einen Eindringling vermutete.
Frau Schneider erzählte weiter:
„Der Postbote blutete, nicht allzu schlimm, aber Wilma hat gebissen. Er fuhr ins Krankenhaus und sein Arbeitgeber erstattete Anzeige gegen uns.
Jetzt wurden wir schon vom zuständigen Amt besucht und müssen einen Wesenstest mit Wilma machen."

Ok, nun wollte ich Wilma kennenlernen.
Wir gingen nach hinten in den Garten. Im Zwinger erblickte ich einen Hund, der wie ein Häufchen Elend dasaß.
Ich ging zu dem Zwinger und sprach mit Wilma. Sie freute sich, aber ich merkte auch, dass sie einfach nicht verstand, was da gerade mit ihr passierte.
Das machte mich sehr traurig.
Ich musste der Sache auf den Grund gehen und holte die Familie dazu. Wilma freute sich und wedelte. Sie wollte raus und zu der Familie, diese aber trauten ihr nicht. Ich sah, dass hier etwas nicht stimmte, nur was, war mir noch nicht bewusst.

Dann kam Herr Schneider Senior um die Ecke. Wilma wurde steif und knurrte. Die Familie bekam Angst. Als der Senior näher kam, wurde Wilma richtig wild und bellte. Ich bat alle Beteiligten, vom Zwinger wegzugehen.

Ich ging dann wieder alleine zu Wilma, sie war freudig und ruhig. Ich bat die Familie dazu, Wilma war ruhig und freundlich. Dann holte ich den Senior dazu, Wilma ging sofort gegen den Zwinger.

Ok, ich hatte erst mal genug gesehen und bat die Familie wieder nach vorne zu gehen. Wir standen im Hof und ich fragte den Senior, ob er sich vorstellen könnte, warum Wilma so negativ auf ihn reagierte. Er wusste keine Antwort darauf, weil er jeden Mittag mit ihr spazieren ging, zumindest bis zu diesem Vorfall.
Der Senior ging wieder in sein Haus und wir in das Haus von Familie Schneider.

Ich wusste, dass es irgendwas mit dem Senior zu tun haben musste. Warum der Postbote gebissen wurde, war mir noch nicht klar.
Ich fragte die Familie, ob bei den täglichen Spaziergängen irgendetwas auffällig war.
Beide wussten von nichts. Da sie tagsüber arbeiteten, waren sie froh, dass der Vater von Herrn Schneider sich um Wilma kümmerte.

Ich bat um eine Unterbrechung und ging in das andere Haus, um mit Herrn Schneider Senior alleine zu sprechen.
Er sagte mir, dass alles in Ordnung sei und er sich keinen Reim darauf machen konnte, warum Wilma nun so reagierte. Er glaubte, dass es daran läge, dass sie jetzt im Zwinger war.
Vor dem Beißvorfall war sie frei auf dem ganzen Anwesen.
Er sollte mir doch bitte mal erzählen, wie solche Spaziergänge abgelaufen waren. Er sagte, dass Wilma nicht so gerne mit ihm Gassi gehen wollte, er hatte sie dann immer einfangen müssen. Wenn sie dann an der Leine war ging sie schön mit. Ich fragte, warum sie nicht mit ihm gehen wollte. Er meinte, dass sie mittags eben keine Lust habe.

Ich fragte, ob er sich in meiner Anwesenheit trauen würde, mir das mit Wilma mal zu zeigen. Er stimmte sofort zu. Angst habe er keine.

Ich wollte das aber erst mit der Familie besprechen. Also wieder ins andere Haus, um der Familie meinen Vorschlag mitzuteilen. Sie verstanden den Sinn nicht, aber ließen sich darauf ein. Also wieder ins andere Haus und den Senior holen.
Er sagte, dass es einen Moment dauere, er müsse sich noch anziehen zum Gassi gehen.

Als er in den Hof kam, dachte ich, ich sehe nicht richtig.
Der Mann, ganz in schwarz mit einem Mantel und Hut.
War das nicht die gleiche Aufmachung, die der Postbote an Halloween getragen hatte?
Beim Gang in den Garten sah ich, wie unter dem Mantel etwas hervorschaute, was ich schon seit mehreren Jahrzenten nicht mehr gesehen hatte.
Einen „Totschläger".
So nannte man früher eine Schlagwaffe, die aus einem gedörrten und verdrillten Stierpenis hergestellt wurde.

Auf meine Frage, warum er das dabeihatte, sagte er nur:
„Wenn Wilma nicht auf mich hört oder sich meinen Kommandos widersetzt, zeige ich ihr, wo es langgeht. Dann spurt sie."

Ich traute meinen Ohren nicht und Wut machte sich in mir breit.
Wir gingen noch ein paar Meter weiter. Als Wilma uns sah, ging sie los, als ob es keinen Morgen mehr gab.
Wir zogen uns zurück und ich fragte, ob die Kinder das wüssten.
Er sagte, dass er das noch nicht gesagt habe.
Ich wollte, dass er mit ins Haus ging und es der Familie berichtete. Das wollte er nicht, sondern sich lieber in sein Haus zurückziehen.
Ich hielt ihn fest und rief laut nach Familie Schneider.

Sie kamen in den Hof und sahen ihren Vater das erste Mal in dieser Aufmachung. Ich sagte, dass der Senior ihnen etwas mitzuteilen habe. Sie verstanden gerade nicht, was los war.
Ich griff in den Mantel und zeigte ihnen den „Totschläger".
„Und? Gibt es nun ein Gespräch?"

Herrn Schneider merkte man an, dass er verstand, was los war, er wollte sofort auf seinen Vater losgehen. Ich konnte ihn nur mit Mühe zurückhalten. Wüste Beschimpfungen und lautes Geschrei hallten durchs Dorf. Ich versuchte vergeblich zu schlichten und für Ruhe zu sorgen. Schließlich ging Herr Schneider in den Garten, um Wilma zu holen, in_der Zeit ging der Senior ins Haus und schloss ab, dass wir nicht mehr reinkamen.
Eine sehr aggressive Stimmung lag in der Luft.
Ich bat die Familie, doch bitte etwas Ruhe zu bewahren, wenigstens Wilma zuliebe. Das hat gezogen.
Wir gingen alle mit Wilma ins Haus.
So langsam beruhigten sich die Gemüter und ein Gespräch konnte wieder stattfinden.
Ich entschuldigte mich, dass ich anscheinend der Verursacher dieses Dramas war. Herr Schneider saß auf dem Boden, hielt Wilma im Arm und weinte.
Ich ging erst mal nach draußen, um den beiden etwas Zeit zu geben. Dann versuchte ich nochmals beim Senior zu klingeln, aber er machte nicht mehr auf.

Nach einer gefühlten Ewigkeit kam Frau Schneider raus und bat mich, doch bitte wieder ins Haus zu kommen.
Beide bedankten sich bei mir, dass ich das herausgefunden hatte. Ich sagte, dass dies bestimmt auch die Ursache der Beißattacke gegen den Postboten war. Wilma hatte das Kostüm gesehen und es hatte Klick gemacht, leider im negativen Sinn.

Als der Postbote geschrien und Wilma seine Stimme erkannt hatte, wurde ihr bewusst, dass es der „Falsche“ war.
Sie wollten nun alleine sein und baten mich, hier erst mal abzubrechen. Sie würden nun alles verarbeiten und sich dann bei mir melden.
Ich bat sie noch, bitte keine Dummheiten zu machen und ging mit sehr gemischten Gefühlen nach Hause.

Als ich heimkam, musste ich meine Hunde in den Arm nehmen. Meine Exfrau fragte, was passiert sei und ich erzählte ihr die Geschichte in Kurzform. Auch sie konnte das kaum glauben.

2 Tage später bekam ich einen Anruf von Frau Schneider. Sie bat um einen Termin, aber ich sollte zu einer anderen Adresse kommen, die sie mir mitteilte.

Ich fuhr sofort zur ausgemachten Adresse, denn es war mir mittlerweile zur Herzensangelegenheit geworden.
Frau Schneider öffnete mit Wilma die Tür, der Hund freute sich und wir gingen rein. Sie erzählte mir, dass die letzten beiden Tage sehr schwierig und emotional waren.
Ihr Mann machte sich die größten Vorwürfe. Sie hatten die erste Nacht nicht geschlafen und alles besprochen. Gleich am nächsten Morgen rief ihr Mann in seiner Firma an und hatte sich ein paar Tage frei genommen. Dann hatten sie herumtelefoniert und diese Wohnung hier von einem Bekannten übernommen.
Sie wollten nicht mehr zurück.

Ihr Mann kam derweil mit einem Bus voller Möbel angefahren. Mit Freunden hatte er sein Elternhaus ausgeräumt und mit seinem Vater gebrochen.
„Oh Mann, was habe ich da angerichtet?“, gingen mir in diesem Moment die Worte durch den Kopf.
Ihre Freunde begannen, den Bus abzuladen und die beiden sprachen mit mir über Wilma.

Sie wollten, dass ich ihnen helfe, den Wesenstest zu absolvieren und dass ich weiter mit Wilma trainierte, um das Erlebte wieder aus ihr rauszubekommen.
Natürlich stimmte ich zu und machte mich sofort mit Frau Schneider ans Training.
Die nächsten Wochen trafen wir uns 3x pro Woche, um sie auf den Wesenstest vorzubereiten.
Als der Termin anstand, war Wilma soweit und bestand diesen mit Bravour.

Danach arbeiteten wir noch 1- bis 2-mal pro Woche weiter und stellten Wilma auch Helfern von mir mit dem entsprechenden Kostüm gegenüber und konfrontierten sie kontrolliert damit, bis sie wirklich wieder gesellschaftsfähig war.

Ein weiter und harter Weg ging nach vielen Monaten zu Ende.

17. Miss Esoterik

Hund: Benny
Halter: Aithne

Eine Kundin meldete sich telefonisch bei mir und bat mich, ihr dringend zu helfen. Sie möchte ein bisschen mehr über Körpersprache und Hundeerziehung lernen.
Aber das Wichtigste sei, dass sie endlich wieder baden konnte.
Ich fragte sie, wie das gemeint sei.
Sie erzählte, dass sie jeden Abend ein Schaumbad zur Erholung brauche. Aber ihr Hund wolle das nicht und springe immer in die Wanne. Sie sei schon am ganzen Körper zerkratzt.

Auf meine Frage, warum Sie nicht einfach die Tür zumache, kam als Antwort:
„Türen engen mich ein und ich brauche Licht und Freiheit, um bei meinem Inneren Ich zu bleiben und dies zu stärken "

Oh Mann, das ist ja genau meine Kernkompetenz.
Wie immer machten wir einen Termin aus, denn das musste ich mir vor Ort anschauen, um zu sehen, wie ich da am besten helfen konnte.
Als ich ankam, hing der ganze Hofbereich (in meinen Augen) voller Krimskrams. Aber jeder wie er möchte.
Ich ging zur Haustür und da ertönte eine Stimme aus einem Lautsprecher:
„Danke, dass Sie sich die Mühe gemacht haben, mich aufzusuchen, ich werde sofort bei Ihnen sein."

Was war das denn? Ich ging ein Stück zurück und nochmals zur Tür. Wieder die Stimme:
„Danke, dass Sie sich die Mühe gemacht haben, mich aufzusuchen, ich werde sofort bei Ihnen sein."

Oh Mann, wo war ich hier wieder gelandet?
Die Tür ging auf und eine Frau kam auf mich zu, nahm mich in den Arm und stellte sich als Medium „Aithne“ vor. Sie sei die Göttin des Lichts.
Sie nahm mich an der Hand und führte mich ins Haus. Ich war so perplex, dass ich gar nicht wusste, was ich sagen sollte.
War ich hier wirklich richtig?

Sie führte mich in ein Zimmer, wo nur solch runde Sitzkissen lagen, und bot mir einen Platz an. Sie erwähnte, dass wir uns duzen müssten, das würde die Spannungen lösen.
Dann ging sie weg, das ganze Zimmer war mit Stoffen abgehängt, so in der Art, wie man sich vielleicht 1000 und 1 Nacht vorstellte. Zumindest stellte ich mir das so vor.
Sie kam mit einem Tablett mit Getränken zurück und setzte sich mir gegenüber. Ich wollte gerade etwas sagen, da meinte sie, ich solle doch bitte noch schweigen, denn sie müsse erst die Energie reinigen, um meine Hilfe zulassen zu können.
Ich wurde immer sicherer, dass ich nicht die Hilfe war, die diese Frau anscheinend brauchte.

Als endlich alles gereinigt war und Aithne sich wieder etwas mehr in meiner Welt aufhielt, sagte sie, dass sie sehr spirituell sei und sie und Runa auf einer ewigen Reise seien.
Ich wollte heim.
Ich musste fragen: *„Wer ist Runa?“*

Runa sei ihre Hündin und bedeutet „die Geheimnisvolle“.
Ich sagte Aithne, dass ich mich mehr als unwohl fühlte.
Sie entgegnete, dass sie sofort Abhilfe schaffe.
Sie hüpfte durch das Zimmer und berührte in der Ecke etwas, sodass Töne wie von Klangschalen hervorkamen, in der anderen Ecke verschiedene Lichter, Melodien und jede Menge Geruch aus Räucherstäbchen.

Innerlich bat ich mich nun selbst um Hilfe.

Dann setzte sich Aithne wieder und bat um etwas Ruhe, damit sich alles entfalten konnte.
Ich fragte mich selbst, warum ich nicht einfach gegangen bin. Irgendwie konnte ich aber nicht. Seit ca. 40 Minuten war ich vor Ort und hatte noch nicht ein Wort über den Hund erfahren, geschweige denn diesen gesehen.
Als ich wieder reden durfte, fragte ich Aithne, ob wir nun bitte zu dem eigentlichen Grund meines Besuchs kommen könnten.
„Selbstverständlich" sagte sie, aber ohne eine Reinigung ginge das ja nicht.
„Ok, was soll ich hier? Und bitte in meiner Sprache."

Ich sollte ihr helfen, dass sie mal wieder in Ruhe baden konnte. Zurzeit musste Runa immer in den Garten bis sie fertig war, weil sie ja sonst in die Wanne sprang und sie zerkratzte.
Ich fragte, ob ich mir die Wohnung, das Bad und vor allem Runa mal anschauen könnte.
„Selbstverständlich," sagte Aithne zu mir, sie hatte ja auch schon alles vorbereitet.
Wieder musste ich fragen. *„Was haben Sie denn vorbereitet?"*

Sie sagte, dass sie mit Runa schon gesprochen habe und sie wisse, dass heute ein Hundetrainer käme. Auch das Bad habe sie präpariert, um mir alles zu zeigen, dass ich auch helfen konnte.
Wir gingen dann durchs Haus - um es vorwegzunehmen - es wurde nicht besser. Überall Stoffe an den Wänden und der Decke. Verschiedene Lichter überall. Melodien, die einen müde machten. Mich zumindest.
Mir fiel auf, dass nirgends Türen in den Rahmen waren. Am Bad angekommen, das gleiche Spiel. Stoffe, Melodien und Lichter. Die Wanne war auch mit Wasser gefüllt.

Sie sagte, dass sie extra das Badewasser eingelassen hatte, um die Situation nachzustellen.
Ok, das war gut, wenn es nur andere Umstände wären.
Dann gingen wir in den Garten. Runa kam sofort angerannt und sprang mich an. Ein kleiner Jack Russel mit viel Energie.
Ich dachte, dass er die Reinigung bestimmt noch nicht genossen hatte.
Aber egal, ich beschäftigte mich erstmal im Garten mit Runa, um mir auch darüber ein Bild zu machen.
Dann gingen wir in die Wohnung zurück. Aithne sollte doch bitte mal Runa rufen, damit ich sehen konnte, wie der Stand war. Aithne rief und Runa rannte durch die Wohnung.
Also nix mit Hören.
Aithne sagte, dass dies kein Problem darstelle. Ich sagte, dass sie es doch war, die mich nach Erziehung gefragt hatte.
„Ja schon," sagte sie, aber im Grunde sei sie ja zufrieden mit Runa. Nur eben das Wannen-Problem sollte weg. Auch gut.
Mir fiel derweil auf, dass Runa überall in der Wohnung umhersprang, nur ins Bad ging sie nicht. Ich bat Aithne dann, mal ins Bad zu gehen, dass ich sehen konnte, ob Runa jetzt hineingehen würde. Wir gingen alle ins Bad.

Aithne zog, ohne zu zögern, ihren Pulli und die Hosen aus.
Sie war nackt.
Ich wusste nicht so recht, was ich tun sollte, wohin sollte ich schauen? Ich bin ein Mann und habe Puls.
Auf meine Frage, ob sie denn nicht einen Bikini anziehen könnte, sagte sie nur, dass sie sowas nicht habe, denn das enge sie zu sehr ein. Ich solle doch nicht so schüchtern sein und könnte ruhig herschauen.
Meinetwegen, das Wegschauen war mühsamer als das Hinschauen, sie war ja auch sehr ansehnlich.

Aithne stieg in die Wanne und kaum war sie drin, sprang Runa sofort hinein. So schnell konnte man kaum schauen.

Sie hob Runa wieder raus und diese sprang wieder rein. Ich hielt Runa dann fest, um zu sehen, wie sie sich nun aufführte. Nichts, sie war ruhig.
Ich gab Aithne ein paar Leckerlis aus meiner Tasche, sie sollte sie nach und nach auf den Boden zu Runa werfen.
Und siehe da, Runa fraß und sprang nicht in die Wanne.
Ich holte noch mehr Leckerlis und wir übten noch ein wenig weiter.
Zwischen jedem Leckerchen verlängerten wir nun die Zeit immer mehr. Runa hatte offensichtlich Freude dabei und sprang nicht mehr in die Wanne.
Ich bat Aithne, aus der Wanne zu gehen, etwas zu warten und wieder reinzugehen. Ich wollte sehen, ob meine Idee funktionieren könnte. Ich konnte so schnell gar nicht aus dem Bad gehen, als Aithne schon wieder nackt aus der Wanne kam. Mit der ganzen Melodie, Licht und Hitze war mir mittlerweile schon schummrig geworden.

Aithne übte noch ein wenig, weil ich mich setzten und was trinken musste. Ich ging dann in den Garten, um frische Luft zu bekommen.
Nach einigen Minuten ging es wieder und ich bin in die Wohnung zurück. Aithne war immer noch am Trainieren.
Ich sagte, dass sie aufhören könne und wir nun alles besprechen sollten.

Ich ging in das Zimmer mit den Sitzkissen und Aithne kam nur mit einer Hose bekleidet dazu und trocknete sich oben herum ab. Ich bat sie, doch bitte ein Oberteil anzuziehen, ich wäre sonst zu abgelenkt und könnte ihr nicht richtig helfen.
Sie tat wie geheißen und setzte sich wieder.

Ich erklärte ihr, wie sie Runa für ihren Wunsch erziehen konnte. Runa sollte weniger zu fressen bekommen und mit der Restmenge sollte sie immer beim Baden trainieren.
Das sollte zu schnellem Erfolg führen.

Und eines hatte ich noch auf dem Herzen: Sie solle doch bitte die Luft im Haus nicht mit so vielen Düften vermischen, das war für Runa nicht gesund.
Sie gelobte Besserung.
So lange hat noch selten ein Termin gedauert. Aber ich war froh, diesen überstanden zu haben.

Nach einer Woche rief mich Aithne an und teilte mir mit, dass Sie nun endlich wieder in Ruhe baden konnte. Auch die Luft in der Wohnung habe sie verbessert.
Das war doch schön zu hören.

18. Dänisch Dynamite

Hund: Fjeder
Halter: Nielsen

Ich bekam eine E-Mail mit einem Hilferuf, der schon etwas gefährlich klang. Ein kleiner Mischling griff Besucher der Familie an und biss in die Schuhe und Beine.
Die Familie bestand aus 2 Erwachsenen und 6 Kindern.
Sie bekämen viel Besuch, allein schon der Kinder wegen. Aber nun sei eine Grenze erreicht, dass keiner mehr kommen möchte.
Es gibt Terminanfragen, bei denen ich bereits bei der Kontaktaufnahme weiß, wo das Problem liegt, meistens habe ich auch Recht.
Das musste ich mir anschauen.

Am Tag des Termins zog ich mir extra stabile Schuhe an und wickelte meinen Schutz aus Leder um die Beine. Alles noch unter meinen Hosen verstaut, sodass der Hund mit mir machen konnte, wie mit jedem anderen Besucher auch. Nur mit der Sicherheit, dass niemand verletzt wird.
Der Familie hatte ich gesagt, dass wenn ich komme, der Hund bitte eine Leine für den Notfall umhaben sollte und sie ansonsten erst mal nicht eingreifen sollten.

Ich klingelte also an der Tür, drinnen ging gleich die Post ab. Ein lautes Gebell und sonst war erst mal nichts zu hören.
Die Tür ging auf und Herr Nielsen bat mich herein. Es war ein Vorraum, der mit einer weiteren Tür zum Essbereich getrennt war.

Da hüpfte ein kleiner Mix an der Tür hoch und freute sich ein Loch ins Knie. Von Bellen keine Spur mehr. Herr Nielsen sagte, dass er eigentlich nicht öffnen möchte, weil er denkt, dass der Fjeder (so hieß der Hund) gleich auf mich losgehen würde.
Ich sagte ihm, dass ich das nicht glaube, Fjeder zeigte keinerlei Aggressionen, nur Energie.

Dann kam er wieder, der Satz, den ich bei jedem 2. Einzeltermin höre: *„Aber auf Ihre Verantwortung."*

Warum denn auf meine?
Bin ich der Halter des Hundes?
Soll ich mir, ohne das Problem zu sehen, eine Lösung einfallen lassen? Immer das Gleiche.

Also Tür auf und fertig. Fjeder sprang an mir hoch und freute sich. Herr Nielsen verstand das nicht. Wir gingen ins Esszimmer und setzten uns erst mal hin, damit ich die ganze Geschichte hören konnte. Frau Nielsen kam auch dazu. Im oberen Stockwerk hörte ich eine sehr laute Geräuschkulisse von den Kindern.
Also, wo war das Problem?

Frau Nielsen fing an zu berichten, weil sie den ganzen Tag zu Hause war und ihr Mann erst Abend spät vom Arbeiten kam:
„Es fängt eigentlich schon morgens an, Fjeder schläft unten oder bei den Kindern."

Ich hakte kurz ein, weil mir gesagt wurde, er beiße die Kinder.
„Ja schon, aber sie lieben Fjeder doch."

Ich fragte nochmals, aber er beißt sie?
„Ja. Und wenn wir dann runterkommen und die Kinder durchs Haus laufen, geht Fjeder hinterher und schnappt.

Wenn die Kinder aus dem Haus sind, ist Fjeder ganz brav und liegt in seiner Ecke und schläft. Kommen die Kinder von der Schule, geht's wieder los. Wenn Freunde der Kinder kommen das gleiche Spiel. Mittlerweile kommen nur noch wenige Kinder zu Besuch."

Ok, ich würde mir das gerne mal ansehen und sagte zu Herrn Nielsen: *„Aber auf Ihre Verantwortung."*

Er verstand den Seitenhieb. Kind Nummer eins kam runter und nichts war, bei Kind zwei das Gleiche. Bevor es weiterging, fragte ich, ob Fjeder heute gut gelaunt war oder etwas anderes gemacht werde als sonst. Frau Nielsen sagte, dass normal mehr gerannt werde. Ich wollte das sehen. Kinder wieder hoch und nacheinander herunter, wie immer.
Sofort ging Fjeder auf die Kinder zu und schnappte nach ihren Schuhen.

Ok, so wie ich es mir gedacht hatte. Fjeder hatte mit Kindern das Problem, aber woher?
Ich fragte die Familie, ob ich mal mit den Kindern alleine reden durfte, meistens sind sie offener und erzählen mir mehr, als wenn die Eltern dabei sind.
Ich wusste instinktiv schon, warum Fjeder solch ein Verhalten zeigte.

Sie willigten ein, ich mit nach oben. Da gab es eine Empore, wo sich die Kinder zusammentrafen und spielten.
Ich befragte sie alle gemeinsam, ob es in ihren Augen einen Auslöser für Fjeders Verhalten gab.
Doch angeblich wussten alle nichts.
Ich spielte ein bisschen mit und fing dann langsam an Bemerkungen zu machen, dass es lustig sei, Hunde zu ärgern, gerade wenn man mit den Schuhen gegen die Hunde gehe, sodass sie reinbeißen.

Da sprudelte es förmlich aus allen raus. Alle haben Fjeder mit solchen Aktionen zu seinem Verhalten gebracht, ihn regelrecht darauf konditioniert.
Was sie nicht wussten: Ich hatte mit den Eltern ausgemacht, dass ich per Handy mit Ihnen verbunden war und sie alles mit anhören konnten.
Ihre Freunde, die manchmal zu Besuch kamen, hatten genauso mitgemacht, bis es eben anfing, schmerzhaft zu werden.

Ich ging dann wieder nach unten und die Kinder spielten erst mal oben alleine weiter. Ich besprach mit den Eltern, was sie auch über das Telefon mitgehört hatten.
Die Kinder hatten Fjeder dazu gebracht, in-Schuhe-beißen toll zu finden. Das hat er im Kopf, das hatte er gelernt.

Wir stellten ein Programm auf, dass Fjeder nicht mehr ohne ein Elternteil mit den Kindern alleine sein durfte.
Weiter sollte trainiert werden, dass in-Schuhe-beißen blöd und nicht-in-Schuhe-beißen toll war.
Dazu zeigte ich der Familie sehr viel, wie es gehen würde.
Dann holten wir die Kinder dazu und trainierten mit ihnen ein neues Spiel mit Fjeder.
Es wurden Schuhe hingestellt und Fjeder wurde belohnt, wenn er ruhig blieb.
Das sollte nun erstmal trainiert werden und in 2 Wochen käme ich wieder.

Leider bekam ich 5 Tage später einen Anruf, dass die Familie es einfach nicht schaffe. 6 Kinder, Fjeder und Training sei einfach zu viel. Sie möchten Fjeder abgeben.
Ich fuhr gleich am nächsten Tag hin, um zu versuchen, der Familie zu zeigen, dass sie bitte durchhalten sollten, weil es doch funktioniert. Ich hatte das Gefühl, sie wollten nicht.

Der Familienrat hätte entschieden, dass es für alle das Beste sei. Sorry, aber ich könnte kotzen.
Probleme selbst machen und dann den Hund abschieben.
Die Eltern haben in meinen Augen voll versagt. Fjeder mit den Kindern alleine lassen – dass sowas überhaupt passieren kann, ist einfach unglaublich.
Ich bot dann an, bei der Vermittlung zu helfen. Sofort kam die Frage, ob ich Fjeder nicht gleich mitnehmen könnte.
Unglaublich, jetzt wurde ich echt böse.
Ich konnte gar nicht so viel fressen, wie ich kotzen könnte.
Was tun? Fjeder hierlassen bei der faulen Bande? Nein.

Ich ging nach draußen, um zu telefonieren. Bei dem 15. Telefonat hatte ich Erfolg, eine befreundete Tierschützerin bot sich als Pflegestelle an.
Ich ging rein und verlangte alle Unterlagen über Fjeder, dann setzte ich ein Schreiben auf, dass Fjeder jetzt mir gehöre und sie keine Ansprüche mehr stellen könnten. Alles wurde bereitwillig unterschrieben.
Ich nahm Fjeder und ging kommentarlos nach draußen. Sie fragten, ob sich die Kinder noch von ihm verabschieden dürften. Das habe ich verneint und bin gegangen.

Ich brachte Fjeder dann zu meiner Bekannten (Melanie) und zeigte ihr sofort das Training, dass sie bitte mit Fjeder machen sollte, damit er vermittelbar wird.
Bereits nach 2 Wochen hatten wir einen erfahrenen Interessenten gefunden, der Fjeder nehmen wollte.
Wir trafen uns und Alex (der Interessent) war sofort Feuer und Flamme.
Fjeder und Alex rannten gemeinsam durch den Garten, ohne dass er gegen die Schuhe ging.

Melanie hatte die ganze Zeit sehr hart trainiert, auch mit ihren Kindern zusammen.
Das wollte ich gerne noch sehen.
Sie holte ihre Kinder und sie sprangen um Fjeder herum, ohne dass er zubiss.
Er bekam viel Belohnungen, das machte auch den Kindern Spaß.
Alex entschied sich, Fjeder zu nehmen und wollte ihn in 4 Tagen abholen. Ich schlug vor, Fjeder noch einen neuen Namen zu geben, damit er keine Rückschlüsse mehr auf sein altes Leben ziehen könne, wenn sein Name fiel.

4 Tage später war es dann so weit.
Alex kam pünktlich und holte Pino (so hieß er nun) in sein neues Zuhause.

Am Ende alles gut, aber die Wut und das Unverständnis wird bleiben.
Alles gute Pino.

19. Schizophrenie

Hund: Max
Halter: Krauß

In diesem Fall eins gleich vorweg:
Ich habe lange überlegt, ob ich diese Geschichte überhaupt hier zum Besten geben soll. Aber da alle Namen geändert sind und ich auch in keiner Weise etwas gegen Menschen mit dieser Krankheit habe und selbstverständlich auch nicht intolerant bin, sehe ich kein Problem damit. Ich möchte mich auch nicht lustig über diesen Kunden oder seine Einschränkung machen. Daher beschloss ich, diese Geschichte zu schreiben, weil es zu meinem Leben und zu meinem Buch gehört.

Ich bekam eine Anfrage per E-Mail, da der Adressat angeblich kein Telefon besaß. Das geht mir grundsätzlich schon mal auf die Nerven, da dieses ständige hin und her Schreiben mitunter einem Pingpong-Spiel gleicht. Am Telefon kann immer alles sofort geklärt werden.

Nach 14 Emails haben wir endlich einen Termin gefunden. Ich fuhr also hin, um zu schauen, wie ich helfen konnte. Ich fand keinen Parkplatz und fuhr in den Hof. An der Tür stand Herr Krauß und bat mich sofort, bitte woanders zu parken, da seine Schwester noch vorbeikäme und sie diesen Parkplatz brauche.
Ok, ich fand 3 Straßen weiter endlich eine Möglichkeit zu parken. Als ich endlich wieder bei Herrn Krauß ankam, fragte er, wo ich so lange gewesen sei, er dachte ich sei heimgefahren.
Innerlich dachte ich mir, dass ich das besser auch getan hätte.

Wir gingen ins Haus und ich war etwas erstaunt, dass sich so gut wie keine Möbel darin befanden. Hier und da ein kleiner Schank, ein Tisch mit 2 Stühlen und im Eck eine Couch. Viel mehr war nicht zu sehen.
Ich fragte Herrn Krauß, ob er erst eingezogen oder am Ausziehen war.
Er berichtete mir, dass er und seine Mutter auf der Insel Korfu lebten und nur zwei Mal im Jahr für ein paar Wochen hier seien. Daher war dieses Haus so leer und diente nur dem Heimataufenthalt.
Diese Erklärung leuchtete mir ein.

Wir nahmen auf der Couch Platz und Herr Krauß holte Max. Dieser große Labrador sprang gleich zu mir aufs Sofa und bedrängte mich, sodass ich keine andere Wahl hatte, als aufzustehen und mal Herrn Krauß fragte, ob das normal sei.
Er sagte nur, dass Max eben ein liebenswerter Hund sei und mich erst mal kennenlernen möchte. Ich sagte ihm, dass das aber doch etwas zu viel des Guten war und er doch bitte mal versuchen sollte, Max zur Ruhe zu bringen.
Er sagte ruhig:
„Max, hör doch bitte auf, Herrn Paul zu belästigen."

Ok, so wurde das nichts. Ich korrigierte Max und sofort war Ruhe in der Bude. Ich erklärte Herrn Krauß, was und warum ich das getan hatte. Dann fing er an, mir sein Problem zu schildern:

Wenn er in Korfu lebte, gab es überhaupt keine Probleme mit Max. Nur hier in Deutschland könne Max sich nicht benehmen. Er zog an der Leine, als ob es kein Morgen mehr gäbe, er bellte und sprang jeden an und Herr Krauß wisse einfach nicht, wie er das hinbekommen solle.
Ich fragte, wie das denn auf Korfu so lief.

Er meinte nur:
„Ich mache morgens die Tür auf und Max geht nach draußen. Er hat ein riesengroßes Gelände zur freien Verfügung und wenn er darüber hinaus spazieren geht, sagt keiner etwas.
Max muss auf Korfu nie eine Leine tragen. Max macht den ganzen Tag, was er möchte, kann kommen und gehen, wie es ihm gefällt.“

Dann klärte ich ihn mal auf, warum sein Max sich hier nicht an Regeln hält. Er kannte das nicht und war es gewohnt, selbst entscheiden zu können, was gut für ihn ist. Hier war es andersrum. Max musste sich an Regeln halten und fühlte sich dabei so eingeengt, dass es ihm sehr schwerfiel, zu gehorchen.

Herr Krauß setzte sich neben mich und erzählte weiter.
Er meinte, dass es so schön sei, wenn Max auf Korfu machen kann, was er möchte.
Dabei legte er seine Hand auf meinen Oberschenkel.
Ich fragte, was das soll, und er solle doch bitte seine Hand von meinem Bein nehmen.
Plötzlich schrie er laut irgendetwas auf Englisch in den Raum und dann auf Deutsch hinterher.

Ich erschrak und wusste gerade nicht was da passierte, mir kam es so vor, als ob er mit sich selbst in zwei Sprachen redete.
Ich traute mich gar nicht, ihn zu unterbrechen, als er wieder seine Hand auf meinen Oberschenkel legte.
Das war mir dann doch zu viel, ich stand auf und unterbrach „die beiden“ mal.
Er erklärte mir, dass er nicht gut mit Abweisungen umgehen könne. Daraufhin erklärte ich ihm, dass ich hier war, um ihm bei seinem Hundeproblem zu helfen, und nicht um eine erotische Beziehung mit ihm zu beginnen. Dann schrie er sich wieder selbst abwechselnd in Englisch und Deutsch an.

Das war mir nun doch zu viel und ich ging nach draußen.
Da kam gerade ein Auto in den Hof gefahren.
Die Fahrerin stellte sich als seine Schwester vor.
Ich erzählte ihr kurz, wer ich war und was da drinnen gerade vorgefallen war. Sie erklärte mir, dass ihr Bruder an Schizophrenie leide und sich sehr schnell zu jedem Menschen hingezogen fühlt, der sich länger als 10 Minuten mit ihm abgibt.
Ok, das erklärte einiges.

Wir gingen ins Haus und Herr Krauß saß plötzlich in Unterhosen auf der Couch.
Seine Schwester redete mit ihm und erklärte ihm, dass dieses Verhalten nicht gut war. Er zog sich daraufhin an und redete nur noch auf Englisch weiter. Da ich diese Sprache nicht spreche, übersetzte seine Schwester.
Das war sehr anstrengend für mich.

Ich erklärte ihr dann nochmal das gleiche, das ich auch zuvor Herrn Krauß erklärt hatte.
Sie sagte, dass es keinen Wert habe mit ihm zu trainieren, da er nur zwei Mal für je 10 Tage im Jahr hier sei. In dieser Zeit werde der Hund kaum spazieren geführt, sondern immer in den Garten gelassen.
Auf meine Frage, warum ich dann hier sei, meinte sie nur, dass ihr Bruder wahrscheinlich einen seiner berühmten Blitzgedanken gehabt hatte und mich im Internet gefunden und angeschrieben hatte. Aber sie wusste nichts davon.
Ok, und was tun wir nun, fragte ich.
Sie meinte, dass ich ihr sagen sollte, was ich an Geld bekäme, und sie zahle es mir dann.

Ich bekam mein Geld, verabschiedete mich und ging sehr verwirrt zu meinem Auto und fuhr nach Hause.

20. Territorialer Mix

Hund: Gonzo
Halter: Martin

Dieser Termin wird meiner Auszubildenen wohl länger in Erinnerung bleiben.
Wir bekamen eine Anfrage, bei der ein mittelgroßer Mischling zuhause alles in Schach hielt und niemanden mehr ins Haus ließ. Sollte doch jemand kommen, biss er zu.
Wir telefonierten und machten einen Termin aus. Das mussten wir uns genau vor Ort anschauen.

Die Besitzer, Familie Martin, hatten von mir gesagt bekommen, dass der Hund bitte einen Maulkorb tragen sollte und wenn wir das Haus betreten, erst mal an der Leine sein musste.
In dieser Zeit hatte ich eine Auszubildende in meiner Hundeschule.
Petra war 32 Jahre jung, sehr taff und ihr Traum war es, den Beruf des Hundetrainers zu erlernen. Sie war schon mehrere Monate hier, als es zu diesem Termin kam.
Also schlugen wir dieses Mal zu zweit beim Kunden auf.
An der Haustür sagte ich noch scherzhaft zu Petra, dass sie als erstes reingehen sollte, denn ich hatte Angst.

Die Tür ging auf und Herr Martin bat uns einzutreten. Kaum war die Tür zu, kam Gonzo um die Ecke gerannt und biss Petra ins Bein.
Ich ging sofort dazwischen und bekam dabei selbst ein paar Schrammen ab, bis ich Gonzo in einen Raum drängen und die Türe schließen konnte.
Herr Martin stand nur starr vor Schreck an der Wand und rührte sich nicht.

Erst schaute ich mir Petras Bein an, die Wunde war zum Glück nicht so schlimm.
Ich fragte Herrn Martin, was das nun gewesen sei.
Wo war der Maulkorb? Wo war die Leine?
Er war so erschrocken, dass er nichts sagen konnte. Ich ging zu meinem Auto, um Desinfektionsmittel und Verbandszeug zu holen. Zum Glück habe ich sowas immer dabei.
Erst verarztete ich Petra und dann mich. Herr Martin saß auf dem Sofa und redete kein Wort. Ich musste ihn regelrecht schütteln, dass er mal wieder zur Besinnung kam.
Er stammelte dann mehr als er redete, man merkte ihm an, dass sowas in dieser Ausführung anscheinend noch nie passiert war.

Nach einigen Minuten hatte er sich soweit gefangen, dass ein vernünftiges Reden wieder möglich war. Er sagte, dass die ganze Familie seit meinem Anruf mit dem Maulkorb trainiert hatte, aber Gonzo wollte ihn einfach nicht akzeptieren.
Deshalb hatte er Gonzo angebunden als wir kamen, doch anscheinend nicht gut genug.
Ich wollte erst mal die ganze Geschichte erfahren was mit Gonzo los war, wo kam er her, wie alt, ...
Er kam mit 2 Jahren aus dem Tierheim zur Familie und lebte nun auch schon 3 Jahre hier. Von der Vorgeschichte war nichts bekannt. Sein Problem bestand von Anfang an, nur so schlimm wie gerade eben noch nicht.

Frau Martin kam vom Einkaufen zurück und wusste erst nicht, was sie sagen sollte.
Im Hauseingang lagen von der Aktion Teppiche übereinander, der Schirmständer lag noch umgekippt auf dem Boden und Petra und ich saßen mit verbundenem Bein und Armen auf dem Sofa.
„Was ist denn hier passiert?" Mehr kam nicht aus ihr heraus.

Herr Martin klärte sie kurz über das Geschehen auf und sie fing an zu weinen. Ihr Mann tröstete sie erstmal und wir warteten wieder, bis jeder sich beruhigt hatte.
Dann sagte ich, dass ich nun alleine in den Raum gehen werde, wo sich Gonzo befand. Keiner durfte nachkommen. Alle mussten warten, bis ich wieder rauskam.

Ich ging erst zum Auto, um meine Spezialleine zu holen, und dann in „Gonzos Zimmer". Er ging gleich auf mich los und ich hatte Mühe, den kleinen Kerl zu bändigen. Als ich die Leine drum hatte, wurde er händelbarer, aber nicht so ruhig, wie ich es mir erhofft hatte. Das gefiel mir nicht. Wir gingen raus zu den anderen, aber auch hier kein Beruhigen von Gonzo.
Wir gingen kurz auf die Straße, damit er beim Laufen mal ruhiger werden konnte, auch dies funktionierte nicht wirklich.
Ich merkte, dass hier irgendwas nicht stimmte. Wieder zurück im Haus fragte ich, wo wir Gonzo hintun könnten, damit er sich mal beruhigte. Das obere Stockwerkt wurde vorgeschlagen, weil es da eine Tür zur Sicherung gab. Ich brachte Gonzo dahin und schloss die Tür. Da ich nichts hörte, schien er sich tatsächlich zu beruhigen.

Wir setzten uns wieder und besprachen, wie wir vorgehen könnten. Ich sagte, dass ich hier erst mal nichts tun könne, denn wenn Gonzo uns sah und jenseits von Gut und Böse war, konnten wir nicht mit ihm arbeiten, denn er war überhaupt nicht ansprechbar.
Ich bat die Familie, bitte das Maulkorb-Training weiterzumachen und ich wollte in einer Woche wiederkommen. Sie stimmten zu und wir fuhren erst mal nach Hause.

Petra war viel ruhiger als sonst. Normalerweise redete sie viel mehr, das Erlebte hatte sie schon etwas mitgenommen.

Aber am nächsten Tag stand sie wieder bei mir, nur der Termin beschäftigte sie noch.

Wir arbeiteten mit weiteren Hunden und absolvierten weitere Termine, bis uns drei Tage später, während Petra und ich zu einem Termin unterwegs waren, ein trauriger Anruf ereilte.
Herr Martin war am Telefon und wollte unseren Anschlusstermin streichen. Sie hätten Gonzo erlösen müssen.
Mir wurde plötzlich schlecht, ich fragte, was passiert sei.
Herr Martin sagte, dass plötzlich und während sie beim Frühstück saßen, Gonzo auf seine Frau los sei und sie gebissen habe. Sie hatten sich mit dem Stuhl verteidigen müssen und hatten dabei auch Gonzo verletzt. Zum Glück war der Biss bei seiner Frau nicht zu schlimm und sie brachten Gonzo in eine Klinik. Aufgrund ihrer Erzählungen wurde auch gleich ein MRT gemacht.
Dabei wurde leider festgestellt, dass Gonzo einen großen Hirntumor hatte, der nicht heilbar war, daraufhin haben sie ihn gleich erlöst.

Er bedankte sich für unsere Hilfe und entschuldigte sich nochmals für den Vorfall.
Ich drückte ihm unser aufrichtiges Beileid aus und beendete das Gespräch.
Petra und ich fuhren erst mal rechts ran und versuchten, das Gespräch aufzuarbeiten. Es machte uns beide sehr traurig.

Aber leider gibt es nicht immer ein Happy End.
Gute Reise Gonzo.

21. Trennungshund

Hund: Kira
Halter: Weiß

Ich bekam einen Anruf, von denen ich wöchentlich immer mehr bekomme. Ein Paar hatte sich getrennt, die Frau hatte den Hund und kam nicht mehr mit ihm zurecht.
Meistens werden diese Hunde ins Tierheim gebracht, deshalb machte ich schnell einen Termin, um wenigstens einem Hund dieses Schicksal zu ersparen.

Als ich bei Frau Weiß eintraf, wurde ich hinter der Haustür mit sehr lautem Gebell empfangen. Frau Weiß öffnete und Kira, ein XXL American Bully, begrüßte mich sehr stürmisch. Kira stellte sich an mir hoch, dass wir beide uns auf Augenhöhe begegneten. Ohne eine Wand im Rücken wäre ich wohl umgefallen.
Sie war echt lieb, das merkte man gleich, aber anscheinend auch sehr distanzlos und unerzogen. Und das bei einem Gewicht von ca. 45 kg.
Frau Weiß versuchte nun, Kira mit lautem Geschrei zu überzeugen, von mir abzulassen. Das half nicht wirklich.
Ich fragte, ob ich das mal übernehmen könnte, Frau Weiß willigte ein. Ich korrigierte Kira, einmal, zweimal, dreimal, dann endlich ging sie etwas zurück.

Sturheit schien ihr zweiter Vorname zu sein. Sie gab mir dann den Platz, damit ich mal wieder meine Kleider ordnen konnte.
Wir gingen ins Wohnzimmer und Kira ließ mich nicht aus den Augen.
Ich fragte Frau Weiß nun nach der Geschichte über Kira.

Sie fing an zu erzählen:
„Mein Mann wollte unbedingt so einen großen Hund. Irgendwann hatte er mich so lange bearbeitet, bis ich nachgab und er heimlich ohne mein Wissen Kira vom Züchter holte. Als er mit ihr hier ankam, dachte ich: „Oh Gott, das ist doch ein Pitbull?" Denn wirklich viel Ahnung von Hunden habe ich nicht. Er beruhigte mich, dass es nur ein Bulli sei, die seien ganz lieb und einfach zu händeln. Dann schauen wir halt mal. Die ersten Wochen, als Kira ein Welpe war, lief alles recht gut. Er kümmerte sich rührend um sie. Schnell wurde sie stubenrein und auch mir fing es an, Spaß zu machen.
Aber als Kira fast ein Jahr alt war bemerkte ich bei meinem Mann Veränderungen. Er ging immer weniger mit Kira spazieren und auch der Hundeplatz war plötzlich tabu.
Auf meine ständigen Fragen, was los sei, antwortete er nur, dass im Geschäft viel zu tun sei und er einfach nicht mehr so viel Zeit habe. Ich habe nun immer mehr versucht etwas mit Kira zu unternehmen, aber sie war so auf meinen Mann geprägt, dass ich es einfach schwer hatte.
Als ich dann eines Tages nach Hause kam, waren mein Mann und vieles unserer Einrichtung weg. Auf dem Tisch lag ein Zettel, dass er es nicht mehr aushalten würde zu lügen. Er hatte eine neue Partnerin und sie habe große Angst vor Hunden. Deshalb ginge er und versuche, ein neues Leben zu beginnen.
Ich habe versucht, ihn anzurufen, aber die Nummer gab es nicht mehr. Ich rief bei seiner Arbeitsstelle an und mir wurde mitgeteilt, dass er gekündigt habe und vor drei Wochen schon gegangen sei.
Ich fiel aus allen Wolken, mein Leben war plötzlich zum Stillstand gekommen. Meine beste Freundin ist gekommen, um mir beizustehen, weil ich einfach keinen Kopf mehr hatte.
Das war alles vor einem halben Jahr.

Mit viel Hilfe meiner Familie und Freunden habe ich mein Leben so langsam wieder in den Griff bekommen.
Nun ist Kira zwei Jahre alt und hat in den letzten Monaten sehr viel zurückstecken müssen. Ich bin jetzt an einem Punkt, dass ich mit Kira mein Leben verbringen möchte, aber bitte so, dass es auch funktioniert. Können sie mir bitte dabei helfen?"

Ihre Geschichte berührte mich sehr und natürlich wollte ich ihr helfen. Ich sagte Frau Weiß, dass ich gerne mit ihr und Kira einen kleinen Spaziergang machen möchte, um zu sehen, wie sie mit ihr umging und wie das so lief zwischen den beiden.
Wir gingen dann nach draußen, damit ich alles sehen konnte, wo der Stand der beiden ist.
Kira zog wie wild und Frau Weiß stolperte hinterher, das konnte ich mir nicht mit ansehen und nahm ihr mal Kira ab. Ich zeigte ihr, wie sie das Ziehen wegbekäme. Wir arbeiteten bei diesem Spaziergang viel und gegen Ende konnte Frau Weiß es auch schon gut umsetzten.
Wieder bei ihr zuhause machten wir einen großen, aber auch umsetzbaren Trainingsplan, wie sie und Kira die nächsten 3 Wochen arbeiten sollten.

Beim nächsten Termin empfing mich dann eine strahlende Frau Weiß, nicht so wie beim letzten Mal. Ich fragte, wo Kira sei, denn beim ersten Besuch war das ja nicht ganz so gut. Kira hatte mich ja richtig gegen die Wand gestellt.
Voller Stolz führte sie mich ins Wohnzimmer, neben der Couch lag Kira ganz ruhig da. Ich war etwas erstaunt, das hatte ich so schnell nicht erwartet. Wir gingen gleich raus zum Gassi gehen, auch da lief es top.
Sie erzählte mir, dass ich ihr so viel Mut gegeben hätte, dass sie die letzten Wochen nur mit Kira gearbeitet habe. Das freute mich sehr, ich hatte aber noch etwas vorbereitet.

Wir gingen um eine Ecke und da standen „plötzlich“ zwei Hunde. Frau Weiß erschrak kurz und wurde unsicher.
Ich sagte, dass sie ruhig bleiben und das umsetzten sollte, was sie geübt hatte. Die Hunde hatte ich bestellt und die machen genau das, was ich sage. Frau Weiß fing sich wieder und ging dann in großem Abstand an den Hunden vorbei, ohne dass es ein Problem gab. Wir übten dies noch ein paar Mal und zum Schluss auch mit wenig Abstand. Frau Weiß hat ihre Hausaufgaben gut umgesetzt.
Dann machten wir noch weitere Übungen, die speziell im Alltag von Nutzen waren. Die beiden setzten das alles echt super um. Ich war begeistert, denn normalerweise kenne ich das so, dass die Menschen so einen Trainingsplan weniger konsequent umsetzen.
Die bestellten Hunde gingen dann wieder und die nächsten kamen.
Diese Hunde waren nicht so ruhig.
Hier sah man dann noch einiges an Arbeit, was auf Frau Weiß noch zukäme. Aber trotzdem war ich begeistert.
Das kommt dabei heraus, wenn man sich bemüht.

Wir gingen wieder nach Hause und besprachen alles. Frau Weiß wollte unbedingt ins Training zu mir auf den Hundeplatz. Wir suchten eine geeignete Gruppe aus und die beiden kamen viele Monate zu uns, um zusammen zu arbeiten.
Sie wurden ein echt gutes Team.

Als Frau Weiß irgendwann aufgrund eines neuen Jobs mit Kira weiter weggezogen ist und sie nicht mehr kommen konnten, waren wir beide sehr traurig.
Ich hatte Kira und auch Frau Weiß sehr ins Herz geschlossen.
Wir verabschiedeten uns und ich wünschte ihr weiterhin alles Gute und viel Erfolg.

22. Familientragödie

Hund: Mia
Halter: Novac

Eines Morgens bekam ich einen Anruf, der Stimme nach, eine junge Frau. Sie habe Probleme mit ihrer kleinen Hündin. Diese käme aus dem Tierschutz und habe vor allem Angst.
Sie hatte Mia seit ca. 7 Monaten, in der ganzen Zeit wurde es nicht besser. Das größte Problem seien aber ihre Eltern. Diese wollten den Hund ins Tierheim bringen.
Ich merkte an ihrer Stimme ihre Verzweiflung und machte umgehend einen Termin vor Ort.

Sie bat mich, eine Straße weiter zu parken, damit niemand sehen konnte, dass ich bei ihr war. Das fand ich schon sehr seltsam.
Als ich ankam, stand Frau Novac schon an der Tür und bat mich schnell rein. Ich fragte, warum diese Heimlichkeiten. Sie sagte, dass ihre Eltern nicht wissen dürften, dass sie jemanden herkommen ließ, um zu helfen.
In ihrer Familie habe nur der Mann was zu sagen und sie und ihre Mutter mussten alles ertragen.
Ich dachte mir nur:
Oh man, in was bin ich hier schon wieder reingeraten?

Sie führte mich in den Keller und in ein kleines Zimmer, das sie alleine bewohnte. Da lag auch Mia auf dem Bett und schaute mich mit traurigen Augen an. Dieses Zimmer war gerade so groß, dass wir beide auf dem Bett Platz nehmen konnten.
Es stand noch ein Schrank darin und sonst nichts. Nur ein kleines Kellerfenster, damit etwas Licht hereinkam.
Ich fragte sie, ob sie hier leben musste.

Sie nickte nur. Ich merkte, dass es hier nicht nur um den Hund gehen würde.
Sie erzählte mir, dass sie Mia vor 7 Monaten von einer Freundin aus der Uni vermittelt bekam. Sie wollte schon immer einen Hund, aber Mia sei so ängstlich und möchte eigentlich gar nicht aus dem Zimmer gehen. Ich fragte, ob wir mal zusammen rausgehen könnten, ich würde gerne sehen, wie sie und Mia spazieren gehen. Das wollte sie nicht, sonst könnten wir gesehen werden. Ich fragte, was denn dabei wäre.
„Es wäre nicht gut. Mein Stiefvater möchte das nicht."
Ich fragte, wie denn ihr Tagesablauf aussähe.
Sie stand morgens vor ihrem Stiefvater auf und ging gleich mit Mia in den Garten. Dann brachte sie Mia wieder in ihr Zimmer und machte sich fertig für die Uni. Mia bekam noch was zu essen und dann musste sie weg. Ihr Stiefvater ginge dann arbeiten und ihre Mutter kümmere sich darum, dass Mia in den Garten ging. Wenn sie wieder von der Uni kam, kümmerte sie sich gleich wieder um Mia, bis ihr Stiefvater kam. Dann wieder ins Zimmer, bis es Essen gab. Danach wieder ins Zimmer.
Das wäre ihr Tag.

Ich merkte, wie Wut und Unverständnis in mir hochkamen.
Was sollte ich tun?
Ich fragte Frau Novac wie ich helfen sollte. Sie wollte gerne, dass Mia ihre Angst ablegte. Ich erklärte ihr, dass dieses Umfeld und Leben nicht das seien, was Mia helfen werde und ich bezweifele auch, dass es gut für sie sei.
Plötzlich wurde Frau Novac kreidebleich. Ihr Stiefvater kam unerwartet früher von der Arbeit. Ich sollte schnell zur Hintertür raus. Ich sagte, dass es doch Blödsinn sei.
Sie flehte mich an: *„Bitte gehen Sie."*

Ich ging die Treppe hoch, aber es war zu spät. Ihr Stiefvater stand schon im Flur. Er schrie mich sofort an, dass ich meine dreckigen Finger von seiner Tochter lassen solle.
Ich versuchte ihm klarzumachen, dass ich als Hundetrainer hier war und nichts mit seiner Tochter hatte.
Das wollte er nicht hören und ging auf mich los. Ich wehrte mich so gut ich konnte und musste. Dann ließ er von mir ab und schmiss mich raus.
Drinnen hörte ich, wie er seine Tochter anschrie, was sie sich in seinem Haus erlauben würde.

Ich ging erstmal zum Auto und musste das gerade Erlebte erst mal verarbeiten. Was sollte ich tun? Einfach den Termin vergessen und zur Tagesordnung übergehen? Das konnte ich nicht. Ich hatte das Gefühl, hier helfen zu müssen, nur wusste ich nicht wie.
Ich fuhr erstmal nach Hause und versuchte Frau Novac anzurufen. Aber das Telefon war aus.
Durfte sie nicht mehr telefonieren? Hatte er ihr was angetan?
Ich konnte die ganze Nacht kaum schlafen und überlegte, was ich einfach tun müsste.
Frau Novac erzählte was von einer Uni, da hatte ich einen Ansatz.

Ich fuhr früh morgens mit einem geliehenen Auto (auf meinem steht ja Werbung drauf) zu Frau Novac, stellte mich in Sichtweite hin und wartete. Als ich sie rauskommen sah, fuhr ich ihr langsam hinterher, bis wir weit genug vom Haus weg waren. Sie wollte gerade zum Bus, als ich neben sie fuhr und ansprach, bitte einzusteigen. Sie wollte erst nicht, aber ich versprach ihr, sie zur Uni zu fahren. Ich wollte nur helfen.
Auf der Fahrt redeten wir über ihren Stiefvater. Für mich klang das so, als tyrannisierte er die Familie.

Ich fragte sie, ob wir zur Polizei fahren sollten. Sie wollte das nicht. Egal was ich vorschlug, sie lehnte es aus Angst ab.
Wir kamen zur Uni, sie wollte mir Geld geben wegen des gestrigen Termins. Ich lehnte ab. Sie stieg aus, sagte, dass ich besser nicht mehr kommen sollte und ging hinein.

Ich fuhr zu einem Bekannten, der von Beruf Polizist war und erzählte ihm, was ich erlebt hatte. Er sagte, dass er gerne eine Streife zu der Adresse schicken könne, aber wenn die Familie keine Anzeige mache, könne er nichts tun.
Ich sagte, dass ich eine Anzeige aufgeben könnte, weil er mich in der Wohnung angegriffen hatte, aber ohne Zeugen würde es wahrscheinlich schwer werden, etwas zu erreichen. Auch das Jugendamt könne nicht helfen, da Frau Novac schon 26 Jahre alt war. Eventuell die Familienhilfe. Er telefonierte etwas herum und wollte mir später Bescheid geben.

Am späten Nachmittag rief mich mein Bekannter an und bat mich auf die Dienststelle zu kommen. Ich fuhr hin. Er bat mich in ein Zimmer und erzählte mir, was er herausgefunden hatte.
Für den Stiefvater von Frau Novac lag ein Haftbefehl wegen schwerer Körperverletzung vor. Sie würden tätig werden und ihn am nächsten Tag verhaften. Ich solle doch wenig später zur Familie fahren, um mit ihnen zu reden, ob sie nicht Anzeige erstatten wollten. Gesagt getan.

Ich wartete am nächsten Morgen in sicherer Entfernung auf den Einsatz. Als der Mann abgeführt wurde, rief mich mein Bekannter an, ich könnte kommen.
Ich fuhr dann zum Haus. Polizei und Krankenwagen waren vor Ort. Ich fragte, was los sei. Der Herr wurde in Gewahrsam genommen.

Beim Eintreten wurden Waffen festgestellt und Verletzungen bei Frau Novacs Mutter, die von Misshandlungen herführen. Nun würden Polizei und Staatsanwaltschaft tätig werden.
Frau Novac kam mit Mia aus dem Haus. Als sie mich sah, nickte sie dankend und ging zum Krankenwagen.
Nach ersten Untersuchen konnte sie hierbleiben. Sie sagte, dass sie gerne ins Krankenhaus fahren würde, um ihrer Mutter beizustehen.
Ich versprach, mich um Mia zu kümmern, bis sie wieder da war.

Zwei Tage behielt ich Mia bei mir, bis Mutter und Tochter mit den zuständigen Behörden eine Lösung finden konnten.
Dann Kam Frau Novac zu mir und bedankte sich unter Tränen für meine Hilfe. Sie und ihre Mutter hätten nun eine Unterkunft bekommen, wo auch Mia mitkommen könnte.
Sie fragte mich, ob ich ihr denn immer noch mit Mia helfen wollte. Natürlich wollte ich.
Ich zeigte ihr, wie sich Mia nach den zwei Tagen in meinem Rudel verhielt, von Unsicherheit oder Angst war nicht mehr viel zu sehen. Man sah, dass Mia genauso unter dem Stiefvater gelitten hatte wie Frau Novac.
Wir gingen mit allen Hunden spazieren und ich zeigte ihr, wie sie mit Mia trainieren sollte. Sie kam dann auch in meine Hundeschule, damit ich ihr jede Woche weiterhelfen konnte.

Mia wurde eine richtig aufgeweckte Hündin, deren Vorgeschichte kaum noch zu sehen war.
Auch Frau Novac blühte richtig auf.
Irgendwann trennten sich dann unsere gemeinsamen Wege, da Frauchen so viel gelernt hat, dass Mia keine Hundeschule mehr nötig hatte.

Macht`s gut ihr zwei und weiterhin alles Gute.

23. Der Boss

Hund: Henry
Halter: Sousa

Dieses Mal bekam ich eine Terminanfrage der besonderen Art, aber dazu später mehr.
Eine Frau Sousa meldete sich mit der Bitte um dringende Hilfe. Sie und ihr Mann hätten einen Deutschen Pinscher namens Henry und das größte Problem sei, dass er an der Leine zieht. Und zwar so schlimm, dass sie in Behandlung bei einem Chiropraktiker sei.
Ich dachte mir kurz, dass der Knirps irgendwas um die 15 Kilo wog, wie konnte das sein?
Aber weiter geht's.
Ihr Mann könne ihn aufgrund der Kraft ohne Probleme halten und ihm mache das auch nichts aus, aber bei ihr sehe das ganz anders aus.
Ok, wie immer wollte ich einen Termin vor Ort machen. Das ist für uns immer sehr wichtig, um genau zu sehen, wo die ganzen Probleme sind und eventuell herkommen.

„Das geht nicht," sagte Frau Sousa.
Ihr Mann dürfe nicht wissen, dass sie mich um Hilfe bat.
Ich fragte, ob er etwas gegen mich habe. Sie sagte nur, dass er meint, Hundetrainer brauche kein Mensch. Die verlangten nur viel Geld und machten nix.
Aha, so einer war das.
Ok, entgegen meiner üblichen Vorgehensweise machten wir einen Termin bei mir zuhause.
Ich sagte ihr, dass sie bitte den Hund im Auto lassen solle, bis ich aus dem Haus käme, ich wollte sehen, wie sie ihn aus dem Fahrzeug holte.

Am Tag des Termins klingelte es 15 Minuten vor der ausgemachten Uhrzeit und Frau Sousa stand mit Hund vorm Tor. Warum rede ich immer so viel, wenn doch jeder macht, was er will?
Ich bat Frau Sousa, den Hund ins Auto zu tun, das hätten wir doch besprochen. Sie entschuldigte sich, aber Henry wollte raus. Und?
Wenn Henry raus wolle, müsse sie ihn rauslassen, sonst zerreiße er ihr Auto. Ich schaute in das Fahrzeug und sah die Rückbank und die Rückseite der Vordersitze in Fetzen liegen.
Und das von dem Knirps?
Warum keine Box?
„In der Box fühlt er sich nicht wohl,“ sagte sie.
Nun ja, ich schlug vor, wir laufen mal ein Stück.

Ich muss zugeben, dass ich immer dachte, dass ich schon alles gesehen habe, aber Henry zog an der Leine und Frau Sousa sprang hinterher, dass ich Seitenstechen bekam, so schnell waren die beiden.
Ich bremste sie erstmal, um das Chaos zu stoppen.
Kein Wunder brauchte sie einen Chiropraktiker.
Ich wollte ihr mal zeigen, wie sie dem Kleinen Einhalt gebieten konnte. Ich muss gestehen, er war zäh. Aber es funktionierte doch recht schnell.
Nun versuchte Frau Sousa, das Gezeigte mit meiner Hilfe umzusetzen. Ich kann sagen, dass es gar nicht so schlecht war fürs Erste. Wir liefen noch ein Stück und ich sagte ihr, was sie bitte zuhause trainieren solle.
Aber bitte auch ihr Mann, sonst werde das nichts, wenn einer was tat und bei dem anderen durfte sich Henry wieder austoben.
In zwei Wochen wollte ich gerne einen weiteren Termin machen.

Schon nach einer Woche rief mich Frau Sousa an, um mir mitzuteilen, dass es nur zwei Tage gut war und seither wieder alles beim Alten sei.
Auf meine Frage, ob ihr Mann das Training mitmache, sagte sie *„Nein". Er weiß eben alles besser und lässt sich nicht reinreden."*
Was bitte sollte ich denn da tun?
Wieder sagte ich ihr, dass ich zu ihr nach Hause müsse, um alles zu sehen und dass ihr Mann mitarbeiten müsse. Sie wollte sich mit mir an einer anderen Stelle treffen. Also fuhr ich dahin, wohlwissend das dies nicht die beste Vorgehensweise war.

Im Prinzip machten wir genau das Gleiche wie beim ersten Mal. Ich sah mir das Chaos an und erklärte Frau Sousa, wie es ging. Sie setzte alles um und es funktionierte. Wir standen nun wieder genauso da wie beim letzten Mal.
Sie versprach, es ihrem Mann zu zeigen und würde sich wieder zu melden.

Ich dachte schon, dass sie sich nicht mehr meldet, als nach ein paar Tagen das Telefon klingelte und Frau Sousa dran war. Ich durfte vorbeikommen, da ihr Mann für 3 Tage auf Geschäftsreise war.
Das war etwas kurzfristig, ich musste erst ein paar Termine umlegen, damit es funktionierte.
Der ganze Kaspergram, weil jemand angeblich nicht meine Hilfe brauchte.

Also wieder zu Frau Sousa gefahren.
Wir gingen kurz spazieren und ich sah wieder den gleichen Mist. Ich fragte sie, ob sie mich verarschen wollte. Denn genau so käme ich mir gerade vor. Zweimal hatte ich ihr alles erklärt und zweimal hatte sie auch alles in meinem Beisein umgesetzt. Warum jetzt nicht?

Ich zeigte es ihr wieder und sie setzte es wieder um. Alles gut. Nun wollte ich zu ihr nach Hause, um zu sehen, was da eventuell schief lief.

Wir gingen ins Haus und sie machte Henry von der Leine. Der Kleine ging schnurstracks in die Küche, allem Anschein nach, um zu schauen, ob alles in Ordnung war. Dann ins Wohnzimmer und die Treppe hoch. Als er fertig war, kam er zu uns und war zufrieden.
Ich wollte wissen, ob das immer so laufe. Frau Sousa sagte *„Ja,"* und bei ihrem Mann sei es noch intensiver.
Ok, das ändern wir mal. Henry wurde wieder angeleint und wir gingen kurz raus, ein paar Meter laufen. Dann wieder zurück ins Haus. Dieses Mal band ich Henry am Heizkörper im Eingangsbereich fest.
Er sollte genau sehen und mitbekommen, was ich nun machte. Ich ging in die Küche, um zu schauen, ob alles in Ordnung war, dann ins Wohnzimmer und noch die Treppe hoch. Als ich runter kam, war Henry nervös, das war doch sein Job, er war es doch, der hier für Ordnung sorgte und nicht der Hundetrainer.
Was sollte das?

Diese ganze Prozedur machten wir mehrere Male hintereinander, bis Henry nicht mehr nervös war, als wir uns um die Ordnung kümmerten.
Das war nun, neben der Leinenkasperei, der Trainingsplan für Frau Sousa.
Ich erklärte ihr auch, was ich gesehen hatte.
Henry hatte hier einen Job, er war der Boss und kümmerte sich darum, dass alles in Ordnung war. Wie er darauf kam und warum er das tat, konnte selbst ich nicht beantworten.
Also wieder nach Hause und warten bis der Anruf kam.

Nach zwei Wochen kam der Anruf, Frau Sousa war überglücklich.
Henry ziehe nicht mehr an der Leine und auch zuhause übernehme er keine Security-Arbeiten mehr.
Selbst ihr Mann, der immer noch nicht wusste, dass ich da war, war auf einmal viel zufriedener als vorher.

Das zeigt wieder einmal, wie wichtig – und in diesem Fall auch ungewöhnlich – es ist, dass der erste Termin zuhause stattfindet.

24. Little Sweety

Hund: Sweety
Halter: Krech

Einst, vor ein paar Jahren, bekam ich eine E-Mail mit der dringenden Bitte um Hilfe.
In der E-Mail stand, dass es sich um ein älteres Ehepaar handele und ihr Hund mache, was er wollte. Sie würden noch verrückt.
Ich rief erst mal an, um zu hören, was da so dringend war.
Das Telefon nahm Frau Krech ab und sagte, dass ihr kleiner Hund „Sweety" überhaupt nicht höre.
Sie trainiere jetzt schon seit über einem Jahr in einem Hundeverein, aber es werde einfach nicht besser. Der Verein habe ihr dann empfohlen, dass sie sich doch mal an mich wenden sollte.
Ok, ich dachte mir, wenn der Verein mich schon empfohlen hat, wird es schon etwas schwierig sein.

Also wieder Termin ausgemacht und mal bei Familie Krech vorbeigeschaut.
Vor dem Haus und in der Hofeinfahrt fühlte ich mich schon in eine für mich befremdliche Welt versetzt.
Eine Telefonzelle aus England, Mr Bean als lebensgroße Figur, viele Hundefiguren der verschiedensten englischen Hunderassen, ein ca. 3 Meter großer Big Ben und 2 Burgen sind nur einige Beispiele für das, was mich hier erwarten sollte.
Wo war ich denn hier wieder gelandet?
Ich klingelte und es erklang eine laute Glocke wie von einer Kirche.

Ein Mann mit Frack und Zylinder machte mir die Tür auf und fragte, Achtung:
„Good day, what does the master want?"

Nun muss kurz erwähnt werden, dass ich leider kein Englisch spreche und nicht verstand, was der gute Mann da von sich gab. Ich teilte ihm das mit, und er:
„This is not a problem, we will be very happy to receive you."

Ok, ich fragte, ob hier jemand war, der meine Sprache sprach, sonst würde ich wieder nach Hause fahren. Plötzlich konnte er Deutsch.
Er sagte, dass er der Hausherr sei und ich bitte eintreten sollte. Im Eingangsbereich nur englischer „Klimbim" (für meinen Geschmack) und weiter im Wohnzimmer wurde es nicht besser. Da standen zwei Stühle, die jeweils wie ein Thron aussahen und davor vier normale Stühle.
Ich solle doch Platz nehmen, seine Frau käme gleich, sie sei noch kurz mit dem Hund raus. Er nahm dann auf einem der Throne (oder wie nennt man die Mehrzahl davon?) Platz.
Ich fragte ihn, was das für eine laute Glocke an der Tür war.
Er meinte, dass man das doch wissen sollte, es sei der Glockenschlag der berühmten Westminster Abbey.
Ich bekam so langsam einen Schlag, und zwar nicht von der Glocke.
Er erzählte, dass beide so große England Fans seien, dass sie versuchten, auch hier so zu leben wie im Königreich Großbritannien.
Und wieder stellte ich mir die Frage: *Warum ich?*

Seine Frau kam dann endlich mit dem Hund Sweety. Ein kleiner Bichon Frisé.
Sie kam herein und machte einen Knicks vor ihrem Mann, er sagte nur: *„Welcome home my Dear."*

Sweety sprang derweil sofort über mich und wild im Haus herum. Ich bat beide, doch bitte in Deutsch zu sprechen, da ich nichts verstand und es mache für mich keinen Sinn, so zu arbeiten. Die Blicke, die ich zugeworfen bekam, waren nicht sehr freundlich.
Frau Krech sagte: *„You see our problem and we want to solve it."*

BITTE IN DEUTSCH.
„Sie sehen ja unser Problem und das wollen wir lösen."
Geht doch. Ich bat die beiden, mir doch mal genau ihr Problem zu schildern und ihren Tagesablauf, was den Hund angeht. *„So. Sweety does not listen."*

DEUTSCH.
„Also. Sweety hört nicht. Er macht einfach, was er will, wir können ihn nicht von der Leine lassen, obwohl wir sehr viel trainieren. Wenn wir morgens aufstehen, machen wir erst mal Frühstück, aber meistens kommt Sweety und möchte spielen.
Wir spielen dann mit ihm. Dann machen wir Frühstück. Aber dann möchte er raus, was wir natürlich tun, damit er nicht in die Wohnung macht. Then we make breakfast. After that we clean our exhibits."

DEUTSCH.
„Dann machen wir Frühstück. Danach putzen wir unsere Exponate. Sweety stiehlt uns immer den Staubwedel und wir rennen mit ihm durch die Wohnung, um ihn wieder zu bekommen. Das ist ganz schön anstrengend. Irgendwann ist es Zeit zu essen und das ist besonders schwierig, denn Sweety bellt und springt an uns hoch, dass wir uns erst mit ihm beschäftigen, bevor wir essen können. Gegen Nachmittag möchten wir gerne unseren Mittagsschlaf halten, aber auch hier springt er auf uns und wir spielen abwechselnd mit ihm, damit wenigstens einer etwas Ruhe bekommt.

Danach gehen wir raus und dann gibt es Essen. Erst Sweety und dann wir, sonst lässt er uns nicht in Ruhe. Dann wieder Streicheln und Spielen, bis wir völlig fertig und müde zu Bett gehen. Gegen 2 Uhr weckt er uns nochmals, damit wir ihm einen kleinen Snack geben und dann schlafen wir wieder, bis es am nächsten Tag wieder von vorne losgeht."

Ich musste mich kurz konzentrieren, damit ich nichts Falsches sagte. Als erstes fragte ich, ob hier zufällig versteckte Kamera laufe. Das fanden sie nicht so witzig.
Aber mal ehrlich Leute, was sollte ich da machen?
Wo sollte ich denn da anfangen?
Wie sollte ich den beiden erklären, dass hier nur Mist abläuft?
Wahrscheinlich wollte der Hundeverein die beiden loswerden.
Also, ich sammelte mich erstmal und fing an, ganz ruhig zu erklären, dass ihr Hund hier der absolute Prinz sei.
Herr Krech fiel mir sofort ins Wort: *„The King, not the Prince."*

Ein weiteres Mal bat ich um Verständnis, doch bitte bei der deutschen Sprache zu bleiben. Ansonsten ist echt Schluss hier und ich lerne erst mal Englisch. In einem Jahr käme ich dann wieder, um zu helfen.
Herr Krech versprach sich daranzuhalten, obwohl ihm das sehr schwerfalle.
Er hatte gesagt: *„Der König, nicht der Prinz."*

Also, nochmals sammeln und versuchen zu erklären. Sweety hatte hier gelernt, dass alle machten, was er wolle.
Wir müssten den Spieß umdrehen. Sweety müsse lernen, Grenzen zu akzeptieren und die beiden müssten lernen, diese auch durchzusetzen. Sie wollten wissen, wie das im Einzelnen vonstattengeht, denn sie wollten den Hund ja nicht überfordern.
Oh man, warum immer ich?

Wer mich kennt, der weiß, dass ich ein wirklich geduldiger Mensch bin. Also fragte ich, ob es ihnen Spaß mache, wenn Sweety den Staubwedel stiehlt oder ob es nicht schöner wäre, wenn sie mal ihre Arbeit in Ruhe beenden könnten.
Frau Krech fragte, ob ich ihr das mal zeigen könnte.
Sie brachte mir den Staubwedel und ich tat so, als ob ich Staub wischen würde. Sweety kam sofort angerannt und wollte sich den Staubwedel schnappen. Da ich ja nur darauf wartete, gab ich Sweety eine kurze Korrektur und er stand verdutzt da. Ich wischte weiter und Sweety wollte es nochmals probieren. Wieder korrigierte ich den Kleinen.
Er ging dann einen Meter nach hinten und beobachtete mich nur. Ich versuchte, ihn mit dem Staubwedel nochmals in Versuchung zu bringen, aber er wollte nicht mehr.
Nun erklärte ich den beiden, was ich getan hatte und was der Sinn dahinter wr. Sie sollten es nun mal probieren.
Achtung:
Frau Krech nahm dem Staubwedel, hielt ihn Sweety vor die Nase und sagte: *„Sweety, take the cloth."*

Herr Krech übersetzte mir: *„Sweety, nimm das Tuch."*

Sweety nahm den Staubwedel und rannte wieder davon.
Frau Krech meinte nur: *„This does not work."*

Wieder übersetzte Herr Krech: *„Das funktioniert nicht."*

Ich stand kommentarlos auf und ging aus dem Haus. Im Hof setzte ich mich erst mal auf die Mauer, um durchzuatmen.
Frau Krech kam heraus und fragte, warum ich rausgegangen sei.

1. *„Ich verstehe kein Englisch."*
2. *„Ich habe Ihnen nicht gesagt, Sie sollen Sweety das Tuch hinhalten, sondern staubwischen."*
3. *„Ganz ehrlich, ich habe keine Lust mehr auf diesen Mist."*

Sie überredete mich, doch bitte wieder reinzukommen, um ihnen zu helfen. Ich sagte aber, dass es das letzte Mal sei, sonst ginge ich. Also wieder rein.

Im Wohnzimmer saß Herr Krech auf seinem Thron und Sweety auf seinem Schoß. Ich erklärte nun nochmals, dass Sweety Grenzen brauche und sie diese einhalten müssten.
Wir fingen dann mit etwas Leichterem an (Staubwischen war anscheinend eine zu schwere Übung).
Ich sagte zu Herrn Krech, dass er sich bitte mal hinlegen solle, als ob er seinen Mittagsschlaf halte. Sollte Sweety auf ihn springen, sollte er ihn sofort runternehmen oder wenn er schnell genug war, erst gar nicht hochlassen.
Wir gingen ins Schlafzimmer. Als Herr Krech die Tür aufmachte stand da eine lebensgroße Figur der Queen vor dem Bett.
Ich fand einfach keine Worte mehr.
Er legte sich auf das Bett und sofort sprang Sweety auf ihn drauf. Er hob ihn runter und sagte zu ihm: *„Darling, let daddy sleep a little.“*
Er schaute mich an und sagte es nochmals auf Deutsch:
„Liebling, lass doch Papa ein bisschen schlafen.“

Sweety sprang gleich wieder auf ihn drauf. Das ging mehrere Male so, bis ich dieses Schauspiel beendete.
Sweety kannte ja eine Box aus dem Auto von Familie Krech. Daher schlug ich vor, Sweety beim Schlafen in eine Box zu tun, damit jeder (auch Sweety) zur Ruhe kommen konnte.
Ich ging dann wieder raus und holte meine Box aus dem Auto. Mit dieser fingen wir nun an zu arbeiten. Herr Krech führte Sweety in die Box und legte sich ins Bett. Und siehe da, Sweety legte sich hin und gab Ruhe.
Frau Krech so beiläufig: *„Honey, you are doing really well, I am so proud of you.“*

Extra für meine Wenigkeit in Deutsch:
„Liebling, das machst du richtig gut, ich bin so stolz auf dich.“

Ich wusste nicht, ob sie Sweety meinte oder ihren Mann, es war mir aber mittlerweile auch egal.
Wir machten die Box auf und gingen einfach wieder ins Wohnzimmer, Sweety hinterher. Ich fragte, ob sie sich vorstellen könnten, Sweety immer in die Box zu packen, wenn sie schlafen gingen, putzen und essen wollten. Sie meinten, dass sie es probieren würden.

Ich musste meine Box wieder mitnehmen und schlug vor, dass sie sich 2 Stück kaufen sollten. Eine fürs Schlafzimmer und eine für den Wohnbereich. Damit sollten sie nun 3 Wochen trainieren. Ich würde dann wieder kommen, um zu schauen, wo wir standen und wie wir weitermachen würden.

Also fuhr ich nach Hause und ging mit meinen Hunden spazieren, um abzuschalten.
Wieder einmal kam mir in den Sinn, dass es egal ist, wie lange ich diese Arbeit nun schon mache, es gibt immer was Neues, das ich noch nicht erlebt habe.
Ich betete, dass ich keinen Anruf von Familie Krech bekäme, bis unser Termin anstand. Und Gott sei Dank war es auch so.

Ich fuhr also 3 Wochen später wieder hin und hörte mir beim Klingeln die Glocke der Westminster Abbey an.
Frau Krech öffnete und bat mich herein. Ich nahm Platz und fragte, wie es gelaufen sei. Sie meinte, dass die ersten Tage sehr schwierig waren, es hätte überhaupt nichts funktioniert.
Erst ab der zweiten Woche klappte es, und zwar sehr gut.
Auf meine Frage, warum es in der ersten Woche nicht funktionierte, meine sie nur, dass sie die Tür an der Box immer aufgelassen hätten, und ab der zweiten Woche hätten sie diese geschlossen.

Wenn ihr mein Gesicht gesehen hättet...
Ok, es funktionierte wenigstens.
Wenn sie schlafen gingen, legte sich Sweety von ganz alleine in die Box, auch beim Essen sei das so. Nur wenn sie putzten, müssten sie Sweety noch reinschicken. Aber er lege sich immer ganz ruhig hin.
Super, ich wollte gerne ein paar Beispiele überprüfen.
Frau Krech ging ins Schlafzimmer und Sweety in seine Box. Dann ging sie in die Küche und Sweety wieder in die andere Box. Super. Ich wollte, dass sie weitere zwei Wochen so arbeiteten und dann käme ich wieder und wir üben vielleicht ohne Box.
Auf der Heimfahrt hatte ich gegenüber dem ersten Besuch ein richtig gutes Gefühl.

Zwei Wochen später kam ich wieder.
Klingeln, Glocke, Westminster Abbey, ihr wisst schon...

Herr Krech machte wieder mit seinem Zylinder auf. Ohne Englisch begrüßte er mich. Ich wusste, dass ihm das schwerfiel und sagte ihm das auch. Er freute sich über meine Ehrlichkeit. Wir gingen gleich ans Training.
In der Box lag eine Decke, diese kam raus und die Box weg. Decke auf den gleichen Platz, wo vorher die Box stand. Herr Krech sollte sich erstmal auf das Bett setzten. Sweety ging sofort zu seiner Decke, schaute kurz etwas irritiert und legte sich hin. Nun sollte sich Herr Krech hinlegen.
Sweety war das anscheinend egal, er blieb liegen. Ich holte Frau Krech dazu, auch sie sollte sich zu ihrem Mann auf das Bett legen. Sweety blieb auf seiner Decke. Super.
Wir gingen in die Küche und nahmen auch hier die Box weg und ersetzten sie gegen die Decke. Auch hier legte sich Sweety ganz entspannt hin und schaute den beiden zu, wie sie Essen zubereiteten.

Ich war richtig glücklich über diese Wandlung. Auch Sweety machte einen viel entspannteren Eindruck.

Dann wollte ich noch eins draufsetzten und bat Frau Krech, doch bitte mit dem Staubwedel ihre Sachen abzustauben.
Alles funktionierte tadellos.
Ich war wirklich mehr als zufrieden. Das hätte ich vor einigen Wochen nicht gedacht.
Ich gab ihnen noch weitere Tipps und ermahnte sie noch, dass sie bitte weiter daran arbeiten sollten. Wenn es Rückschläge gäbe, würden die beiden Boxen wieder für ein paar Tage aufgebaut.
Ich verabschiedete mich und bat sie, dass sie mich bitte in ein paar Wochen mal anrufen sollten, damit ich weiß, dass es funktionierte.

Nach einigen Wochen bekam ich einen Brief von Familie Krech, ihr könnt es euch vielleicht denken:

In Englisch.
„Dear Mr. Paul, we are overjoyed that you helped us raise Sweety and that we got our lives back.
It's so much more fun to play with Sweety when we want to and we don't have to run after our feather duster anymore. Everything has improved. In the meantime, we have sold the boxes again.
Thank you very much for your help and patience with us."
Family Krech with Sweety.
PS. Es kommt noch ein Brief.

Ich dachte mir *„Toll, nun muss ich wieder alles übersetzten."* Haben die beiden mir doch tatsächlich nochmal ihr Englisch aufgedrückt.

Einen Tag später kam wirklich noch ein Brief:

*„Hallo Herr Paul,
entschuldigen Sie, aber wir mussten einfach diese beiden Briefe schreiben. Und dieser hier ist die Übersetzung, damit Sie auch wissen, was wir meinen.*

Lieber Herr Paul, wir sind überglücklich, dass Sie uns geholfen haben Sweety zu erziehen und wir unser Leben zurückbekommen haben. Es macht so viel mehr Spaß mit Sweety zu spielen, wenn wir das wollen und wir müssen auch nicht mehr unserem Staubwedel hinterherrennen.
Alles hat sich verbessert. Die Boxen haben wir mittlerweile wieder verkauft.
Vielen Dank für Ihr Hilfe und Ihre Geduld mit uns.
Familie Krech mit Sweety."

Das war ein wirklich schöner Abschluss eines Termins, der so ganz anders war als meine üblichen Termine.
Ich freute mich, dass ich helfen konnte und werde auch das nie vergessen.

25. Blöde Kuh

Hund: Eick
Halter: Zach

Die meisten Geschichten ähneln sich und doch sind alle verschieden.
Viele Menschen kommen mit ihren Tieren nicht mehr zurecht, weil sie sich keine Mühe geben, diese zu verstehen.
Viele Ursachen könnten relativ schnell gelöst werden, wenn wir die Probleme bei uns suchen würden.
Viele Probleme würden auch gar nicht erst entstehen, wenn wir uns vorher Gedanken machen würden und nicht erst, wenn es zu spät ist.

Ich bekam per WhatsApp eine Nachricht:
„Hallo Herr Paul, habe einen Hund und brauche Hilfe."

Das ist doch toll, oder?
Schon beim Lesen dieser Nachricht weiß ich mittlerweile, dass es sich hierbei um jemanden handelt, der kein Gespür für den Hund hat, kein richtiges Interesse daran, das Tier zu verstehen.
Nur in einem Satz kann ich das lesen.
Warum?
Ich mache das nun schon seit über 30 Jahren, da bekommt man einiges mit.
Was sollte ich tun?
Sollte ich antworten, wie es mir gerade in den Sinn kam?
Sollte ich die Nachricht einfach löschen?
Oder anrufen, um zu sehen, wie ich helfen kann?
Ich entschied mich mal wieder für letztere Option.
Warum?
Weil es mir immer um das Tier geht.

Als ich anrief, nahm eine Frau ab.
Natürlich meldete sie sich nicht mit dem Namen, nur mit „Ja."
Sowas regt mich einfach auf.
Warum? Weil es sich gleichgültig anhört.
Weil ich in über 30 Jahren so viel erlebt und mitgemacht habe, dass ich mittlerweile mehr zwischen den Zeilen lese als die Zeilen selbst.
Ich sagte, dass ich wegen der Nachricht mit dem Hund anrufe.
Sie meinte, dass sie einen Labrador habe, der seit Wochen immer aggressiver werde, er sei mittlerweile unberechenbar.
Auf meine Frage, wie sich das äußere, sagte sie, ob ich denn schon mal aggressive Hunde gesehen habe.
Oh man, wäre es nicht besser, hier das Gespräch zu beenden?
Ich sagte der guten Frau, dass sich Aggression in den verschiedensten Formen zeigen könne und ich würde gerne wissen, was mit ihrem Hund los sei. Anscheinend hatte die Frau einen schlechten Tag und sagte nur, dass sie glaube, dass ich keine Ahnung habe und legte auf.
Das ist doch schön, wenn solche Telefonate einem den ganzen Tag versauen, oder?
Ich löschte die Nachricht, damit ich es auch aus dem Kopf bekommen konnte. Also widmete ich mich meinen weiteren Terminen und so ging der Tag irgendwann zu Ende.

Eine Woche später rief mich eine Frau Zach an. Die Stimme kam mir bekannt vor. Ich wusste nur nicht gleich, wohin damit. Sie war sehr nett und fragte nach einer Einzelstunde mit ihrem Hund. Ich fragte, wo das Problem sei.
Sie meinte, dass ihr Hund, ein Labrador-Rüde mit dem Namen Eick, sehr aggressiv sei und gestern einen Trainer gebissen habe.
Jetzt fiel es mir wieder ein. Ich fragte, ob sie nicht die Frau war, mit der ich vor ein paar Tagen telefoniert hatte und die mich als unfähig bezeichnet hatte.

Sie wurde ganz kleinlaut und sagte, dass sie einen Fehler gemacht habe und sie bitte um Entschuldigung.
Also machten wir nicht viel Worte, sondern einen Termin bei ihr vor Ort.

Als ich bei ihr vor der Haustür stand, klingelte ich. Keiner machte auf, auch kein Geräusch von drinnen zu hören. Ich klingelte wieder. Immer noch nichts.
Dann klopfte ich mal an der Tür und da fing ein Hund an zu bellen und eine Frau an zu schreien.
Irgendwann machte Frau Zach die Tür auf. Sie sagte, dass sie erst ihren Hund angebunden habe und ich solle doch bitte reinkommen.
Ich sagte, dass ich mehrmals klingelte, aber es rührte sich nichts, daher mein Klopfen. Sie meinte nur, dass sie die Klingel abgestellt habe, damit sich Eick nicht so aufregt.
Ich dachte mir dann nur: *„Aber das mit dem Klopfen als Alternative hat es auch nicht besser gemacht."*

Aber was solls, wir gingen weiter in den Essbereich und nahmen am Tisch Platz. Ein paar Meter entfernt war Eick in einer Ecke angebunden und schaute sehr angespannt in meine Richtung.
Ich sagte, dass sie mir doch bitte mal die Geschichte von Eick erzählen solle. Ich bräuchte immer so viele Informationen wie möglich, um mir ein gesamtes Bild von Eick zu machen.
Sie wollte das anscheinend nicht verstehen, denn sie sagte, wenn sie diese ganze Geschichte erzählen müsse, dauere es seine Zeit und dafür müsse sie mich ja bezahlen.
Ich versuchte ihr zu erklären, dass ich für die Einschätzung und das anschließende Training so viele Informationen bräuchte, wie es eben ging.
Falls sie das nicht möchte, hätte ich kein Problem und würde gehen. Das wollte sie auch nicht und fing an.

Also hier ihre Geschichte:

„Eick kam vor ca. 3 Jahren als Welpe zu mir. Am Anfang war alles super, wir gingen in eine Hundeschule für Welpen und später auch zum Training.

Als Eick fast ein Jahr alt war, wurde es immer schwieriger mit ihm. Er wollte nicht mehr richtig lernen und hatte keine Lust mehr, mir zu gehorchen. Der Trainer in der Hundeschule riet mir zu einer sofortigen Kastration. Damit würde es sich wieder bessern. Also ging ich zu meinem Tierarzt und ließ Eick kastrieren. Ich hatte noch nie einen Hund und vertraute dem Trainer. Als alles verheilt war, ging ich wieder mit Eick zur Hundeschule. Aber ich hatte das Gefühl, dass es nun noch schlechter wurde. Der Trainer ließ uns kaum mehr mittrainieren, weil Eick ständig bellte und damit die Gruppe störte. Wir mussten immer am Rand laufen und ich sollte Eick mit Leckerchen zur Ruhe bringen. Nach einigen Wochen sah ich es nicht mehr ein und ging zu einer anderen Hundeschule.

Der Trainer dort sah Eick und stufte ihn gleich als aggressiv ein. Ich sagte, dass Eick nicht aggressiv sei. Er nahm mir die Leine aus der Hand und bedrängte Eick, sodass er gegen den Trainer ging. Er gab mir die Leine zurück und sagte, ich solle wieder gehen, solche Hunde wollte man hier nicht.

Ich war am Boden zerstört und traurig.

Ich suchte mir Rat bei einer Freundin, sie hat mir die Trainerin, bei der sie ist, empfohlen. Ich machte einen Termin bei ihr. Als sie zu mir nach Hause kam, setzten wir uns und Eick kam her und wollte gestreichelt werden. Sie sagte, dass ich doch bitte diesen Hund entfernen solle, denn dieses Verhalten gehe ja gar nicht. Auf meine Frage, was denn gerade falsch gelaufen sei, sagte sie: „Der Hund muss immer am Platz liegen, wenn Besuch kommt, und darf sich erst bewegen, wenn es erlaubt wird.“

Das leuchtete mir nicht ein und ich beendete den Termin sofort. Dann machte ich ein Jahr ohne Hilfe weiter.
Aber das war nicht sonderlich gut, ich konnte Eick einfach nicht helfen, seine Aggression zu vergessen. Zwischendurch schnappte er auch nach mir, wenn ich ihn bedrängte.
Vor zwei Tagen war ich dann mal wieder auf einem Hundeplatz, um Hilfe zu bekommen. Ich sagte dem Trainer, dass mein Hund aggressiv sei. Er nahm ihn sofort an der Leine und lief mit ihm über den Platz. Eick wollte das nicht und weigerte sich immer mehr. Der Trainer wurde immer lauter und drehte sich schließlich gegen Eick. Da hat Eick nach dem Trainer gebissen. Zum Glück hat er nur den Pulli zerrissen. Aber ich wurde mit den Worten „Verschwinden Sie mit dieser Bestie“ vom Platz geworfen.
Nun habe ich mir noch einmal ein Herz gefasst und Sie angerufen. Und nun, bitte helfen Sie mir und Eick.“

Ich sagte ihr, dass ich gerne versuchen werde zu helfen. Sie hakte sofort ein, dass ich es nicht nur versuchen, sondern es wirklich tun sollte. Es koste sie ja auch viel Geld.
Ich musste erst einmal tief durchatmen, damit ich nichts Falsches sagte.
„Bitte, Frau Zach, ich versuche Ihnen zu helfen, aber es kommt nicht nur auf mich an, auch Sie müssen alles umsetzen und trainieren, was ich Ihnen sage, sonst wird das nix.“

Das gefiel ihr nicht. Sie wollte, dass ich komme und zaubere, damit sie keine Arbeit hat.
Wieder versuchte ich ihr ganz ruhig die Sachlage zu erklären. In der kurzen Zeit, in der ich da war, könne ich ihr nur alles aufzeigen und erklären. Einen Trainingsplan aufstellen, an den sie sich bitte auch halten müsse.

Das wars dann. Sie stand auf und wollte, dass ich gehe. Sie mache den Mist nicht mit. Ich hätte keine Ahnung.
Ich sagte ihr, dass ich die ganze Zeit ihren Eick beobachtet hätte und ich glaube, er sei total verunsichert und daher käme seine Aggression.
„Nix da, bitte gehen Sie sofort."

Mir tat der Hund sehr leid, aber ich musste gehen. Es hatte keinen Wert, hier weiterzumachen. Als ich aus dem Haus war, sah ich gegenüber einen Nachbarn im Garten seines Hauses. Ich ging einfach mal hin und fragte ihn über Frau Zach aus.
Er meinte nur: *„Lassen Sie mich mit der komischen Tante zufrieden. Mit der will keiner was zu tun haben."*

Schade, wieder dachte ich mir *„armer Eick."*
Ich fuhr dann total frustriert nach Hause.
Die nächsten Tage ging mir Eick nicht mehr aus dem Kopf. Es ging mir nicht um Frau Zach, sondern um Eick.
Ich entschloss mich, bei Ihr anzurufen, um nochmals meine Hilfe anzubieten. Gesagt, getan.
Ich rief an und Frau Zach meldete sich wieder mit *„Ja."*

Es hatte sich nichts geändert. Ich sagte, wer ich war und dass ich ihr gerne nochmals meine Hilfe anbieten wollte für Eick.
Sie sagte nur: *„Da sind Sie zu spät, ich habe Eick ins Tierheim gebracht, weil er mich gebissen hat als Sie weg waren. Und das, Herr Paul, ist Ihre Schuld".*

Ich konnte nichts mehr sagen, weil sie einfach das Telefonat beendete.
Mist, hatte ich was falsch gemacht?
Hätte ich mich noch mehr beleidigen lassen sollen?

Ich rief in 3 Tierheimen an, bis ich Eick gefunden hatte. Ich machte einen Termin und fuhr hin, sodass Eick vielleicht eine Chance bekommen konnte. Der Tierheimleitung erklärte ich, was ich bei Frau Zach erlebt hatte. Da sagten sie, dass ein Mann den Hund gebracht hätte, mit der Begründung, er hätte ihn gefunden und wisse nicht, wem er gehört.
Mist, ich hatte vielleicht zu viel erzählt. Sie wollte die Polizei anrufen, um denen das alles mitzuteilen.
Ich bat sie darum, dies nicht zu tun.
Wenn das alles ins Rollen käme, bekäme Frau Zach den Hund womöglich zurück und wer weiß, was danach passieren würde.
Es würde für Eick definitiv nicht besser werden.
Aber es geht ja auch um die Kosten.

Ich schlug vor, einen Übernahmevertag zu erstellen, den Frau Zach unterschreiben musste, dass sie alle Rechte an Eick abtrete und dafür keine Strafe zahlen müsste. Ich würde für die Kosten aufkommen, wenn ich Eick trainieren und vermitteln dürfe
Die Tierheimleiterin stimmte zu.
Also: Vertrag schreiben und wieder zu der lieben Frau Zach fahren.

Als ich ankam, stand sie gerade im Hof und wollte wegfahren. Ich parkte genau hinter ihr. Sie erkannte mich gleich und schrie mich an, hier wegzufahren.
Ich sagte ihr ganz ruhig, was für einen Vertrag ich hier hätte und dass Sie den unterschreiben solle. Sie weigerte sich und wollte die Polizei rufen.
Ich sagte ihr, dass sie das gerne machen dürfe, dann käme alles ans Licht, wie sie ihren Hund über einen Mittelsmann ins Tierheim brachte und das würde teuer werden. Außerdem würde ich eine Strafanzeige stellen.

Nun wurde sie plötzlich ganz ruhig und wollte den Vertrag lesen. Ich gab ihn ihr und nach der Überprüfung unterschrieb sie ihn wirklich. Eick war erst mal hier raus.
Manchmal muss man viel einstecken, um einem Tier zu helfen, denn wenn der Besitzer mauert, wird es oft für das Tier noch schlimmer.
Anschließend warf ich Frau Zach noch einige Worte an den Kopf, die ich hier nicht schreiben darf.
Dann wieder ab ins Tierheim.
Die nächsten Wochen arbeitete ich täglich mit Eick, er war nicht grundaggressiv. Er war total verunsichert und hatte gelernt, sich zu wehren. Parallel suchte ich einen neuen Interessenten, der es sich zutraute, Eick zu übernehmen. Viele hatten sich gemeldet, aber wie so oft war nix Gescheites dabei.

Dann bekam ich einen Anruf aus dem Tierheim. Ein ehemaliger Mitarbeiter des Tierheims war gekommen, um sich hier mal umzuschauen, ob ein geeigneter Hund für ihn dabei wäre. Ich soll doch bitte kommen, um mit ihm zu reden, denn er hätte die Erfahrung für Eick.
Ich verlegte kurz einen Termin und fuhr ins Tierheim.
Als ich ankam, sah ich den Mann mit Eick an der Leine im Hof herumlaufen. Das freute mich schon mal. Wir unterhielten uns sehr lange und ich erzählte ihm die ganze Leidensgeschichte von Eick. Ihn schreckte das nicht ab. Das waren gute Voraussetzungen. Er wollte es mit Eick probieren.
Leider wohnte er etwas weiter weg, sodass es ihm nicht möglich war, jede Woche zu mir zu kommen, um zu trainieren. Ich schlug ihm vor, dass er mit dem Tierheim abklären sollte, ob er Eick für ein paar Tage mitnehmen dürfe, um zu schauen, ob es passen würde. Ich würde mir weitere Gedanken machen, wie er Unterstützung bekäme.

Eick wurde mit der Bedingung übergeben, einen Maulkorb zu tragen und in 5 Tagen sollte er nochmal kommen, um final alles zu besprechen.
Ich suchte in der Zwischenzeit in der Nähe von Eicks neuem Zuhause einen guten Hundetrainer und fand auch einen.
Ihm erklärte ich die Geschichte von Eick und er solle doch bitte darauf achten, dass alles in die richtigen Bahnen käme.

Am finalen Termin war ich auch wieder im Tierheim.
Stefan, der neue Halter, wollte Eick unbedingt behalten. Ich erklärte ihm, was ich herausgefunden hatte, und er solle sich bitte mit dem Trainer in Verbindung setzten. Des Weiteren schlug ich ihm vor, dass Eick einen neuen Namen bekommen sollte, damit keine schlechten Erinnerungen mehr hochkämen, wenn er seinen Namen hörte.
Alles Weitere hatte ich nicht mehr in der Hand.

Ich wünschte ihm alles Gute und verabschiedete mich mit Tränen in den Augen noch von Eick.
Das war ein Termin, der für immer in meinen Erinnerungen bleiben wird.

26. Schicksal

Hund: Queen
Halter: Quinn

Eines Sonntagabends gegen 22 Uhr bekam ich einen Anruf von einem befreundeten Polizisten.
Sie seien bei einer Adresse vor einem Haus. Darin befinde sich ein gefährlicher Hund. Der Halter des Hundes sei von seinem eigenen Hund gebissen worden. Wenn sie reingingen und angegriffen würden, werden sie wohl schießen müssen. Daher die Frage, ob ich noch kommen könnte, um den Hund eventuell lebend herauszubringen.
Also gut, ich machte mich sofort auf den Weg.

An der Adresse angekommen sagte man mir, dass es sich um eine Dogge handelte. Der Besitzer wurde bereits ins Krankenhaus transportiert und konnte mir keine Tipps mehr geben. Es musste gehandelt werden, da sich laut Besitzer noch die Ehefrau in der Wohnung befand.
Also zog ich meine leichte Schutzkleidung an, damit ich mich auch bewegen konnte. Außer meiner Kleidung hatte ich wieder meine Spezialleine und eine Art Schild, das ich mir mal anfertigen ließ, zur Abwehr dabei. Ein Funkgerät, damit ich zur Not die Herren in Grün (mittlerweile Blau) rufen konnte.
Man wünschte mir seitens der Polizei und des halben Dorfes, das inzwischen auf den Beinen war, viel Glück.

Ich ging zur Haustür und machte vorsichtig einen Spalt auf, um zu sehen, ob der Hund nicht schon hinter der Tür auf mich wartete.
Nix zu sehen, also rein.

Im Eingangsbereich war schon mal nichts. Rechts in der Küche auch nix. Weiter ins Wohnzimmer, auch hier kein Hund zu sehen. Genau wie im Esszimmer. Der ganze untere Bereich war leer. Ich ging also die Treppe hoch zu den weiteren Räumen. Oben auf der Empore im hintersten Eck lag zitternd eine Englische Bulldogge.
Ich fragte mich, ob das die bissige Dogge sei oder ob hinter einer Tür noch eine Überraschung auf mich wartete.
Ich beachtete die Bulldogge nicht direkt, hatte aber ein Auge auf sie.
In dem Schlafzimmer nichts, im Bad nichts. Nächster Raum auch leer.
Dann fing ich an, mal nach Frau Quinn zu rufen. Keine Antwort. Plötzlich ging das Funkgerät an und mir wurde seitens der Polizei mitgeteilt, dass Frau Quinn eingetroffen sei. Sie war also nicht im Haus.
Ich versuchte, die kleine Bulldogge zu mir zu locken und nach anfänglicher Skepsis kam sie zitternd auf mich zu.
Ich dachte mir, dass dies ganz und gar nicht zu dem mir geschilderten Vorfall passte.
Vorsichtig legte ich dem Hund die Leine an und wir gingen ganz langsam nach unten und aus dem Haus. Die Polizei wollte mir gleich den Hund abnehmen, was ich aber erst mal abblockte.
Der Hund zitterte und war völlig verängstigt.
Ich wollte wissen, was mit der Kleinen nun passiere. Mir wurde gesagt, dass sie erst mal ins Tierheim käme.
Ok, ich werde sie hinfahren, es müsse nicht noch mehr passieren.
Ich fragte die Polizei, was hier jetzt eigentlich geschehen sei.

Ein Polizist sagte mir:
„Das Einzige, was wir wissen, ist, dass Herr Quinn ganz schlimm am Bein verletzt war und von einem Nachbarn vor der Haustüre gefunden wurde. Als wir eintrafen stammelte er was mit seinem Hund und seiner Frau.
Wir verstanden das so, dass der Hund ihn gebissen hatte und seine Frau noch im Haus sei. Daher haben wir Sie angerufen.
Als Frau Quinn kam, war Sie völlig erschrocken, was hier los ist. Sie war bei einer Freundin und ist jetzt zu ihrem Mann ins Krankenhaus gefahren."

Ich fuhr dann die Kleine ins Tierheim und anschließend wieder nach Hause.
Die ganze Nacht hatte ich kein Auge zu bekommen. In diesem Fall war mir vieles nicht schlüssig. Der Hund war nicht aggressiv, sondern eher verstört.

Am nächsten Morgen rief ich bei der Polizei an, um mich zu erkundigen, ob es etwas Neues gibt. Sie durften mir nichts sagen.
Also fuhr ich ins Krankenhaus.
Ich durfte nicht zu Herrn Quinn, da er auf der Intensivstation lag. Oha, so schlimm?
Auch hier bekam ich keine Auskunft.
Daher fuhr ich ins Tierheim. Da ich hier bekannt bin, ließ man mich zu der kleinen Bulldogge. Sie ließ mich ohne Probleme in ihren Zwinger und lag nur in der Ecke. Sie verstand einfach die Welt nicht mehr.
Man sagte mir, dass der Hund am nächsten Tag abgeholt werde. Als ich fragte von wem, bekam ich die Auskunft, von Frau Quinn. Ich dachte mir, wenn der Hund gebissen hat und ihr Mann auf der Intensivstation liegt, wird sie doch den Hund nicht holen wollen? Alles sehr komisch.

Ich bat darum, mich anzurufen, wenn sie wussten, dass Frau Quinn kam. Ich würde gerne mir ihr reden.
Am nächsten Tag wartete ich aufgeregt auf den Anruf. Als gegen Nachmittag noch immer nichts kam, fuhr ich einfach ins Tierheim.

Leider war Frau Quinn schon da gewesen und mir wurde nichts mitgeteilt. Ganz toll.
Ich fuhr dann einfach zum „Tatort", um zu schauen, was nun los war. Als ich klingelte, machte mir eine ältere Frau auf, sie sagte, sie sei die Mutter von Frau Quinn. Ich stellte mich kurz vor und sie bat mich, doch bitte einzutreten.
Im Wohnzimmer saß Frau Quinn weinend auf dem Sofa und neben ihr die kleine Bulldogge. Ich stellte mich vor und Frau Quinn stand auf und umarmte mich. Sie weinte so sehr, dass sie nicht sprechen konnte. Wir hielten uns einfach in den Armen.
Als es ihr möglich war, bedankte sie sich als erstes bei mir, dass ich ihre Prinzessin aus dem Haus geholt hatte und mich um sie gekümmert hatte.
Sie erzählte mir, dass es gar keinen Beißvorfall gab. Ihr Mann hatte einen Schlaganfall, den zweiten schon, und schaffte es nur noch bis vor die Haustür, wo er dann zusammengebrochen ist und gefunden wurde. Er muss sich beim Fallen im Haus am Treppengeländer das Bein aufgerissen haben und durch seine wirren Erzählungen hätten die Polizisten etwas Falsches verstanden. Sie wisse nicht, was nun mit ihrem Mann werde, ob er wieder gesund werde.
Sie wisse im Moment einfach gar nichts.
Mir tat sie sehr leid und ich musste ihr einfach den Vorschlag machen, mich um Quinn zu kümmern, wenn sie nicht mehr weiter wisse. Das freute sie und sie bat mich, doch bitte noch zum Essen zu bleiben.
Das konnte ich einfach nicht ablehnen.

Nach dem Essen fuhr ich heim, gedankenversunken in einen Fall, der so seltsam begonnen hatte und nun in einer Familientragödie enden könnte.

Die Wochen vergingen und ich hörte nichts von der Familie Quinn. Bis eines Tages das Telefon klingelte und Frau Quinn dran war. Sie erzählte, dass ihr Mann wieder zuhause sei und fragte mich, ob ich vorbeikommen könnte zu einem Gespräch mit ihnen. Natürlich wollte ich und fuhr gleich am nächsten Tag hin.

Im Wohnzimmer saß Herr Quinn, den ich nun zum ersten Mal sah. Er konnte nur schwer reden, der Schlaganfall nahm in ganz schön mit. Seine Frau wollte mir was sagen, aber er legte seine Hand auf ihren Arm und wollte selbst reden.
Ich ging ein bisschen näher, um alles zu verstehen.
Er nahm meine Hand und sagte: *„Danke."*
Mir lief es eiskalt den Rücken runter und ich konnte meine Tränen nicht zurückhalten.
Es fiel ihm schwer zu reden, aber er wollte es mir persönlich sagen. Dann übernahm Frau Quinn das Gespräch:
„Seit dem Vorfall merken wir, dass Queen nicht mehr zu meinem Mann möchte. Sie ist total verunsichert, wenn sie ihn sieht. Das macht ihm sehr zu schaffen. Queen ist sein Hund.
Er hatte immer einen Spleen, dass jeder den Buchstaben Q im Nahmen haben sollte. Die Familie den Nachnamen und Queen eben ihren Namen.
Unsere Bitte ist nun, ob Sie helfen können, Queen die Angst zu nehmen und ihr Vertrauen zu schenken, dass sie wieder zu meinem Mann geht."

Ich versprach zu helfen und wenn ich schon mal da war, wollte ich gleich anfangen.
Man merkte, dass Herr Quinn sich freute und natürlich nahm er auch mit seinen Möglichkeiten am Training teil.

Als erstes wollte ich sehen, wie Queens sich verhielt, wenn Herr Quinn durch die Wohnung geführt wurde. Sie machten das sehr behutsam und Queen wollte in eine Ecke.
Ich stoppte kurz und legte der Kleinen eine Leine an. Dann ging es weiter. Dieses Mal versuchte ich, während Frau Quinn ihren Mann stützte, Queen positiv abzulenken, damit sie nicht in ihr Trauma fiel. Es klappte ganz gut.
Ich wollte nun, dass sie das machte, während ich Herrn Quinn stützte. Auch das funktionierte gut.
Dann setzte sich Herr Quinn wieder hin und ich gab ihm ein paar Leckerchen, die er eins nach dem anderen vor Queen werfen sollte. Ganz wichtig, nicht auf Queen, sondern vor sie.
Nach anfänglicher Skepsis machte die Kleine mit.
Ok, das war`s erst mal. Wir stellten einen passenden Trainingsplan auf, den Herr Quinn auch umsetzten konnte, und ich verabschiedete mich. In 4 Wochen wollte ich wieder kommen, um zu sehen, wie es laufe.

Zwei Tage vor unserem Termin rief mich Frau Quinn an, um zu fragen, ob ich anstatt wie ausgemacht 14 Uhr um 19 Uhr kommen könnte. Und zwar zum Essen mit der Familie.
So ein Angebot bekam ich noch nie, aber in diesem Fall stimmte ich zu. Nur nicht an diesem Tag, sondern 3 Tage später. Ich hatte ja noch mehr Termine, die auch meine Hilfe brauchen.

Der Termin kam und ich fuhr zum Essen zu Familie Quinn. Die Tür öffnete eine strahlende Frau Quinn. Ich solle doch bitte reinkommen und mich ins Esszimmer setzen. Sie wollten mir etwas zeigen. Ich bemerkte, dass jeder aufgeregt war. Warum erfuhr ich gleich.
Herr Quinn stand auf, man muss ehrlicherweise sagen, er kämpfte sich hoch. Aber seine Frau sagte, dass sie miteinander gesprochen hätten und er wolle mir das selbst zeigen.

Er ging mit ganz kleinen Schritten zur Couch, Queen lag auf ihrer Decke neben dem Essbereich. Beim Setzten brauchte er etwas Hilfe von seiner Frau.
Als er saß, kam ein leises Wort über seine Lippen: *„Queen."*

Die Kleine schaute und lief langsam Richtung Couch. Daneben haben sie sich eine Hundetreppe gebaut, über diese ging Queen zu ihrem Papa und legte sich neben ihn, damit er sie streicheln konnte. Er strahlte und man merkte ihm seine Freude an.
Ich konnte meine Tränen nicht zurückhalten, Tränen der Freude. Das war sensationell. Nach einer Weile kamen sie an den Esstisch und wir aßen gemeinsam zu Abend.
Wir haben viel gelacht und geredet.
Nach dem Essen verabschiedete ich mich ganz herzlich von jedem, auch von Queen.
Ich musste nicht mehr zum Training vorbeikommen, denn alles weitere bekämen sie auch ohne meine Hilfe hin.

Alles Gute an diese tapfere Familie.

27. Müllhalde

Hund: Zorro
Halter: Sutter

Einst bekam ich einen etwas seltsamen Anruf mit der Bitte um Hilfe. Seltsam, weil der Anrufer mir nicht sagen konnte, welche Rasse sein Hund war und wie alt dieser war. Er meinte, es könnte ein Deutscher Schäferhund sein. Das macht schon stutzig.
Der Hund würde so an der Leine ziehen, dass er ihn nicht mehr halten könne. Also machten wir einen Termin.
Ich sagte, dass ich vorbeikäme, weil das beim ersten Termin am meisten Sinn mache.
Das wollte er nicht. Ich fragte warum.
Er meinte nur, dass er lieber vorbeikommen würde. Ich erklärte ihm, dass es unter Umständen ein Problem zu Hause sei und ich das bei mir nicht sehen könne.

Er ließ sich schließlich darauf ein und an dem Tag des Termins fuhr ich schon etwas früher hin, um mir das von außen vorab mal anzuschauen, denn nach dem Telefonat hatte ich ein sehr ungutes Gefühl.
Das Haus sah von außen nicht abstoßend aus und so wartete ich im Auto bis zur vereinbarten Zeit. Ich klopfte ans Hoftor, weil keine Klingel da war. Als niemand öffnete, klopfte ich am Fenster des Hauses. Dann machte oben jemand ein Fenster auf und fragte, was ich möchte. Ich sagte, dass ich einen Termin mit Herrn Sutter ausgemacht hätte. Die Frau erwiderte, das sei ihr Freund, er habe ihr aber nichts davon gesagt. Ich fragte, ob das nun ein Problem sei. Sie meinte nur, dass sie nicht geputzt habe, weil sie keinen Besuch erwartete. Ich sagte wiederum, dass ich nicht vom Gesundheitsamt sei.

Dies war zu der Zeit noch als Scherz gedacht.
Nach einigen weiteren Frage- Antwortspielen vorm Haus sagte ich, dass jetzt entweder Herr Sutter kommen sollte, oder ich führe wieder heim. Kaum ausgesprochen ging das Tor auf und ein schmächtiges Kerlchen schaute heraus.
Ich fragte ihn, ob er Herr Sutter sei. Er nickte nur und sagte, dass er schon die ganze Zeit hinter dem Tor zugehört habe, aber er wollte uns nicht unterbrechen????????
Wo bin ich denn hier schon wieder reingeraten?
Er fragte, ob er den Hund herausbringen sollte. Ich sagte ihm, dass ich nun reinkommen müsse, um zu sehen, wo das Problem lag. Wäre ich nur nach Hause gefahren.

Ich ging in den Hof und dachte, mir schlägt einer mit dem Hammer auf den Kopf. Der ganze Hof vollgeschissen. Komplett. Ich fragte, was denn hier los sei, könne man das nicht wegmachen?
Herr Sutter meinte nur, dass er das später noch machen wollte. Da lagen dutzende Hinterlassenschaften. Ich wollte eigentlich gehen, aber Herr Sutter sagte, wir könnten in den Garten zum Hund. Ich ging auf Zehenspitzen durch den Hof, weiter nach hinten. Um die Ecke war ein Eisentor vor einer Wildnis. Ich fragte, ob das der Garten sei. Herr Sutter meinte wieder, dass er später noch die Sträucher schneiden wollte. Man sah nur Gestrüpp, sonst nichts.
Er pfiff und irgendwann begann sich das Gestrüpp zu bewegen und ein Deutscher Schäferhund stand am Tor.
Dreckig, zu dick und ungepflegt.
Ich sagte zu Herrn Sutter, dass so etwas überhaupt nicht gehe.
Man merkte, dass dieser junge Mann anscheinend Probleme mit sich selbst hatte. Da musste ich behutsam vorgehen, denn mir war jetzt schon klar, dass ich diesen Hund nicht hierlassen würde.

Wir machten das Tor auf und Zorro sprang mich vor Freude an. Ich sah sofort, dass diesem Kerl alles fehlte. Erziehung, Bewegung, Struktur und von der Sauberkeit will ich erst gar nicht reden.
Wir gingen zum Hoftor, Herr Sutter holte einen Strick und gab ihn mir. Ich fragte, wofür der sei. Er meinte zum Spazieren gehen. Er hatte noch nicht mal eine richtige Leine. Ich machte also den Strick dran und das Tor auf. Zorro wollte gleich raus und ich machte das Tor wieder zu.
Ich erklärte Herrn Sutter, warum ich das machte, Zorro müsse Schritt für Schritt lernen. Er sagte zwar bei jedem Satz, dass er es verstehe, aber ich merkte, dass der überhaupt nix verstand. Also ging ich nach mehreren Anläufen aus dem Tor.
Herr Sutter machte das Tor zu, aber von innen.
Ich rief, was das soll, er machte wieder auf und sagte ganz verdutzt, dass ich doch mit Zorro Gassi gehen wollte und nicht er. Wir gingen wieder in den Hof und ich erklärte diesem Herrn einmal, warum ich hier war, und zwar nicht, um den Hund spazieren zu führen, sondern um zu helfen.

Dann ging die Haustüre auf und eine, sagen wir mal, etwas mehrgewichtige Frau stand da. Auf dem rechten Arm ein kleines Baby und in der anderen Hand eine Tafel Schokolade. Ohne Papier, nur die Schokolade. Ihre ganze Hand war voll davon und um ihren Mund auch alles voller Schokolade.
Mein Gott, dachte ich mir.
Ich war sprachlos.
Plötzlich sah ich hinter ihr in der Wohnung Müllsäcke liegen, die sich bewegten. Ich fragte, was da vor sich ginge.
Sie sagte, als wäre es das Normalste auf der Welt, dass sie Ratten im Haus hätten.
Ich dachte mir: *Herr Sutter kümmert sich bestimmt später darum.*

„Das reicht mir jetzt. Ich rufe die Polizei."
Beide waren davon nicht sonderlich beeindruckt. Ich nahm mein Handy und rief an.
Ich schilderte dem Polizisten, was ich das gerade festgestellt hatte, und er solle doch bitte das Jugendamt und was weiß ich noch wen anrufen. Ich gab meinen Standort durch und wartete im Hof auf das Eintreffen der Polizei.
Wenige Minuten später kam ein Krankenwagen.

Ich machte das Tor auf, Zorro immer noch am Strick.
Sie wollten nicht reinkommen wegen dem Hund, also ging ich auf die Straße. Da kam auch schon die Polizei. Zwei Beamte gingen in das Anwesen und einer blieb bei mir, um mich zu befragen. Wenige Minuten später kam einer seiner Kollegen aus dem Haus und musste sich übergeben.
Er sagte, dass überall im Haus tote Ratten und andere Tiere lägen und alles voller Käfer und Ungeziefer sei.
Der Beamte forderte weitere Einsatzkräfte und die Feuerwehr an.
Ich wurde gebeten, noch da zu bleiben und ich setzte mich mit Zorro gegenüber an die Straße. Ich weiß nicht mehr, wie lange das alles gedauert hat. Immer mehr Einsatzkräfte kamen. Wenig später auch das Jugendamt und wie ich erfuhr, der Bürgermeister.
Das Amt kam irgendwann mit dem Baby und einem weiteren Kleinkind heraus. Man konnte jedem Helfer ansehen, wie schlecht es ihnen ging.
Eine Hundestaffel der Polizei kam und nahm sich Zorro an. Ich fragte, was mit ihm passieren werde.
Er werde erstmal in Verwahrung genommen und ins Tierheim gebracht. Dort kümmere man sich zunächst um seine Gesundheit und werde ihn reinigen.

Nach meiner Aussage fuhr ich nach Hause. Auf dem Heimweg wurde mir schlecht. Ich musste anhalten und mich übergeben. Das Adrenalin hatte mich die ganze Zeit irgendwie reagieren lassen und nun fiel ich in ein Loch.

Geld bekam ich natürlich keins, das war in dem Moment auch nicht wichtig.
Wochen später erfuhr ich, dass man für Zorro ein neues Zuhause suchte.
Mein Job war getan. Aber vergessen werde ich das nie.

28. Kurios

Hund: Amigo
Halter: Vital

Privat habe ich ja einen Gnadenhof für Rottweiler, daher leben im ständigen Wechsel immer mehrere hier bei uns.
Ein Ziel von uns ist es, das ganze Rudel zu einer Einheit zu erziehen und als Einheit auch zusammen spazieren zu gehen.
An einem schönen Vormittag ging ich mit unseren 7 Rottweilern Gassi.

Sie hörten alle und ich konnte mich auf sie verlassen. Daher musste ich auch nicht ständig nach ihnen schauen, denn ich wusste, dass sie sich ständig um mich herum aufhielten.
Als sich unser Spaziergang dem Ende zuneigte, gingen wir in Richtung unseres Fahrzeugs zurück. Ich machte die Tür auf und aus Gewohnheit zählte ich immer durch.
1, 2, 3, und so weiter bis 8.
Ich machte die Tür zu und ging nach vorne.
Plötzlich stoppte ich etwas verwirrt.
8 ???????
Ich machte nochmal die Tür auf und zählte durch.
8 !!!!!!!
Getrunken hatte ich nichts, also nochmal.
8 !!!!!!!
Nun schaute ich mal genauer hin.
Kara, Tina, Baba, Eyko, Raul, Osga, Elsa und ein mir völlig fremder Rottweiler.
Ein Rüde saß da mitten unter meinen, als ob es das Natürlichste der Welt wäre. Ich sagte zu ihm, er solle mal herkommen und versuchte ihn zu locken.

Bereitwillig kam er zu mir. Ich führte ihn aus unserem Fahrzeug heraus und schloss erstmal wieder die Tür.

Ich war völlig perplex. Wie konnte das passieren?
Wo kam der Kerl her?
Wie lange ist der schon da?
Ich schaute, ob ich irgendwo einen Besitzer sah, der seinen Hund suchte. Aber weit und breit nichts zu sehen.
Was tun?
Da es anscheinend ein lieber Zeitgenosse war, machte ich unseren Bus wieder auf und holte alle heraus. Wir gingen dann den Spaziergang nochmals in umgekehrter Richtung ab. Plötzlich sah ich in der Ferne eine Person mit wedelten Armen auf uns zukommen.
Das müsste die Besitzerin sein, dachte ich mir.
Als sie näher kam, merkte ich, dass sie einen fassungslosen Gesichtsausdruck hatte. Die vielen Rottweiler und ihr Bursche dazwischen war dann doch etwas zu viel auf einmal.
Als sie noch ca. 30 Meter entfernt war rief Sie: *„Amigo."*

Doch der blieb bei uns, als ob er schon immer dazu gehöre. Ich rief ihr zu, dass sie gerne herkommen könne. Zögernd kam sie dann auch.
Auf meine Frage, ob dieser Amigo abgehauen sei, sagte sie *„Ja"* und entschuldigte sich auch sofort.
Er habe einfach keinen Kontakt zu anderen Hunden, weil ihnen jeder aus dem Weg gehe und plötzlich sei er einfach losgerannt und sie konnte nichts mehr machen. Er musste unser Rudel gewittert haben und hatte sich uns einfach angeschlossen.
Ich erzählte ihr, wann ich das erst gemerkt hatte, und wir mussten beide lachen. Wir gingen noch ein paar Meter zusammen weiter, bis sie sich verabschieden wollte.
Problem war aber Amigo.

Er wollte sich nicht verabschieden.
Sie hatte keine Chance, ihn von uns zu trennen.
Ich fragte, wo sie denn hin müsse. Sie meinte, noch ein ganzes Stück durch die Felder. Da konnten wir nicht mehr mitlaufen, weil unsere Kleinen alle älter und gesundheitlich angeschlagen sind. Wir entschieden uns, umzudrehen und zu meinem Bus zurückzulaufen. Dann würde ich sie zu ihrem Standort fahren.

Gesagt getan. Am Bus angekommen stiegen alle wieder schön ein. Auch Amigo, der sich toll in diesem Rudel machte. Ihr Auto stand einige Kilometer von uns entfernt. Dort angekommen ging Amigo wieder aus dem Bus und sie konnte ihn ohne Probleme in ihr Auto einladen.
Als sie davonfuhr, schaute er uns nach und ich bemerkte, wie ich zu viele emotionale Gedanken zuließ.
Wäre Amigo doch bei uns geblieben.
Aber was soll der Quatsch?
Wir fuhren dann nach Hause und der tägliche Wahnsinn nahm wieder seinen gewohnten Gang.

Nach ein paar Tagen bekam ich den Anruf einer Frau Vital. Sie war das Frauchen von Amigo. Sie wollte sich nochmals bedanken und mich fragen, ob ich ihr helfen könnte. Sie wolle mit Amigo trainieren, damit er nicht mehr ausbüchse.
Und wie ich wollte!

Wir machten einen Termin bei ihr vor Ort und ich schaute mir alles an. Amigo war ein super Junge.
Jede Übung, die ich ihr zeigte, setzte sie sofort um und Amigo machte auch sehr gut mit. Wir verbesserten die Bindung der beiden, machten viele sinnvolle Übungen und brachten mehr Struktur in Amigos Leben.

In den nächsten Wochen gingen wir auch ab und zu zusammen spazieren. Amigo freute sich immer mehr, wenn er auf unser Rudel traf.

Ich merkte so langsam eine Veränderung an ihm und auch an mir. Er wollte zu uns und ich wollte das gerne möglich machen. Aber was sollte das?
So konnte es nicht weitergehen. Ich redete mit Frau Vital, dass wir einen anderen Weg einschlagen müssten.
Ich musste Amigo und uns auseinanderhalten.
Das fiel mir unheimlich schwer, ich hatte mich in Amigo ein bisschen verliebt und das ging nicht.

Wir suchten andere Hundehalter in der Nähe von Frau Vital, die sich bereiterklärten, uns zu unterstützen und auch an Amigo ihre Freude hatten. Mit der Zeit fanden sich einige, deren Hunde sich prächtig mit Amigo verstanden und sich regelmäßig trafen. Nach viel Training rannte Amigo nun auch nicht mehr weg und Frau Vital hatte eine super Bindung zu ihm. Er hatte neue Freunde gefunden und fühlte sich sehr wohl dabei.

Nun war es an der Zeit, dass ich ging.
Ein bisschen traurig und freudig zugleich verabschiedete ich mich, natürlich mehr von Amigo als von Frau Vital.
Sie bemerkte, wie ich Tränen in den Augen hatte und legte ihre Hand auf meine Schulter. Dann bedankte sie sich für alles und unsere Wege trennten sich.

Amigo bedeutet bekanntlich Freund.
Also: Mach´s gut mein Freund.

29. Der Zerstörer

Hund: Kai Uwe
Halter: Fischer

Zu folgendem Termin kam ich etwas kurios.
Ich fuhr nach Geschäftsschluss zu meiner Bank, um am Automaten Geld einzuzahlen. Eine Frau stand mit ihrem Auto davor und redete mit Passanten. Als ich näherkam, fragte sie mich, ob ich helfen könnte.
„Um was geht's?"
Sie hatte ein Problem mit ihrem Terrier. Der saß im Auto auf der Rückbank und ich sollte doch bitte so nett sein, nur neben dem Auto stehen zu bleiben, bis sie in der Bank war, um Geld zu holen. Wenn sie ihn allein ließe, mache er das Auto kaputt.
Auf meine Frage, warum sie ihn nicht einfach mit in die Bank nehme, sagte sie, dass Kai Uwe (so hieß er) dann nicht mehr ins Auto ginge.
Ok, ich half ihr.
Nach wenigen Minuten kam sie wieder raus und bemerkte erst da, dass auf meinem Pulli die Aufschrift „Hundetrainer" stand. Sie bedankte sich und fragte gleich, ob ich helfen könnte, dieses Problem in den Griff zu bekommen.
Ich versprach zu helfen und gab ihr meine Visitenkarte.
Gleich am Abend rief sie mich an, um einen Termin zu machen. Drei Tage später fanden wir einen Tag, der gut für uns beide passte.

Ich fuhr zur angegebenen Adresse und Frau Fischer öffnete die Tür, ca. 3 Zentimeter. Ich konnte sie noch nicht einmal erkennen. Sie sagte, dass sie erst Kai Uwe in die Box tun müsse und dann käme sie wieder.

Ok, ich wartete. Nach kurzer Zeit kam sie und öffnete mir die Tür. Ich betrat ein sehr großes Haus. Sehr offen und hell. Sehr clean für meinen Geschmack. Im Wohnbereich in einer Ecke stand eine Box mit einer Krone aus Pappe darauf. In der Krone stand „Kai Uwe“.
In diesem Moment wusste ich bereits, wo das Problem lag.
Kai Uwe war ein Cairn Terrier Rüde, unkastriert und 4 Jahre alt. Frau Fischer bot mir einen Platz an und versorgte mich mit Getränken. Ich fragte erst mal, welche Geschichte es zu Kai Uwe gebe. Sie fing an zu erzählen:
„Vor ca. 3,5 Jahren wollte mein geschiedener Mann unbedingt einen Cairn Terrier holen. Ich bin eher der Typ Mensch für große Hunde, aber was macht man nicht alles. Wir fanden Kai Uwe bei einem Züchter. Er hatte ihn schon 2-mal vermittelt, aber jedes Mal wurde er zurückgebracht.
Immer mit der Begründung, dass er alles zerstörte.
Das hätte uns schon abschrecken sollen, doch mein Mann war sofort an seiner Ehre gepackt, dass er das ohne Probleme hinbekommt.
Also fuhren wir zu dem Züchter. Der erste Kontakt war schon Mist. Kai Uwe war im Garten des Züchters und als wir rein gingen, kam Kai Uwe sofort zu uns und pinkelte direkt auf meine Schuhe. Mein Mann lachte und ich wollte kein Spielverderber sein und schwieg zu der Szene.
Der Züchter erzählte, dass, wenn Kai Uwe eine gute Sozialisierung bekäme und mit ihm trainiert werde, das Zerstören von ganz alleine aufhören würde.
Also hat mein Mann entschieden, dass Kai Uwe bei uns einziehen darf. Wir nahmen ihn ins Auto und wollten ihn in den Kofferraum in eine Box setzten, der Züchter sagte, dass er daran gewöhnt sei. Doch er wollte nicht und bellte so laut, dass ich ihn mit nach vorne genommen habe.

Da war er zufrieden. Ich wusste, dass er sich durchgesetzt hatte, aber ich wollte auch nicht den ganzen Weg das Gebelle hören. Er schlief auf meinem Schoß, bis wir zuhause waren.
Wir ließen ihn erst mal zum Lösen in den Garten. Er sprang sofort auf eine Sonnenliege und zerriss ein Kissen. Das ging so schnell, dass wir beide überrascht waren und nichts machen konnten. Dann ist mein Mann endlich hin und nahm ihm das Kissen ab.
Nach wenigen Minuten gingen wir in die Wohnung. Kai Uwe ging voraus und auf den Teppich unter dem Wohnzimmertisch, drehte sich zu uns um und machte sein Geschäft. Das war frech. Ich wollte ihn gleich hochnehmen, aber er war schneller und rannte vor mir weg. Mein Mann lachte nur und sagte: „Das kann noch was werden."
So gingen die nächsten Wochen und Monate ins Land. Ich drängte meinen Mann immer wieder, eine Hundeschule aufzusuchen, weil es immer wieder vorkam, dass Kai Uwe etwas zerstörte. Aber mein Mann erwiderte nur, dass er das schon hinbekäme.
Nach einem weiteren Jahr trennten wir uns und seit zwei Jahren bin ich alleine mit dem Zerstörer. Ich war bei vielen Hundeschulen und Trainern, aber keiner bekommt das in den Griff. Ich habe auch schon mehrmals den Züchter kontaktiert, damit er ihn zurücknimmt. Aber das macht er nicht.
Nun sieht es so aus, dass ich seit dieser Zeit, alles was er kaputt machen kann, in den Keller geräumt habe oder es liegt schon im Müll. Ich muss 3 Stunden pro Tag arbeiten gehen und da kommt meine Mutter her, damit er nicht bellt. Er kann einfach nicht alleine bleiben. An dem Tag, als wir uns trafen, hatte ich keine andere Möglichkeit, als ihn mitzunehmen. Und er geht nicht mehr gerne in die Box im Auto. Hier in der Wohnung ist es ok. Bitte helfen Sie mir."

Mann oh Mann, das würde schwierig werden.
Dieser kleine Terrier hatte gelernt, mit allem durchzukommen.
Wo sollte ich da ansetzten?

Ich wollte nun, dass Frau Fischer die Box aufmachte und Kai Uwe mal rauskam, damit ich ihn auch richtig sehen konnte. Sie machte auf und er schoss sofort in meine Richtung und wollte mich anpissen. Ich korrigierte ihn direkt und er fing an, sich gegen mich zu stellen. Dieser kleine Kerl meinte wohl, dass ihm die ganze Welt gehörte.
Ich sagte, dass sie eine Leine an ihm befestigen und mir übereichen solle. Dann nahm ich diese und ging auf Kai Uwe zu. Er fletschte richtig die Zähne, aber da mussten wir beide nun durch. Er ging nach vorne und wollte mich beißen. Ich hielt ihn mit der Leine davon ab und korrigierte ihn mehrmals, bis er endlich von mir abließ.
Dann sah ich, wie Frau Fischer entsetzt dasaß und das Geschehen verfolgte. Ich brachte Kai Uwe in seine Box und erklärte Frau Fischer mein Vorgehen und was der Sinn dahinter war. Kai Uwe müsse lernen, dass er nicht mehr Herr im Schloss Fischer sei. Sie fragte: *„Warum Schloss Fischer?“*

Ich erklärte ihr, das mit der Krone auf der Box müsse ein Ende haben. Solange diese Krone da sei, werde auch sie immer wieder seiner Majestät zu Diensten sein. Also machte sie sofort die Krone weg. Ich sagte ihr, sie solle sie wegwerfen. Das tat sie auch.
Auf meine Frage, wie sich dabei fühle, sagte sie nur: *„Befreit.“*

Dann fingen wir mal mit dem Training an. Es wurden viele Regeln aufgestellt, aber auch solche, die Frau Fischer und Kai Uwe umsetzten konnten. Ich bat sie, ihre Mutter kommen zu lassen, denn sie müsste auch in den 3 Stunden etwas übernehmen. Die Liste wurde sehr lange.

Wir machten für heute Schluss und ich kam wegen der vielen neuen Regeln schon 5 Tage später wieder.
An besagtem Termin machte mir Frau Fischer die Tür auf. Kai Uwe stand mit der Leine neben ihr. Wir gingen ins Wohnzimmer und mir viel sofort das wohnliche Ambiente auf. Viele Kissen lagen auf dem Sofa und auf dem Boden. Wir setzten uns und ich fragte, wie die letzten Tagen gelaufen waren.
Da kam ihre Mutter dazu und setzte sich zu uns.
Frau Fischer erzählte, dass beide alles auf der Liste befolgt hatten. Nicht alles habe funktioniert, aber sie seien hart drangeblieben. Ohne Leine sei es sehr schwierig, aber mit Leine gehe es ganz gut. Bei ihrer Mutter gehe es sogar noch besser, sie sei konsequenter.
Dann wollte ich gerne ein paar Beispiele sehen.
Beide Frauen spielten mit den Kissen, um Kai Uwe in Versuchung zu bringen. Er sprang nur einmal darauf an und wurde sofort korrigiert. Als er es verstand, gab es eine Belohnung. So zeigten sie mir verschiedene Szenen.
Ich war fürs Erste zufrieden.
Wir überprüften die Liste nochmal und nahmen kleine Änderungen vor. Dann ging ich mit der Abmachung, in 4 Wochen wieder nach dem Rechten zu sehen. Sollte sich was verschlimmern, bitte melden.

Da ich nichts von Frau Fischer hörte, kam ich 4 Wochen später wieder hin. Als sie mich ins Wohnzimmer führte, sah ich sofort, dass die Box weg war. Auf meine Frage, was damit sei, antwortete sie, dass sich Kai Uwe so zum Positiven entwickelt habe, dass sie die Box nicht mehr brauche.
Und das Beste war, dass Kai Uwe schon eine Stunde alleine bleiben konnte, ohne etwas zu zerstören oder zu bellen. Das hört sich jetzt erst mal nach nicht viel an, aber hier war das enorm viel. Und Sie hätten noch eine Überraschung für mich.

Wir gingen in den Hof und öffneten erst den Kofferraum ihres Autos und anschließend die Box, die darinstand.
Kai Uwe sprang sofort hinein.
Frau Fischer machte beides zu und wir gingen vom Fahrzeug weg. Keinen Ton hörte man. Ich war erstaunt, dieses Training stand noch gar nicht auf unserem Trainingsplan.
Frau Fischer machte so einen strahlenden Eindruck und ihr Auftreten war ganz anders als noch vor Wochen. Sie wollte das alleine angehen, um es sich selbst zu beweisen.
Ich war echt beeindruckt.
Wir gingen wieder ins Haus und überarbeiten wieder den Trainingsplan und passten diesen an.
Viel mehr konnte ich nicht tun.
Wir machten noch einen Termin in 6 Wochen, um nochmals alles zu überprüfen und gegebenenfalls nachzuarbeiten.

Als ich wiederkam, öffnete Frau Fischer mit kleinen Tanzeinlagen die Tür. Sie freute sich, wie ich es selten zu sehen bekam.
Wir gingen rein und unterhielten uns. Plötzlich klingelte es und Frau Fischer sagte, dass sie was organisiert habe.
Es kamen Freunde von ihr. Einige kannte Kai Uwe und einige nicht.
Er lief ganz ruhig durch die Menge und legte sich wieder auf seinen Platz.
Ich war echt beeindruckt, weil ich dachte, dass wir hier viel länger zu tun hätten. Aber so gefällt es mir.

Ich zollte den beiden Frauen meine Hochachtung und Respekt. Nun konnte ich mich beruhigt auf den Heimweg machen und mich meinem nächsten Termin widmen.

30. Unbelehrbar

Hund: Jack
Halter: Seifert

Solche Terminanfragen liebe ich.
Familie Seifert rief mich an, sie möchten sich einen Hund holen und vor der Entscheidung ein Gespräch führen. Sie hatten noch nie einen Hund und wollten ja nichts falsch machen. Sie baten mich auch bei ihnen vorbeizukommen, damit ich ihre Lebensumstände sehen, und Sie optimal beraten könne.
Das ist doch super, oder?
Na ja, wäre es so super gewesen, hätte es die Geschichte wohl nicht ins Buch geschafft. Aber dazu später.

Ich fuhr zum vereinbarten Termin zu Familie Seifert.
Herr Seifert und seine Frau waren so ca. Mitte 40 und hatten einen 20-jährigen Sohn, der bei dem Beratungsgespräch auch anwesend war. Ich fragte erst mal, warum ein Hund.
Sie sagte, dass es schon lange der Wunsch der Familie war und nie die Zeit dafür gewesen sei. Nun habe ihr Mann einen gut bezahlten Job und sie arbeitet nur noch halbtags, da wären Zeit und Geld für einen Vierbeiner vorhanden. Eine Wunschrasse hätten sie auch schon ausgesucht, einen Kangal !
Ich dachte kurz, dass ich mich verhört hätte und für kurze Zeit blieb mein Herz stehen.
Als das weiße Licht verschwand und ich wieder klar denken konnte, musste ich fragen: *„Warum?“*

Sie sagte, dass sie sich viel belesen hätten und ein Kangal der optimale Familienhund sei. Ich fragte, was das denn für Bücher gewesen seien. Ein Kangal ist alles andere als ein Familienhund. Er braucht eine Aufgabe und das ist nicht nur Gassi gehen.

Ich bemerkte, wie ich mich in Rage redete:
„Der Kangal ist in erster Linie ein Herdenschutzhund, und was für einer. Er nimmt seine Aufgabe sehr ernst. Ursprünglich arbeitete er an den Schafherden. Er wird in unserer Gesellschaft auch immer mehr als Wachhund eingesetzt. In seinem Ursprungsland, der Türkei, wird der Kangal auch als Diensthund gezüchtet und eingesetzt.
Und so einer soll ein Familienhund sein?“

Das wussten sie nicht.
„Aber ihr habt doch Bücher gelesen?“
Anscheinend waren es die Falschen.

Ich schaute mir nun erst mal das Haus an, um mich von dem Wunsch nach einem Kangal zu erholen.
Kleines Haus mit kleinen und engen Zimmern.
Der Garten ca. 150 qm groß.
Und das für einen Kangal? Und Hundeanfänger?
Nie im Leben.

Ich fragte die drei dann mal, welche Eigenschaften eines Hundes denn NICHT in Frage kämen:
„Er sollte kein langes Fell haben.
Kein kleiner Hund.
Er sollte nicht haaren.
Nicht sabbern.
Kein Mischling.
Jagen wäre auch schlecht.
Kein Labrador, den hat ja jeder.
Keine Hündin.
Er sollte auch nicht bellen, unsere Nachbarn mögen keine Hunde.“

Und welche Eigenschaften sollte er haben?
„Verschmust sollte er sein.
Auf alle Fälle ein großer Hund.
Pflegeleicht.
Ein Rassehund.
Gut erziehbar.
Ein Rüde muss es sein.
Er sollte nicht viel Ansprüche stellen."

Ich fragte sie, wie um Gottes willen sie denn dabei auf einen Kangal kämen. Herr Seifert holte aus der Küchenschublade ein Bild eines Kangal-Welpen heraus und sagte: *„Der ist süß."*

Ich schaute mich um und suchte Kameras, die vielleicht auf die Sendung „Versteckte Kamera" hindeuten würden. Aber da war nichts. Ich bat die Familie, ob ich ein Glas Wasser bekommen könnte, denn diese Aussagen schockten mich echt.
Mir kamen leise die Worte über die Lippen:
„Am besten in der Bäckerei einen backen lassen."

Das hörten sie und fanden es nicht witzig.
Ich erklärte ihnen, dass ein Kangal nichts für Anfänger und auch nichts für dieses Anwesen sei. Man merkte, dass sie etwas geknickt waren. *„Ja was denn?"*, fragte der Sohn.
Ich schlug einen Königspudel oder einen Labradoodle vor.
Das wollten sie nicht, das wären: *„Omahunde".*

Oh Mann.
Ich war so geschockt, dass mir keine Rassen einfielen, die ihren Wünschen entsprachen.
Neufundländer jagt nicht und ist groß, hat aber lange Haare.
Retriever jagt und war nicht erwünscht.
Bulldoggen sabbern.

Dalmatiner und Ridgeback jagen. Sind auch in meinen Augen keine Anfängerhunde.
Ich wusste das erste Mal nicht mehr weiter. Ich war entsetzt über diese Wünsche und Vorstellungen. Ich bat die Familie, mal das Internet zu durchstöbern und ich würde mir auch Gedanken machen. Wir verblieben so, dass einer von uns in ca. zwei Wochen anrufe, um zu sehen, was sich ergeben habe.

Nach 10 Tagen rief mich Herr Seifert an und sagte, sie hätten sich einen Kangal geholt und möchten zu mir in die Hundeschule kommen.
Mir fiel fast das Telefon aus der Hand.
Ich fragte *„Warum nur? Sagte ich nicht, dass ein Kangal nix für euch ist?“*
Sie hätten sich nun schlau gemacht und mit dem Züchter gesprochen. Er sagte ihnen, diese Rasse wäre gut für sie.

Was soll ich sagen?
Wer lange genug sucht, findet jemanden, der einem das sagt, was man hören möchte.
Was sollte ich tun?
Sie ablehnen?
An welchen Trainer kämen sie dann?

Also kamen sie zu mir in die Welpenschule. Man sah da schon, dass Schmusen mit dem Hund wichtiger war als Erziehung und Verständnis.
Jede Woche, wirklich jede Woche, ermahnte ich die Familie. Überlegt euch doch bitte, den Hund zum Züchter zurückzubringen.
Meine Worte sollten aber kein Gehör finden.
Der Welpenkurs lief so einigermaßen gut, dann kam der Junghundekurs und die Probleme wurden langsam deutlicher. Jack machte was er wollte und Herr Seifert sprang hinterher.

Sein Sohn und seine Frau hatten da schon keine Lust mehr auf den Hund.
Je älter Jack wurde, desto mehr zeigte er, dass er derjenige war, der Entscheidungen traf. Und zwar ohne Diskussion.
Der Junghundekurs lief mehr schlecht als Recht.
Ich redete mir den Mund fusselig.
„BITTE GEBT DEN HUND DEM ZÜCHTER ZURÜCK."

Nein, sie wollten weitermachen.
Ich gab echt mein Bestes, aber leider stoße auch ich einmal an meine Grenzen. Mitten im Körpersprachekurs, Jack war ca. ein Jahr alt, klingelte das Telefon. Herr Seifert war dran. Er wollte sich bei mir bedanken und mir nur Bescheid geben, dass sie nicht mehr kommen werden.
Jack habe seine Frau gebissen und sie hätten ihn zum Züchter zurückgebracht.
Ich wollte nicht mehr reden und legte einfach auf.

Wie so oft blieben meine Gedanken wieder bei Jack und der Frage: *„Warum?"*

31. Vanille

Hund: Spike
Halter: Klaus

Als Herr Klaus anrief, dachte ich sofort *„das ist eine schnelle Nummer.“* Aber im Laufe des Gesprächs kamen mir die ersten Zweifel, dass es doch etwas komplizierter werden könnte.

„Mein Hund, ein Labrador-Mischlings-Rüde namens Spike, ganze 4 Jahre jung und ein absoluter Schatz.
Es gibt wirklich nur ein einziges Problem, das niemand in den Griff bekommt. Mehrere Trainer und auch Psychologen haben wir schon aufgesucht, keiner wusste, was das Problem ist. Und das Wichtigste, wie können wir es lösen?
Folgendes:
Wenn meine Frau Besuch bekommt, speziell bei zwei Freundinnen, springt Spike immer an ihnen hoch und möchte sie rammeln. Aber mit einer Vehemenz, dass es ihnen richtig weh tut. Wir müssen ihn mit aller Kraft wegziehen und in den Keller bringen.
Er gibt hier oben keine Ruhe. Er bellt und zerkratzt die Tür.
Eine neue Tür mussten wir schon einbauen, da er ein Loch hineingebissen hat. Aber nur bei den beiden macht er das.
Einmal hat er es vor einem Jahr bei meiner Frau im Urlaub getan. Aber nur einmal.
Die Freundinnen meiner Frau kommen schon gar nicht mehr hierher. Sie treffen sich immer bei ihnen zuhause. Und sie haben auch Hunde, diese machen das nicht bei ihnen.
An den fremden Hundegerüchen kann es auch nicht liegen, Spike kennt die Hunde und wir Männer treffen uns regelmäßig auf der Wiese.“

Ich machte einen Termin in ein paar Tagen, um mir das mal anzuschauen. Eines müsste die Familie organisieren:
Wenigsten eine der beiden Freundinnen müsste dazukommen, damit ich das auch sehen könne. Sie solle 20 Minuten später dazustoßen und sich etwas dicker anziehen, dass Spike ihr nicht wehtun konnte. Gesagt, getan.

Ich fuhr also zu Familie Klaus.
Als ich im Hof parkte, stand Frau Klaus schon am Fenster und winkte mir zu.
Sie scheinen ja echt verzweifelt zu sein, dachte ich mir.
Herr Klaus machte die Tür auf und bat mich einzutreten. Spike lag im Eingangsbereich und interessierte sich nicht wirklich für mich. Wir gingen ins Wohnzimmer und unterhielten uns nochmals über das Verhalten. Ich fragte, ob ihnen noch etwas eingefallen sei und ob das von klein auf so war.

Herr Klaus erzählte:
„Wir haben Spike aus dem Tierheim geholt. Als unser vorheriger Hund gestorben war, musste wieder ein Hund ins Haus und wir wollten einem Hund helfen und keinen vom Züchter haben. Er war 20 Monate alt, als er hier eingezogen ist. In den ersten Wochen war alles super, wie jetzt gerade."

Frau Klaus erzählte nun weiter:
„Als meine Freundin Luisa das erste Mal zu Besuch kam, ist Spike sofort angeschossen und besprang sie, als ob es kein Morgen mehr gäbe. Ich konnte ihn nicht von ihr abbringen und schrie um Hilfe. Unser Nachbar kam rüber und half uns, Spike von Luisa wegzuziehen. Es war schrecklich und völlig unerwartet.
Ich konnte es mir nicht erklären. Luisa hatte am ganzen Körper Kratzspuren davongetragen. Der Besuch war damit schon beendet.

Ein paar Tage später wollte Luisa wiederkommen. Ich nahm Spike an die Leine und habe ihn am Fuß unseres Schranks angebunden. Als Luisa reinkam, drehte Spike völlig durch und riss den Fuß vom Schrank ab und stürzte sich wieder auf Luisa. Wir schrien beide und konnten Spike mit aller Kraft wegziehen. Seitdem kommt Luisa nicht mehr. Wenige Tage danach besuchte uns Melanie, eine andere Freundin von mir. Auch da der gleiche Wahnsinn. Seitdem kommen beide nicht mehr. Aber sie haben sich bereit erklärt, heute mitzuhelfen, dass Sie es mal sehen können."

Herr Klaus übernahm wieder:
„Wir haben uns bei 4 Hundespezialisten Hilfe gesucht, keiner fand heraus, was mit Spike nicht stimmte. Eine Psychologin speziell für Hunde haben wir kontaktiert, auch kein Erfolg. Eine Hundeverhaltenstherapeutin wusste auch nicht weiter. Und jetzt haben wir gehört, dass Sie helfen könnten."

Das war ja gleich enorm Druck für mich.
In diesem Moment klingelte es. Die erste Helferin war da. Ich sagte, dass ich erst mal kurz rausgehen wollte, um mit der Frau zu sprechen. Also Spike angebunden und ich ging vor die Tür. Es stand eine Frau in kompletter Motorrad-Ausrüstung vor mir. Sie stellte sich als Luisa vor. Ich fragte, ob Sie wenigstens den Helm ablegen könnte, da dies vielleicht das Ergebnis verfälscht. Das war kein Problem. Da kam auch schon Melanie in den Hof, auch in Motorrad-Klamotten. Sie hatten sich abgesprochen, dass es wahrscheinlich der beste Schutz vor Spike sei. Sie hätten auch keine Angst vor ihm, es tue einfach nur weh und sei nicht gerade angenehm. Also erklärte ich, dass ich wieder ins Haus gehen und Herr Klaus dann gleich die Tür öffnen werde. Ich möchte erst mal eine von beiden im Haus sehen. Dann, kurze Zeit später, würden wir die zweite hereinholen. Also los ging´s.

Ich stellte mich im Flur so hin, dass mir nichts entgehen konnte. Luisa klingelte und Herr Klaus öffnete die Tür.
Gleich nach dem Eintreten gingen bei Spike die Lampen an. Er rannte auf Luisa zu und besprang sie wie wild. Durch ihre Schutzkleidung konnte sie ruhig stehen bleiben und ich versuchte erstmal Spike zu rufen, dann zu korrigieren, dann schließlich musste ich ihn mit aller Kraft wegziehen. Er beruhigte sich nicht mehr. Ich schickte Luisa nach draußen und Spike wurde langsam ruhiger.

Mann oh Mann. So heftig hatte ich es mir nicht vorgestellt.
Nach kurzer Zeit konnte sich Spike wieder richtig runterfahren und ich holte Melanie rein. Auch hier das gleiche Spiel.
Nichts half, wir mussten ihn wegziehen und Melanie rausschicken.
Was sollte ich da tun?

Ich fragte, ob vielleicht noch eine Frau greifbar sei, denn es schien ja nur bei Frauen aufzutreten. Sie riefen eine weitere Freundin an. Als sie kam, lag Spike neben dem Sofa und interessierte sich für nichts. Nun wollte ich sehen, ob es draußen auch so war. Ab vor die Tür zu Luisa und Melanie. Spike war sofort auf Betriebstemperatur. Ich konnte ihn nur mit Mühe halten.
Wir beendeten erstmal die Aktion, verabschiedeten uns von den Helferinnen und gingen wieder rein.

Ich musste zugeben, dass ich mir keinen Reim darauf machen konnte. Beide Frauen hatten Spike nichts getan und er machte es seit der ersten Begegnung.
Ich verabschiedete mich etwas ratlos, aber gab noch nicht auf. Ich wollte in das Tierheim fahren, um vielleicht etwas über Spike zu erfahren. Danach würde ich mich wieder melden.
Ich rief im Tierheim an und machte einen Termin vor Ort.

Wenn ich die Infos über Spike bekommen könnte, was seine Vorgeschichte angeht, könnte das eventuell helfen, ihn zu verstehen und das Problem herauszufinden.
Leider war das Einzige, was sie mir im Tierheim sagen konnten, dass Spike bei einer sehr spirituellen Familie war und abgegeben wurde, weil sein Verhalten immer aggressiver wurde. Fremden und der eigenen Familie gegenüber.
Das half mir noch nicht weiter. Aber im Impfpass von Spike war eine Adresse des Vorbesitzers. Ich rief nochmal Familie Klaus an und fragte, ob sie mir diese durchgeben könnten.
Dann besorgte ich mir im Internet die Telefonnummer und rief an.

Die Frau am Telefon war sehr nett und lud mich zu sich ein, um alle meine Fragen zu beantworten. Also fuhr ich dahin. Als ich das Haus betrat, roch es sehr stark nach irgendwas, das ich zwar kannte, aber nicht zuordnen konnte.
Wir setzten uns und ich fragte nach der Geschichte von Spike und sagte, dass ich ihm gerne helfen wollte.
Sie erzählte, dass sie ihn als Welpe aus dem Nachbarort geholt hätten und mit ganz viel Liebe erzogen hätten. Aber schon nach ein paar Monaten begann er, Kissen zu rammeln und man konnte ihn immer schwerer bremsen.
Das ging letztendlich so weit, dass er jeden rammelte, egal ob Fremde oder die eigene Familie.
Ich bemerkte, dass ich so langsam Kopfschmerzen bekam.
Lag das an diesem Geruch?
Ich fragte, was denn hier so rieche. Sie erwiderte, dass ihr Mann im Keller ein sehr hochwertiges Parfüm herstelle. Das würden sie dann übers Internet verkaufen.
Hatte das eventuell damit zu tun?
Ich fragte, ob ich eine Flasche haben könnte, bezahlte diese auch und ging nach Hause.

Auf der Heimfahrt wurde mein Kopfweh schnell besser.
Ich schaute mir zuhause die Zusammensetzung des Parfüms an und recherchierte im Internet. Da waren unter anderem Anisöl, Vanilleextrakt, Zucker und Alkohol drin.
Ich hatte eine Idee.
Ich rief Familie Klaus an und machte einen Termin. Dazu sollten sie bitte von den beiden Freundinnen das Parfüm, Duschgel, Shampoo und was sie sonst noch an sich schmierten, besorgen.
Und nun die größte Bitte:
Frau Klaus sollte ihre Freundinnen überreden, sich eine Woche lang nur mit Seife und Shampoo zu waschen, die ich ihr empfahl. Dann sollten beide auch wieder zu dem Termin anwesend sein.

Als ich kam, sagte Frau Klaus, dass sie alles besorgt hätten. Nur mussten sie den Karton mit den ganzen Materialien in die Garage stellen, weil Spike im Haus zu wild wurde.
Das dachte ich mir bereits.
Wir gingen in die Garage und schauten uns das ganze Material mal an. Ich hatte auch vom Vorbesitzer das Parfüm dabei. In den meisten Produkten waren Inhaltsstoffe enthalten, die auch im Parfüm des Vorbesitzers zu finden waren.
Zwischenzeitlich kamen auch die Freundinnen dazu, dieses Mal ohne Motorradkleidung.
Beide sagten mir, dass sie schon viel über Hundetrainer und ihre Methoden gehört und gelesen haben, aber noch nie mussten dabei Menschen eine Woche lang ihre Körperpflege ändern.
Daraufhin erklärte ich ihnen meinen Verdacht.
Spike wurde in seinem vorherigen Zuhause so mit diesen Gerüchen konfrontiert, dass er wahnsinnig wurde, ich selbst hatte da Kopfweh bekommen.
Und das wollte ich heute überprüfen.

Wir gingen alle ins Haus und Spike sprang nur mich kurz an. Ich dachte mir, weil ich die Materialien in der Garage in der Hand hatte. Aber es war noch recht harmlos.
Die beiden Frauen ließ er links liegen.
Dann holte ich das Duschgel rein, weil es das einzige Produkt war, das beide Frauen hatten.
Sofort drehte Spike auf.
Wir hatten endlich sein Problem gefunden.
Ein langer Weg lag nun hinter mir.
So viel Recherche, um zu helfen.
Ich erklärte nun allen Beteiligten, dass wir versuchen könnten, ihn zu desensibilisieren, aber ob sie so ein Training machen möchten, läge bei ihnen. Am einfachsten wäre es, Pflegeprodukte mit diesen Inhaltsstoffen zu meiden.
Da fiel Frau Klaus ein, als Spike sie im Urlaub angesprungen ist, hatte sie sich ein Parfüm vom Hotel aufgelegt.
Das war`s.
Sie wollten nun mal schauen, was Sie verwendeten, um Spike nicht zu reizen, damit sie sich wieder treffen konnten, wo sie wollten.

Es freut mich, wenn ich auf Menschen treffe, die alles dafür tun, um Tieren zu helfen.
Dazu gehört, wie in diesem Fall, auf andere Pflegeprodukte zurückzugreifen.

Bei diesem Termin hatte selbst ich mal wieder viel gelernt.

32. Falsch eingeschätzt

Hund: Elsa
Halter: Sawenko

Ein Anruf von einer früheren, sehr guten Kundin hörte sich nicht gut an.
Sie und ihre zwei Schwestern trafen sich mehrmals in der Woche zum gemütlichen Zusammensein. Nun habe die eine Schwester einen neuen Hund aus dem Tierschutz und dieser schien Kinder nicht zu mögen, denn er gehe ihre eigenen Kinder an. Und auch die Kinder der zweiten Schwester.
Das würden sie gerne in den Griff bekommen, damit sie sich weiterhin treffen könnten und die Hunde nicht alleine zuhause bleiben müssten.
Ok, ich helfe.
Ich sagte ihr, dass wir einen Termin vor Ort machen müssten, die Schwestern und Kinder sollten auch dabei sein und die Hunde aber bitte an der Leine halten, damit nichts passieren kann.
Daraufhin meinte sie:
„Und wenn du schon kommst, könntest du dem Hund meiner Schwester noch beibringen, dass er unsere Hunde in Ruhe lässt. Du schaffst das schon."

Aha, ich dachte, er hätte nur ein Problem mit Kindern.
Auch gut. *„Ich komme zum vereinbarten Termin und schaue, was ich machen kann."* Ich hatte sehr viel zu tun und wir konnten erst einen Termin in 3 Wochen finden, an dem alle Schwestern und ich Zeit hatten.
Als es soweit war, fuhr ich mit Claudia (einer meiner Trainerinnen) zur ausgemachten Adresse.

Meiner Trainerin erzählte ich während der Fahrt, was hier das Problem und der Wunsch waren.
Ich hatte auch 4 meiner eigenen Hunde dabei, die Kunden wussten davon allerdings noch nichts.
Bei der Adresse angekommen staunten wir nicht schlecht. Ein riesengroßes altes Anwesen mit einem riesengroßen Garten. Ich schätzte das zweistöckige Haus auf gut 600 qm und den „Garten“ auf 10 000 qm Fläche.
Das ist mal eine Ansage. Dann mal rein.

Wir klingelten und Nicole (meine langjährige Kundin und eine der Schwestern) machte freudig die Tür auf.
Wir gingen rein und wurden sehr herzlich empfangen. Der Hund, um den es ging, lag neben dem Tisch im Esszimmer und sofort bemerkten Claudia und ich, dass er Angst hatte. Wir bekamen einen Platz zugewiesen und auf dem Tisch standen Kaffee und Kuchen.
Das war mal ein Empfang.
Claudia übernahm zunächst und wollte wissen, wo das Problem genau lag und was es zu dem Hund zwecks Vorgeschichte zu sagen gab.

Frau Sawenko, das Frauchen vom Hund, fing mal als Erste an:
„Ich wollte unbedingt einmal eine Hündin, weil ich sonst immer nur Rüden hatte. Auf der Internetseite einer Hilfsorganisation fand ich Elsa und war gleich von ihrem Aussehen begeistert. Ich nahm Kontakt auf und erfuhr, dass Elsa aus Rumänien kommt, aber schon seit ein paar Wochen in Deutschland bei einer Pflegefamilie ist. Da fuhr ich dann mal hin, um mir Elsa anzuschauen. Als ich sie das erste Mal Live gesehen habe, lag sie im Garten und freute sich, als ich zu ihr kam.“

Claudia wollte wissen, wie sich die Freude äußerte.
„Na sie kräuselte die Nase und zeigte ihre vorderen Zähne.“

Claudia fragte: *„So wie jetzt, als wir gekommen sind?“*
„Ja, genau so.“

Claudia gab mir unter dem Tisch zu verstehen, dass ich ab jetzt bitte übernehmen sollte.
Dazu muss man wissen, dass Claudia eine super Trainerin war, aber wenn Menschen ihre Hunde falsch einschätzten, konnte sie etwas aufbrausend werden. Daher war es gut, dass ich weitermachte. Ich bat darum, weiter zu erzählen. Dabei konnte ich wenigstens noch ein Stück Kuchen essen.

Frau Sawenko berichtete weiter:
„Ich ging dann zu ihr hin und streichelte sie. Mit der Pflegemutter hatte ich im Vorfeld schon alles abgeklärt, dass ich Elsa mitnehmen könnte, wenn ich mich dazu entschied. Und wer könnte sich nicht für sie entscheiden?
Elsa ist geschätzte 5 Jahre alt und superlieb.
Wir fuhren nach Hause und ich stellte sie gleich meinen Kindern vor. Auch da kräuselte sie ihre Nase vor Freude.“

Bei dieser Aussage griff mir Claudia so fest in den Oberschenkel, dass ich kurz aufschreien wollte. Besser so, als wenn sie gleich die Kunden erwürgt.
Ich musste die Erzählungen erst mal unterbrechen und erklären, dass sie Elsa komplett falsch verstand. Sie kräuselte die Nase, um zu zeigen, dass sie in Ruhe gelassen werden möchte. Und wenn sie nicht darauf hörten, werde das einmal böse enden.
Auch dass die Kinder gleich auf sie zugingen, war scheiße. So etwas macht man nicht.
Ich wollte ihr nun mal den Unterschied zeigen, falls Elsa mitspielt. Erst warf ich ihr ein paar Leckerchen hin, um mich, in ihren Augen, als guten Menschen zu präsentieren. Dann ging ich in die Hocke und rückwärts zu Elsa. Sie blieb freundlich und schnupperte an meiner Hand.

Ich fragte, ob jeder das Gesicht und die Nase von Elsa gesehen habe.
Jeder sagte ja.
Dann ging ich hoch und frontal auf Elsa zu. Sie kräuselte die Nase und zeigte mir ihre Vorderzähne.
Ich setzte mich wieder und erklärte nun diese Körpersprache von Elsa.

Alle drei Frauen waren entsetzt und verärgert über sich selbst. Dass sie Elsa und ihre Körpersprache so falsch interpretiert hatten, tat gerade Frau Sawenko sehr weh. Ich erklärte, dass wir Elsa bestimmt helfen könnten, aber da werde Arbeit auf sie zukommen und Geduld verlangt werden.
Wir saßen die ganze Zeit im Esszimmer und nun wollte ich aufzeigen, wie es mit den Kindern war. Diese waren die ganze Zeit im Kinderzimmer. Ich bat darum, dass sie nun die Kinder holen sollten, aber ich wollte, dass niemand zu Elsa hingeht.

Die Kinder kamen rein und sofort warnte Elsa mit ihrer Mimik.
Ich fragte jeden, ob er das gesehen habe und erklärte es auch den Kindern. Dann machten wir ein paar kleine positive Spielchen, die auch die Kinder umsetzen konnten, aber immer nur, wenn die Erwachsenen dabei sind.
Als das funktionierte, gingen die Kinder wieder in ihr Zimmer.
Nun hatte ich ja noch eine „Überraschung“, von der niemand wusste.
Ich sagte, dass Claudia und ich jetzt mal kurz an die frische Luft müssten und in ein paar Minuten kämen wir wieder rein. Kaum draußen, konnte sich Claudia nicht mehr bremsen. Ich erklärte ihr, dass wir immer versuchen, dem Hund zu helfen. Wenn wir gleich den Holzhammer rausholten, machten die Kunden dicht und wir würden rausgeschmissen.
Damit wäre keinem geholfen.

Und ich bekäme keinen Kuchen mehr, was die größte Katastrophe wäre.
Gut, sie beruhigte sich schnell wieder und wir holten unsere Hunde aus dem Auto. Gleich alle 4 Rottweiler.
Wir gingen wieder rein und die drei Frauen fielen vor Schreck fast in Ohnmacht.
Elsa hatte keine Angst, sie war sehr interessiert.
Unsere Hunde sind vom Wesen her sehr ruhig. Wir legten sie mitten in den großen Raum und ich wollte, dass Elsa die Leine abgemacht wird.
Frau Sawenko fiel fast die Farbe aus dem Gesicht.
Ich versprach, dass nichts passieren werde.

Sie machte die Leine los und Elsa ging zu meinen Hunden und legte sich einfach dazu, als sei es das Normalste der Welt.
Die Frauen verstanden das nicht.
Wieder erklärte ich ihnen, was da gerade passiert war.
Meine Hunde seien ganz ruhig und entspannt. Damit könne Elsa arbeiten. Genau so, als ich vorhin rückwärts zu ihr ging. Jede Konfrontation gefalle ihr nicht und damit komme sie nicht zurecht. Elsa brauchte Zeit. Ohne Zeit werde das nichts.

Wir stellten einen Trainingsplan für 3 Wochen auf. Da sollte sich jeder daranhalten. Die Kinder und auch die Schwestern.
Nach 3 Wochen wollten wir wiederkommen und schauen, was bis da passiert war und wie es weitergehen werde.
Wir nahmen unsere Hunde und ein Stück Kuchen und verließen mit einem guten Gefühl erstmal die Familie.

3 Wochen später musste ich allein zu Frau Sawenko, weil Claudia einen dringenden Termin hatte. Ich hatte meine Hunde dieses Mal nicht mit dabei, aber die Schwestern von Frau Sawenko die ihren.

Erst besprachen wir, was in dieser Zeit passiert war.
Kurz gesagt, alles war super. Jeder hatte sich an den Plan gehalten und Elsa größtmöglich in Ruhe gelassen.
Nun wollte ich mal den ersten Hund von Nicole sehen. Sie holte ihn rein und ich sah schon, dass dies nichts werden würde. Ein kleiner Macho vom Allerfeinsten.
Also den kleinen Mann wieder raus und den nächsten rein. Eine Hündin von Elsas Größe. Etwas ruhiger als der Kleine gerade und für Elsa war es ok.
Gut, wir gingen in den Garten und ließen die beiden von der Leine. Alles war gut. Sie beschnupperten sich und liefen im Garten umher.
Dann den kleinen Macho dazu, aber an der Leine.
Ich nahm ihn erstmal und lief gemütlich im Garten spazieren, wenn er sich aufbaute, korrigierte ich ihn. Es dauerte lange, bis er endlich akzeptierte, dass ein neuer Sheriff in der Stadt war. Dann machte ich ihn von der Leine und es lief alles super. Auch Elsa war total entspannt.
Wir schauten uns das eine Weile an und gingen dann wieder zum Gespräch ins Haus. Der Trainingsplan wurde abgeändert.
Immer noch werde Elsa nicht bedrängt, das würde auch so bleiben müssen. Aber die Hündin von der einen Schwester sollte so oft kommen, wie es ging und der kleine Macho müsse auch trainiert werden. Sonst würde das nichts.

Also kam Nicole mit ihrem Macho ins Training und die Schwestern ohne Hund dazu, um die Körpersprache zu lernen. Das machten wir jede Woche und ich bekam bei jedem Treffen Elsas Zwischenstand mitgeteilt.

Nach einigen Wochen war unser Schluss-Termin.
Ich ging wieder zu Frau Sawenko nach Hause. Claudia war dieses Mal auch wieder mit dabei. Wir kamen in die Wohnung und staunten nicht schlecht.
Alle Hunde lagen auf dem Boden in unmittelbarer Nähe zueinander und auch die Kinder spielten ruhig in der Nähe.

Da hat sich das Training mal wieder bezahlt gemacht.
Wir bekamen wieder Kaffee und Kuchen und nicht nur die Familie war glücklich, sondern auch wir.

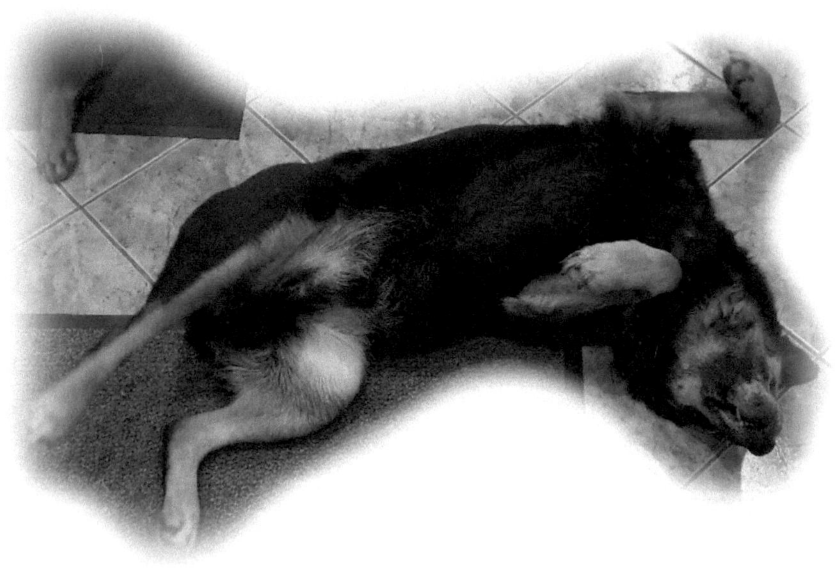

33. Unverstanden

Hund: Gismo
Halter: Burg

Eine Freundin empfahl mich einmal einer Bekannten von ihr, die mit ihrem Hund bei Hundebegegnungen nicht zurechtkam.
Frau Burg rief mich also an, um zu fragen, welchen Kurs sie denn am besten besuchen könnte.
Ich fragte, wo genau ihr Problem läge.
Sie sagte, dass ihr Gismo bei Hundebegegnungen so einen Affentanz vollführe, dass er kaum noch zu halten sei. Ich erklärte ihr, dass es bei diesem Problem keinen Sinn mache, in einen Kurs zu kommen, denn da waren ja noch andere Menschen mit Hund, die auch alle etwas lernen wollten. Für dieses Problem könnten wir sehr gerne Einzelstunden anbieten, um genau an ihrem Thema zu arbeiten.

Frau Burg sagte daraufhin:
„Das könnte Ihnen so passen. Ich habe Ihre Internetseite durchgelesen und mir alles angeschaut. Sie wollen mir doch nur teurere Stunden anbieten, damit Sie mehr verdienen.“

Ich erklärte ihr, dass dies nicht der Fall war. Nur war bei ihrem Problem ein vernünftiges Arbeiten und Trainieren in einem Kurs nicht möglich. Da würde ihr Hund nicht so lernen, dass es auch Sinn machte. Daher mein Vorschlag zum Einzeltraining.
Das sah sie nicht ein, so viel Geld gebe sie nicht aus.
Auch gut. Ich sagte, dass ich dieses Gespräch nun beenden würde und wünschte ihr viel Glück.
Dann legte ich auf und verstand die Menschen wieder etwas weniger. So teuer sind wir nämlich gar nicht.

Es vergingen 2 Wochen, als ich zufällig bei einem befreundeten Kollegen war und er mir erzählte, dass eine unbelehrbare Kundin bei ihm war und nicht verstand, was er versuchte, ihr zu zeigen. Wie so oft, war das Problem, dass ihr Hund an der Leine auf andere reagierte.
Er erzählte ihr alles. Er zeigte ihr alles. Er erklärte ihr alles.
Und sie?
Machte einfach was anderes. Akzeptierte seine Erklärungen nicht. Wusste alles besser.
Sie brachte ihn an den Rand der Verzweiflung, sodass er ihr die Frage stellte, was sie denn überhaupt bei ihm möchte?
Sie wollte das Problem mit Null Einsatz und Veränderung ihrerseits gelöst bekommen. Das ging einfach nicht und er bat sie, sich bitte bei jemand anderem Hilfe zu holen.
Ich sagte noch scherzhaft, dass ich vor 2 Wochen auch so jemanden am Telefon hatte.
Aber was solls, wir können die Menschen nicht ändern.
Ich verabschiedete mich, um meine weiteren Termine wahrzunehmen.

Nach weiteren Wochen bekam ich einen Anruf, der sich bekannt anhörte. Eine Frau Burg meldete sich sehr kleinlaut und bat um einen Einzeltermin.
Ich fragte, ob wir nicht schon mal miteinander telefoniert hätten. Kleinlaut sagte sie *„Ja."*
Ich fragte, ob sie nun genug gespart habe. Sie meinte, gerade das Gegenteil. In den letzten Wochen war sie bei verschiedenen Trainern und Hundeschulen in den verschiedensten Kursen. Aber nichts habe geholfen.
Ich sagte, dass es wahrscheinlich daran gelegen habe, dass sie kein Einzeltraining machen wollte.
Das gab sie schweren Herzens zu. Aber nun sei sie bereit.

Ok, wir machten einen Termin in 4 Wochen. Sie wollte früher, aber ich sagte, dass ich nichts mehr frei habe. Hätte sie beim ersten Telefonat auf mich gehört, wäre nun schon alles erledigt. Dann fragte sie, ob ich nicht jemand anderen, der schon einen Termin hat, verschieben könnte, damit sie schneller drankäme. Das war frech.
Ich sagte ihr, dass ich das nicht tun werde und dass wir allein schon wegen der Frage besser nicht zusammenarbeiten sollten.
„Das wird nichts werden mit uns, daher suchen Sie sich bitte woanders Hilfe.“
Sie flehte mich an, doch bitte zu helfen und sie wartet auch 4 Wochen. Also gut, ich dachte mir, dass es der Hund bestimmt nicht leicht hatte und allein ihm zuliebe ließ ich mich überreden.

Am Tage unseres Termins fuhr ich zu Frau Burg. Sie begrüßte mich und führte mich ins Haus.
Ich wollte erstmal alles besprechen, was nun wichtig für mich war, um zu helfen.
Sie erklärte mir, dass Gismo (ein Mischling mit ca. 12 Kilo) aus dem Tierschutz kam und seit einem Jahr bei ihr lebte. Sie mache alles für ihn, aber er höre einfach nicht.
Das wollte ich natürlich auch mal sehen und wir gingen aus dem Haus.

Ich hatte mehrere Hunde organisiert, die alle auf der Straße auf uns warteten. Sofort legte Gismo los.
Frau Burg zog an der Leine, streichelte Gismo, hob ihn hoch, redete und schrie abwechselnd, warf Leckerli auf den Boden, was Gismo alles überhaupt nicht interessierte.
Ich unterbrach kurz und wir gingen in den Hof, um erst mal aus dem Reiz zu gehen.

Dann erklärte ich Frau Burg, dass alles, was sie gemacht hatte, keinen Sinn mache, wenn sie es nicht schaffte, Gismo vom Kopf her aufmerksam zu bekommen.
Gerne würde ich es ihr mal zeigen.
Ich durfte es tun.

Ich nahm Gismo an der Leine und ging wieder auf die Straße. Er wollte sofort loslegen, aber ich korrigierte ihn direkt. Er schaute mich an und wusste gerade nicht, was passiert war.
Jetzt belohnte ich ihn und konnte an den anderen Hunden vorbeilaufen, ohne das Gismo stänkerte.
Wieder zurück in den Hof und Frau Burg alles erklärt.
Sie verstand es und wollte auch.

Gismo und sie gingen zur Straße und der Kleine legte sofort wieder los.
Was macht Frauchen?
Sie zog an der Leine, streichelte Gismo, hob ihn hoch, redete und schrie abwechselnd, warf Leckerli auf den Boden, was Gismo überhaupt nicht interessierte.
Ich rief ihr zu, bitte wieder in den Hof zu kommen.
„Was sollte das bitte?“ wollte ich wissen.
Sie meinte, dass meine Methoden ja gar nicht funktionieren. Ich sagte, dass sie ja meine Methoden gar nicht umgesetzt, sondern nur den ganzen Mist von vorhin wiederholt habe. Das würde ja gar nicht stimmen, sagte sie. Ich solle es doch nochmal vormachen.

Ich nahm Gismo und lief aus dem Hof und an allen Hunden vorbei. Er wollte gar nicht mehr hinziehen und zeigte sogar Meide-Verhalten, indem er einen großen Bogen lief.

Wieder im Hof erklärte ich Frau Burg, dass Gismo bei mir nun nichts gezeigt hatte und ich ihr daher auch nicht mehr zeigen konnte, was ich in dieser Situation machen würde.
Dann wollte sie nochmal.
Sie ging mit Gismo Richtung Hunde und wie sollte es anders sein, legte Gismo los.
Ihr könnt euch bestimmt denken, was Frau Burg machte?
Richtig:
Sie zog an der Leine, streichelte Gismo, hob ihn hoch, redete und schrie abwechselnd, warf Leckerli auf den Boden, was Gismo überhaupt nicht interessierte.
Meine Helfer fingen schon an zu lachen und sich darüber lustig zu machen. Ich sagte, dass sie das bitte nicht tun sollten, sonst könnten wir nicht weiterhelfen.
Auf meine Frage an Frau Burg, warum sie nie das mache, was ich ihr sagte und zeigte, meinte sie nur:
„Sie sehen doch, dass Ihre Methoden nicht funktionieren."

Ich glaubte nicht, was ich da hörte und wurde etwas lauter. Sie setzte doch meine Methoden gar nicht um.
Wir drehen uns hier im Kreis.
Nochmals erklärte ich ihr, dass ihre Methoden keinen Sinn machten. Alles erklärte ich ihr zum x-ten Mal.

Dann ging sie wieder auf die Straße und als Gismo Theater machte, ihr wisst ja was kommt:
Sie zog an der Leine, streichelte Gismo, hob ihn hoch, redete und schrie abwechselnd, warf Leckerli auf den Boden, was Gismo überhaupt nicht interessierte.
Ich wollte nicht mehr.
Ich schickte meine Helfer nach Hause und versuchte nochmals zu Frau Burg durchzudringen.

Sie blieb dabei. In ihren Augen funktionierten meine Methoden nicht und sie wolle es nun auf ihre Art probieren.
Aber ihre Art funktionierte doch nicht.
Egal was ich ihr erklärte, es war anscheinend falsch.
Ich beendete diesen Termin ziemlich frustriert und auch enttäuscht.
Ich bat Frau Burg, mich bitte nicht mehr anzurufen, außer sie käme zur Vernunft.

Bloß weg hier und zu Hunden und Menschen, die wirklich meine Hilfe wollen.
Von Frau Burg habe ich nichts mehr gehört.

34. Busfahren

Hund: Berta
Halter: Heinz

Eines Tages rief mich Frau Heinz an. Sie war eine ältere Frau und wohnte in dem gleichen Ort wie ich. Sie fragte mich, ob ich ihr helfen könnte, dass ihr Hund Bus fährt.
Ah, das war eine etwas ungewöhnliche Frage.
Aber sicherlich konnte ich ihr helfen.

Wie immer machten wir einen Termin und einige Tage später ging ich zu ihr, um mir mal alles anzuschauen und zu besprechen. Ich fuhr extra mit meinem Bus zu ihr, obwohl es nur ein paar hundert Meter Entfernung waren, dass wir vielleicht gleich daran arbeiten könnten.
Frau Heinz empfing mich schon an der Haustüre und neben ihr der kleine Hund. Wir gingen in die Wohnung und setzten uns. Dann fragte ich erst mal wieder, was es zum Hund für eine Geschichte gibt und wie ich helfen kann.

Frau Heinz erzählte:
„Herr Paul, ich habe schon mein ganzes Leben Hunde. Fast immer große Tiere, aber nun bin ich 72 Jahre alt und wollte meinem Alter entsprechend etwas kleineres. Ich habe mich im Internet bei verschiedenen Tierheimen umgeschaut und bin auf diesen kleinem Welsh Corgi gestoßen. Berta ist 8 Jahre alt und sehr lieb. Aber ich habe kein Auto und möchte trotz meines Alters noch unterwegs sein. Wissen Sie, ich bin ja noch nicht tot. Als ich Berta gesehen habe, dachte ich mir, dass es genau der Hund ist für mich. Ich habe im Tierheim angerufen und mich am Telefon schon mal beschrieben. Denn ich weiß, dass ältere Menschen nicht mehr überall Hunde bekommen.

Aber die waren sehr nett und ich könnte vorbeikommen, um mir Berta anzuschauen und sie kennenzulernen. Dann bin ich mit dem Zug ins Tierheim gefahren. Ich bin ja noch rüstig und gehöre nicht zum alten Eisen. Sie zeigten mir Berta und es war um mich geschehen. Berta wurde ausgesetzt gefunden, also ist ihre Vorgeschichte unbekannt. Als sie ins Tierheim gebracht wurde, hatte sie ganz wunde Pfoten, sie schien schon länger unterwegs gewesen zu sein. Aber nun war alles verheilt und sie wäre bereit, aus dem Tierheim auszuziehen.
Ich ging mit ihr und einer Tierpflegerin spazieren. Die wollten sehen, dass ich auch mit ihr zurechtkomme. Wenn die wüssten, dass ich früher Dobermänner gehabt habe, hätten sie sich gewundert. Aber ich kann das verstehen.
Petra, die Tierpflegerin, war sehr nett und wir unterhielten uns den ganzen Spaziergang hinweg. Alles war soweit in Ordnung. Als wir wieder zurück waren, bekam ich das OK, dass ich Berta mitnehmen könnte. Ich bekam noch ein Sicherheitsgeschirr und eine Leine und dann ging es zum Bahnhof.

Der ganze Weg mit Berta war in Ordnung, aber am Bahnhof bemerkte ich schon, wie sich ihr Verhalten veränderte. Wir gingen zum Zug, aber Berta wollte nicht einsteigen. Ich dachte mir, dass ich sie einfach hochnehme, aber sie bellte und strampelte so wild, dass ich den Zug nicht betreten konnte.
Tja, der Zug fuhr ohne uns davon. Da standen wir nun, 300 Kilometer von zu Hause entfernt.
Ich wusste mir nicht anders zu helfen und rief im Tierheim an. Sie kamen und holten uns erstmal ab. Im Tierheim besprachen wir nun die Möglichkeiten. Ich musste doch nach Hause.
Da ich heute keinen Zug mehr bekommen würde nahm mich Petra mit zu sich nach Hause. Ich durfte mit Berta bei ihr übernachten und dann würden wir schon eine Lösung finden.
Am nächsten Tag fuhren wir mit dem Auto wieder ins Tierheim.

Das war für Berta kein Problem. Nur der Zug.
Die Tierheim-Leiterin hat am Abend noch viel telefoniert und viele Tierfreunde gefunden, die helfen wollten. Es kam dann jemand der uns ca. 100 Kilometer mitnahm und dann der nächste und so weiter. Es wurde eine Fahrerkette organisiert, damit ich mit Berta heimkomme. Das war sehr schön.
Das alles ist nun 6 Wochen her und hier ist alles gut. Nur wenn ich Zug oder auch Bus fahren möchte, weigert sich Berta."

Ok, ich hatte erstmal genug gehört, aber da ich merkte, dass Frau Heinz reden wollte, habe ich sie auch gelassen.
Ich sagte, dass ich meinen Bus, einen großen Transporter, dabei hätte, und würde gerne mal sehen, wie sich Berta anstelle.

Wir gingen dann nach draußen und ich öffnete den Bus. Ich sah sofort, dass Berta wusste, was auf sie zukäme. Ich hatte seitlich eine breite Schiebetür und eine Hunderampe dabei.
Wir probierten erstmal alles Positive. Leckerlies als Spur zur Rampe. Bis dahin super, aber weiter ging Berta nicht. Frau Heinz holte ihr Lieblingsspielzeug mit der gleichen Wirkung.
Ich wollte dann mal sehen, wie groß ihre Angst war, nahm sie auf meinen Arm und wollte sie einfach reinsetzten. Doch ich merkte, dass dies keine gute Idee war und brach sofort ab.
Wir gingen in den Hof und Berta war sofort wieder gut drauf. Ich ging mit ihr zum Bus und sie wurde wieder ängstlich.
Ok, Abbruch.
Ich nahm die Hunderampe mit und wir gingen in die Wohnung und besprachen das weitere Vorgehen. Die Rampe legte ich flach auf den Boden und lockte Berta, damit sie darüber ging. Das funktionierte. Ich sagte Frau Heinz, dass ich meine Hunderampe dalassen würde und sie immer wieder mit Berta trainieren sollte, darüber zu laufen.

Jeden Tag sollte sie die Rampe auf einer Seite ein paar Zentimeter höher legen, mit einem Buch oder ähnlichem, bis sie so steil stand wie am Bus. Das wäre zum Beispiel an der Couch. Ich werde mir dann Gedanken machen, wie wir das weiter umsetzen können.

Damit verabschiedete ich mich und fuhr zu einer Firma hier im Ort, die sehr viele gebrauchte Linienbusse verkauften.
Ich sprach mit dem Besitzer, dass ich gerne mit Frau Heinz an einem ihrer alten Busse, die sie nur zum Ausschlachten hatten, üben möchte, dass ihr kleiner Hund einsteigen soll. Erst wollte er das nicht, aber ich konnte ihn überreden.

Nach 10 Tagen ging ich wieder zu Frau Heinz. Stolz zeigte sie mir, wie Berta über die Rampe auf die Couch ging. Das war doch schon mal was. Ich sagte ihr, dass wir nun 3 Straßen weiter zu der Firma gingen mit den Bussen. Ich nahm die Rampe mit und sie führte Berta.

Am Empfang meldete ich uns an und der Chef ging mit uns nach hinten zu den alten Bussen. Er wollte erstmal sehen, was wir da machten. Ich legte die Rampe direkt in die Nähe des Busses, aber erst flach auf den Boden. Frau Heinz führte Berta ohne Probleme darüber. Dann stellte ich die Rampe an den Bus.
Er war von der Luftfederung ganz unten, sodass auch die Rampe nicht steil war. Der Eingang war auch sehr breit, weil keine Türen dran waren. Alles in allem perfekte Übungsmöglichkeiten.
Es brauchte etwas Zeit, doch Berta ging tatsächlich in den Bus.
Wir probierten das vorne und an den hinteren Türen.
Alles super.
Das war dann der Trainingsplan für die nächsten Tage. Mit dem Chef besprachen wir, dass Frau Heinz täglich kommen durfte, um zu üben. Die Rampe ließen wir dort.

Nach weiteren 10 Tagen traf ich mich mit Frau Heinz bei der Bus-Firma. Erst wollte ich das nochmal sehen und dann gingen wir an einen Bus, der noch verkauft wurde und den man mit der Federung hochfahren konnte. Auch das funktionierte super. Dann wurde der Bus gestartet. Berta merkte man an, dass sie nervös wurde, aber sie stieg trotzdem ein.
Ich fragte den Chef, ob wir die nächsten Tage daran arbeiten dürfen. Er sagte, dass er schon alles mit Frau Heinz abgesprochen hätte und mithelfe, das Problem zu lösen.
Das war Gold wert.

Nach weiteren Tagen ging ich wieder zur Firma, um den Stand der Dinge zu sehen.
Ich war begeistert von dem, was ich da sah.
Frau Heinz und der Chef fuhren im Bus über das Gelände und ich hatte Tränen in den Augen.
Als sie ausstieg, fiel sie mir um den Hals und freute sich, dass es funktionierte. Ich freute mich mindestes genauso.
Aber ich sagte ihr auch, dass dies ein großer Schritt war, aber noch nicht der Zug sei, nur der Bus. Sie erwiderte, dass sie schon viel weiter seien und ich das noch gar nicht wisse.
Der Chef dieser Firma hatte mittlerweile seine Freude daran gefunden, ihr zu helfen, sodass er mit ihr zum Bahnhof ging und es ohne mich am Zug probierte.
Und es klappte. Berta konnte nun Zug und Bus fahren.
Ich war sprachlos.

Alles an diesem Termin war schön und ich war glücklich, dass sich hier Menschen gefunden hatten, die einander helfen.

35. Familientherapeut

Hund: Simba
Halter: Wein

Einst erreichte mich eine E-Mail, in der Folgendes stand:
„Hallo Herr Paul. Wir, die Familie Wein, bräuchten Hilfe bei der Erziehung unseres Hundes. Simba, unser Rhodesien Ridgeback Rüde von fast 4 Jahren, hört einfach nicht auf meine Frau.
Sie hat mit ihm die größten Probleme. Ich habe schon mein Leben lang Schäferhunde und war immer mit denen im Hundesportverein.
Bei mir klappt alles. Aber meine Frau befolgt meine Ratschläge nicht und da dachte ich mir, dass mal ein Außenstehender mit ihr reden sollte. Bitte um Rückruf und Hilfe.
Mfg Familie Wein."

Ich las mir diese E-Mail durch und dachte mir sofort:
Armer Hund.
Vielleicht zu voreilig gedacht, aber meine über 30-jährige Erfahrung sagte mir, dass Menschen, die mit ihren Schäferhunden jahrelang Hundesport machten und dann so einen sensiblen Hund wie einen Ridgeback bekamen, nicht wirklich damit zurechtkamen.
Aber lassen wir uns mal überraschen.
Ich rief an und machte einen Termin.

Als ich bei Familie Wein ankam, fiel mir hinten im Hof sofort ein Zwinger auf. Ich klingelte und Herr Wein machte auf. Er stand vor mir und fragte, wer ich sei. Ich sagte, dass mein Name Paul sei und er mich gerufen hatte.
Mit starker Stimme sagte er: *„Dann mal rein Junge."*

Dass ich nur unwesentlich jünger war als er, spielte anscheinend keine Rolle. Wir gingen ins Wohnzimmer, wo Simba in einer großen Box war. Ich fragte gleich, warum der Hund darin sei. Herr Wein erwiderte, das müsse so sein, er müsse lernen, dass dies sein Platz war und er nur raus durfte, wenn sie das wollten. Am liebsten wäre es ihm, wenn der Hund überhaupt nicht im Haus wäre, sondern im Zwinger, aber seiner Frau zuliebe ist dies der Kompromiss, den er eingeht.
Ich musste ganz tief Luft holen, damit ich ihm nicht gleich eine scheuerte.
Frau Wein kam derweil dazu und man sah ihr an, dass diese Situation für sie nicht erträglich war. Ich fragte, ob Simba schon als Welpe hierherkam. Herr Wein ergriff sofort das Wort und sagte ja, aber auch hier habe er sich der Familie gebeugt. Er wollte lieber wieder einen Schäferhund.
„Die haben immer gespurt und Simba hört einfach nicht, daher ist er in der Box."
Im weiteren Gespräch bekam ich erzählt, dass Simba über den Tag verteilt mehrere Stunden in der Box sein muss, weil er einfach nicht auf seiner Decke liegen bleibt. Nachts muss er ebenfalls in die Box.
Ich fragte, wann er überhaupt raus darf.
„Nur zum Gassi gehen und zum Spielen im Garten."
Diesen Satz hatte er so abwertend gesagt, dass ich einfach nicht mehr konnte. Ich holte mein Handy raus und drückte im Telefonspeicher auf die Nummer der Polizei.

Dann sagte ich Herrn Wein direkt ins Gesicht, dass ich immer für die Hunde da bin. Jeder, der meine Hilfe möchte, bekommt sie auch, aber dieser Zustand für einen Hund, speziell einen Ridgeback, sei tierschutzrelevant.

Ich zeigte ihm, dass auf meinem Telefon die Nummer der Polizei erschien. *„Wir reden nun ganz ruhig weiter und wenn irgendetwas gegen mich oder den Hund läuft, werde ich diese Nummer wählen und eine Anzeige erstatten."*
Er wurde feuerrot im Gesicht, ich dachte gleich knallts. Aber er meinte plötzlich: *„Was schlagen Sie vor?"*

Damit hatte ich nun nicht gerechnet. Ich klärte ihn erstmal über die Rasse Rhodesien Ridgeback auf. Dass dies sehr sensible Hunde seien und man mit Druck da nicht weiterkäme. Verständnis und Geduld seien der Schlüssel.

Ich fragte, ob ich mal mit Herrn Wein alleine reden durfte. Wir gingen in den Garten und ich sagte ihm, dass ich nicht hier war um gegen ihn zu arbeiten. Aber ich sähe Simba in der Box mit traurigen Augen. Das ginge überhaupt nicht.
Wenn er es noch wünsche, würde ich ihm und der ganzen Familie helfen, dass sie Simba verstehen lernen und dass er auch hört.
Etwas kleinlaut sagte er: *„Danke."*

Ich reichte ihm meine Hand und wollte nun gerne mit seiner Frau alleine reden. Er ging rein und ich sah, wie er seine Frau in den Arm nahm.
Sie kam mit Tränen raus und das erste Wort, das über ihre Lippen kam, war ebenfalls *„Danke".*

Ich merkte, dass es hier um eine Familie ging, die sich so weit voneinander entfernt hatte, dass es nicht mehr gesund war.
Nach unserem Gespräch gingen wir rein und Herr Wein fragte mich, ob er etwas sagen dürfte. Ich erwiderte, dass er mich das nicht fragen brauche. Er bat seine Frau, dass sie bitte Simba aus der Box holen solle.
Sie fing an zu weinen und fiel ihrem Mann um den Hals.

Auch ich musste weinen, weil ich merkte, dass es hier nicht um den Hund ging.
Simba traute sich kaum aus seiner Box und Herr Wein stand auf und lockte ihn heraus. Dann nahm er die Box und stellte diese auf die Terrasse.
Er bat mich nochmal um ein Gespräch unter 4 Augen. Wir gingen in den Garten und redeten sehr lange. Er war dankbar für meine Worte, die ihm anscheinend die Augen geöffnet hatten. Wir gingen dann wieder in die Wohnung.

Ich sagte der Familie, dass wir heute kein Training mit Simba machen würden. Das bringe überhaupt nichts. Sie sollten sich bitte Gedanken über ihre Wünsche machen und miteinander reden.
Ich würde in 4 Tagen wieder kommen und dann fingen wir an.
Sie begrüßten das und ich verabschiedete mich.
Auf der Heimfahrt merkte ich, wie auch ich sehr bewegt war von diesem sehr ungewöhnlichen Termin.

Als ich wiederkam, machte mir Frau Wein auf und wir gingen auf die Terrasse. Ihr Mann war mit Simba im Garten und spielte. Ich konnte es kaum glauben. Wir setzten uns und schauten, ohne ein Wort zu sagen, zu. Es war sehr schön.

Herr Wein bemerkte uns lange nicht, bis er mal zu uns sah. Etwas erschrocken kam er und begrüßte mich. Ich sagte ihm, dass ich es sehr schön fand, wie er mit Simba spielte.
Das freute Ihn.
Nun wollte ich sehen, was wir mit Simba trainieren sollten.

Herr Wein sagte, dass es ihm eigentlich sehr peinlich sei, aber er habe erkannt, dass Simba gut hörte, nur wollte er anscheinend nicht hören, weil er sich nicht wohlfühlte.

Ich fragte mich selbst, ob das noch der gleiche Mann wie vor ein paar Tagen war.
Ich schlug vor, dass wir einen kleinen gemeinsamen Spaziergang machen, und vielleicht könne ich da noch den ein oder anderen Tipp geben. Wir gingen eine kleine Runde und Herr und Frau Wein führten abwechselnd Simba.
Es lief super.
Wir gingen wieder zurück und ich gab ihnen noch einige Tipps mit auf den Weg. Dann verabschiedete ich mich.

Das war das erste Mal, dass ich Familientherapeut spielen musste und es überhaupt nicht um den Hund ging.

36. Firmenhunde

Hund: Peter, Bogo, Nicki, Rudi
Halter: Seibert, Winkler, Kuntz, Baier

An einem Dienstag gegen Mittag bekam ich einen Anruf einer etwas größeren Firma. Sie wollte ein neues Konzept installieren und ihren Mitarbeitern ermöglichen, ihre Hunde mit ins Büro zu nehmen.

Herr Kaiser, der Chef dieser Firma, erklärte mir kurz sein Anliegen:
„Wir wollten erst mal mit 4 Hunden starten und schauen, wie es läuft. Nun sind zwei Wochen um und es ist eine Katastrophe. Jeden Tag gehen die Hunde aufeinander los, auch Kunden, die immer mal wieder vorbeikommen müssen, werden angegriffen. Und der interne Frieden unter den Mitarbeitern wird zunehmend schlechter. Das geht natürlich so nicht weiter.
Eine meiner Sekretärinnen war vor ein paar Jahren bei Ihnen und sagte mir, dass Sie sowas hinkriegen würden.
Ich würde Sie bitten, erst einmal zu den normalen Geschäftszeiten für eine erste Einschätzung vorbeizukommen. Dann können Sie mir sagen, ob dieses Projekt zum Scheitern verurteilt ist oder nicht.
Ich wäre Ihr Ansprechpartner und würde auch die anfallenden Kosten übernehmen. Wenn Sie den Auftrag annehmen, müssen Sie ein polizeiliches Führungszeugnis mitbringen, sonst dürfen Sie nicht reinkommen."

Das hörte sich spannend an und war mal wieder etwas Neues. Also machten wir einen Termin und als ich das Zeugnis hatte, kam ich zur Firma.

Am Empfang musste ich meinen Ausweis vorzeigen und das Dokument vorlegen. Ich durfte nur rein, weil ich einen Termin hatte. Man sagte mir, dass ich einen Moment warten solle, Herr Kaiser käme gleich.
Nach wenigen Minuten kam eine Frau, es war die Sekretärin des Chefs, und begleitete mich nach oben ins Büro.
Das alles war schon sehr geheimnisvoll.
Oben angekommen durfte ich zunächst ins Büro zu Herrn Kaiser. Wir unterhielten uns, was seiner Meinung nach gemacht werden sollte und vor allem für mich wichtig, wie konnte ich mich hier bewegen und arbeiten. Er legte mir eine Verschwiegenheitserklärung vor, die ich unterschreiben musste, ansonsten dürfte ich nicht ins Großraumbüro, da hier sehr wichtige Daten zu sehen seien, die nicht in falsche Hände kommen durften. Ok, alles Top-Secret.

Ich unterschrieb und wir gingen ins Großraumbüro. Dort saßen ca. 50 Menschen, meist Frauen, und ich sah auch gleich die Hunde. Diese waren angebunden, damit nichts passierte. Einer fiel mir gleich auf, er starrte mich an und man sah, wie stark er vom Kopf her war.
Ich lief dann mal durch das Büro, um mir einen ersten Einblick zu verschaffen und um zu sehen, wie die Hunde reagierten. 3 waren relativ entspannt, nur der eine, der mir sofort aufgefallen war, ließ mich nicht aus den Augen. Dann sprach ich mit der ersten Mitarbeiterin.

Frau Kuntz mit Nicki, ein kleiner Havaneser von 6 Jahren. Sie sagte, dass ihr Hund sehr lieb, verschmust und verträglich sei. Nur leide die Kleine so langsam unter dem Stress hier und sie überlege, für sich das Projekt abzubrechen.
OK, das fände ich sehr schade, denn Studien haben gezeigt, dass Hunde in einer Firma zum Wohle aller sein können.

In ihren Augen ging der Stress von Bogo aus. Das war der Hund, der mir sofort aufgefallen war.
Dann ging ich zu Frau Seibert, sie hatte einen Mischling von 4 Jahren namens Peter. Er sei sozial, ließe sich aber nichts gefallen, wenn Bogo auf ihn losging. Auch sie stellte fest, dass ihr Peter unter dem zunehmenden Stress litt.

Frau Baier war die nächste. Ihr Hund war erst ein Jahr alt, aber sehr ruhig. Er war fast eingeschüchtert, ihr zufolge wegen Bogo. Ihr Rudi lag unter dem Schreibtisch, als wolle er sich verstecken. Hier schien jeder Bogo als den Schuldigen zu sehen. Ob sie alle Recht hatten? Ich dachte ja, denn ihre Hunde zeigten es mir deutlich.

Dann ging ich mal zu Bogo und dem einzigen Mann in dieser Runde. Bogo war angebunden und sprang sofort gegen mich, als ich mich seinem Herrchen näherte.
Herrn Winkler sah man an, dass er verzweifelt war, und ich bat ihn, mit mir ein paar Meter weg zu gehen. Dabei beruhigte sich Bogo sofort. Ich fragte, was mit seinem Hund sei.

Er erzählte, dass Bogo ca. 7 Jahre alt sei und aus einem Tierheim im Norden käme.
Man sagte ihm, dass Bogo sehr territorial sei und das schon, wenn er nur ein paar Minuten irgendwo gewesen war. Er meine immer, dass er alles beschützen müsse.
Herr Winkler wusste einfach nicht mehr weiter. Er verstand, dass seine Kollegen Angst vor Bogo hatten, und wollte das Projekt schon abbrechen, aber sein Chef sagte, dass er bitte noch warten sollte bis ich käme, um zu helfen.
Ok, von Herrn Kaiser hatte ich ja fast alle Möglichkeiten, zu tun was nötig war. Also schickte ich Herrn Winkler mit Bogo erstmal in die Cafeteria, um mit den anderen zu arbeiten.

Wir ließen die übrigen 3 von der Leine und die Halterinnen sollten immer mal aufstehen und sich wieder hinsetzen. Ich wollte einfach mal sehen, ob die Hunde sich entspannten, wenn Bogo weg war. Und tatsächlich liefen die Hunde erst ihren Frauchen hinterher und mit der Zeit auch alleine durchs Büro. Selbst Rudi entspannte sich zusehends.
Nun wollte ich, dass sich jeder auf seinen Platz setzte und den jeweiligen Hund zu sich rief, um ihn auf die Decke zu legen.
Das funktionierte super.

Ok, nun bitte alle wieder an die Leine und Bogo wurde geholt. Aber ich nahm ihn an die Leine und Herr Winkler sollte sich erst mal raushalten. Bogo wollte sofort loslegen, als ich mit ihm durch das Büro lief, aber ich korrigierte ihn direkt und er gab Ruhe. Gepasst hat es ihm nicht, aber darauf kam es jetzt erstmal nicht an.
Ich lief fast 20 Minuten im Büro umher und begab mich zwischendurch auch zu den anderen Hunden. Jedes Mal, wenn Bogo loslegen wollte, korrigierte ich ihn und gut war. Anscheinend fehlte ihm Struktur.
Zum Abschluss sollten mal alle durchs Büro laufen und ihre Hunde ohne Leine machen lassen, was sie wollten. Nur Bogo behielt ich an der Leine.
Nach kurzem Zögern wurden die Hunde immer sicherer und bewegten sich im Büro wie vorher, als Bogo weg war.
Ok, ich hatte genug gesehen. Alle Hunde an die Leine und ich ging mit Herrn Kaiser in sein Büro, um alles zu besprechen.

Er sagte, es war für ihn sehr beeindruckend, wie ich mit Bogo gearbeitet hatte und wie die Hunde auf mich reagierten. Ich erklärte ihm, dass dies der Punkt war, um hier alles in den Griff zu bekommen. Die Halter müssten das machen, was ich gemacht hatte, dann würde das auch funktionieren.

Auf Herrn Winkler käme aber am meisten Arbeit zu, denn er müsse auch außerhalb des Büros mit Bogo arbeiten, um das Verhalten im Büro zu verbessern. Herr Kaiser sagte, dass ich mit Herrn Winkler arbeiten solle und er bezahle es. Nur wollte er immer auf den neusten Stand gebracht werden.
Das hörte sich doch gut an. Ich ging wieder raus zu Herrn Winkler und Bogo. Dieses Mal blieb Bogo ruhig, aber angespannt liegen. Ich erklärte ihm, was wir tun müssten. Da käme Arbeit auf ihn zu. Er war gewillt es zu probieren und wir machten einen Termin bei ihm zuhause nach Feierabend.

Als ich kam, war das Bellen von Bogo schon auf der Straße zu hören. Herr Winkler öffnete mir die Tür und erschrak. Ich hatte meinen Rüden „Baba“ dabei. Ein Rottweiler mit 55 Kilo, einer Wahnsinns-Ausstrahlung und einem Blick, der einem das Blut in den Adern gefrieren ließ.
Herr Winkler wusste nicht, was hier geschah. Ich erklärte ihm, dass Baba und ich seinem Bogo nun mal erklärten, dass er hier nichts zu melden habe.
Bogo war im Wohnzimmer an einem Haken in der Wand befestigt. Ich legte Baba im Flur ab und ging erstmal mit Herrn Winkler hinein. Bogo machte richtig Alarm. Ich rief nach Baba. Er kam rein und stand nur neben mir mit Blickrichtung zu Bogo. Dieser war sofort ruhig, aber sehr angespannt, dann drehte sich Bogo um und pieselte auf seine Decke.
Ich sagte Herrn Winkler, dass ich das nun nicht wollte, aber da müssten wir nun durch.
Wir setzten uns und Bogo schaute nur noch aus der Terassentür, aber nicht mehr zu uns. Nach einer Weile sagte ich, dass ich mit Baba nun nach draußen ginge und er solle mit Bogo nachkommen, aber bitte erst die Decke wechseln.

Als er rauskam, schaute Bogo sofort von uns weg. Wir machten einen Spaziergang von ungefähr 30 Minuten und ich erkannte, dass Bogo immer lockerer und interessierter wurde.
Dann schlug ich vor, dass wir einfach die Leinen wegmachen und ohne Worte weitergehen sollten.
Herrn Winkler war nicht Wohl bei der Sache, doch er spielte mit. Bogo und Baba liefen ohne Leine nebeneinanderher, bis sich Bogo ein Herz fasste und an Baba schnüffelte. Baba ließ das zu und sprang dann über eine Wiese, Bogo hinterher.
Herr Winkler traute seinen Augen kaum.

Ich erklärte ihm, dass Baba seinem Bogo nun erklärt hatte, dass dieses Verhalten, was er da in der Wohnung an den Tag legte, nicht gut war. Ich hatte das aus dem Grund gemacht, dass Herr Winkler sehen konnte, was er brauchte, um Bogo zu zeigen, wie es in der Welt auch laufen konnte. Das leuchtete ihm ein.
Wir gingen wieder zu ihm nach Hause und ich machte einen Trainingsplan mit ihm.
Erst mal sollte er bitte Bogo nicht mehr ins Büro mitnehmen. Das ging vorher ja auch. Wir würden zusammenarbeiten, bis er Bogo so im Griff habe, dass wir als übernächsten Schritt wieder im Büro üben könnten.

Die nächste Zeit kam Herr Winkler 2- bis 3-mal pro Woche zu mir ins Training. Meinen Baba hatte ich auch sehr oft dabei.
Es wurde richtig gut. Bogo wurde viel gelassener und Herr Winkler legte eine Verwandlung an den Tag, wie ich es noch selten erlebt hatte.
Zwischendurch bekam Herr Kaiser immer sein gewünschtes Update.

Dann war es soweit, der Tag, an dem Bogo wieder mit ins Büro durfte. Herr Kaiser regelte alles im Büro nach meinen Anweisungen.
Dann traf ich mich mit Herrn Winkler und Bogo am Büroeingang und wir wurden nach oben gebracht. Baba hatte ich auch dabei. Ihn wollten alle sehen, denn Herr Kaiser hatte jedem erzählt, was da für ein Hund kommen würde.

Die Tür ging auf und es war totenstill. Jeder wollte sehen, was in der Zwischenzeit passiert war. Herr Winkler ging mit Bogo zu seinem Platz und legte ihn auf eine Decke. Bogo war wie ausgewechselt und die Mitarbeiter konnten es kaum glauben.
Dann ging ich mit Baba hinein und wieder Totenstille, weil jeder von Baba beeindruckt war.
Er ging mit einer Ausstrahlung durch das Büro, wie das noch nicht einmal Herr Kaiser als Chef machen konnte.

Dann wollte ich, dass jeder seine Leine wegmachte und durch das Büro lief. Es war jedem etwas mulmig, aber sie spielten mit. Herr Kaiser hat auch seinen Mitarbeitern unseren Trainingsverlauf mitgeteilt.
Bogo ging ganz ruhig zu Nicki und Rudi, zu Peter und dann wieder jeder für sich alleine. Es war einfach spitze.

Dann markierte Baba noch an die Tür zu Herrn Kaisers Büro, das war mir so peinlich. Ich entschuldigte mich 1000 Mal. Aber Herr Kaiser war ganz entspannt. Er sagte, wenn nun seine Mitarbeiter zufrieden seien, sich das Arbeitsklima verbessere und die Produktivität erhöhe, wäre es das alles wert. Und wenn er mal auf Geschäftsreise gehe, sollte doch bitte Baba seinen Platz hier einnehmen.

Meine Arbeit war hiermit getan. Ich ging mit Herrn Kaiser ins Büro, um meine Rechnung zu besprechen und wollte wissen, ob er mit mir und meiner Arbeit zufrieden war.

Er sagte, sehr zufrieden sogar, aber wir seien noch nicht fertig. Er wolle nun ein paar Tage sehen, wie es hier lief und dann würden noch weitere Mitarbeiter die Hunde mitnehmen, da wäre meine Hilfe wieder gefragt.
Ok, das war super. Ich freute mich auf die weitere Zusammenarbeit.

Beim Verlassen des Büros bekamen Baba und ich Beifall, das machte mich etwas verlegen, tat aber gut.

Mit der Zeit kamen immer wieder Anrufe, dass ich wiederkommen sollte, weil weitere Hunde ins Büro kämen.
Wir haben bis heute Folgeaufträge erhalten und alle sind zufrieden und glücklich.

37. Durchgeknallt

Hund: Süße
Halter: Laux

Diesen Termin werde ich wahrscheinlich nie vergessen, auch wenn ich es wirklich versuche. Warum? Weil mich Frau Laux an den Rand der Verzweiflung brachte.
Als sie mich das erst Mal anrief, redete sie in einer Tour ohne Luft zu holen. Während sie redete, rief ich immer wieder ins Telefon, dass sie mich doch auch mal zu Wort kommen lassen sollte.
So ein langes Telefonat hatte ich noch nie.
Ich legte zwischendurch sogar den Hörer beiseite, machte mir was zu Essen und sie redete immer noch. Ich hörte zwar, dass es in dem Gespräch um einen Hund ging, aber um welches Problem konnte ich nicht heraushören.
Nach ca. 40 Minuten legte ich einfach auf.
Doch wenige Sekunden später rief sie wieder an, sagte, dass wir unterbrochen wurden und redete weiter.
Was sollte ich tun? Ist die Irre?
Ich legte wieder den Hörer beiseite und speicherte mir ihre Nummer im Handy ab. Auf WhatsApp sah ich, dass ich ihr eine Nachricht senden konnte.
Ich schrieb also, während sie mit mir auf dem Festnetz telefonierte, eine Nachricht.
„Hallo Frau Laux, leider reden Sie so viel, dass ich nicht zu Wort komme. Falls Sie Hilfe bei einem Hundeproblem wollen, biete ich diese gerne an, aber wenn Sie mich nicht zu Wort kommen lassen, wird das ein Problem.
Ich lege jetzt auf.
Ihr Hundetrainer Dieter Paul"

Ich drückte auf Senden und beendete das Telefonat. Da klingelte das Telefon schon wieder und Frau Laux redete drauflos. Ich legte auf und ließ das Telefon an, damit sie nicht schon wieder anrufen konnte.
Nach einigen Minuten klingelte mein Handy.
Erraten? Frau Laux war dran.
Sie hatte meine Nachricht gelesen und es ging wieder los. Das war zu viel für mich. Telefon aus, fertig.

Nach einigen Stunden machte ich es wieder an. 14 Anrufe von Frau Laux waren drauf und 6 Sprachnachrichten.
Oh Mann, was habe ich nur verbrochen? Was sollte ich tun?
Ich rief an. Als sie abnahm, redete ich sofort drauf los, dass ich der Hundetrainer bin und wenn sie mich nicht zu Wort kommen lasse, lege ich sofort auf.
Ich hörte nix und sagte: *„Hallo?"*
Frau Laux erwiderte: *„Ja bitte."*
Ok, wir schienen eine verrückte Möglichkeit gefunden zu haben, dass wir kommunizieren konnten. Ich fragte, was ihr Problem sei und dass sie mir das bitte in maximal 5 Sätzen beantworten solle.
Sie sagte, dass ihr Nachbar einen Hund habe und dieser die ganze Nacht belle, sie könne kaum schlafen.
Ich fragte, was ich da machen sollte.
Sie meinte, dass ich zu ihrem Nachbar gehen und mit ihm sprechen müsse.
Müssen tue ich erst mal gar nichts und für ihr Problem sei das Ordnungsamt zuständig und nicht ich. Da hätte sie schon mehrmals angerufen, aber die legten immer auf.
Ich dachte mir: *„Warum wohl?"*
Ich versuchte ihr klarzumachen, dass mir die gesetzliche Grundlage fehle, um hier etwas zu tun. Dann müsse sie eben eine Anzeige erstatten.

Sie sagte, dass sie mich gerne eine Stunde buchen möchte. Auf meine Frage, wofür, sagte sie, dass ich ihr helfen solle.
Warum habe ich nicht „Nein“ gesagt?
Die einzige Antwort: Früher hatte ich noch weniger Erfahrung als heute.

Also fuhr ich zu ihr. Sie machte mir auf und redete ununterbrochen. Ich hielt sie zwischenzeitlich an den Schultern fest und schüttelte sie, damit sie aufhörte und ich auch mal was sagen konnte. *„Was soll ich hier?“*
Sie fasste sich dann kurz:
„Seit 2 Jahren geht das nun schon so Ich kann nicht mehr Im Winter ist immer alles in Ordnung aber im Sommer eben nicht Der Hund bellt die ganze Nacht und tagsüber nicht Im Winter ist alles ruhig aber das ist doch nicht normal oder Bitte gehen Sie doch mal rüber zu ihm und reden mit ihm denn das muss doch einmal ein Ende haben Ich weiß nicht mehr weiter Ich muss doch schlafen Keiner hilft mir Der Hund kann bestimmt nix dafür aber meinem Nachbarn scheint das egal zu sein.“

Ich habe das nun absichtlich ohne Punkt und Komma geschrieben, damit sich jeder ein Bild machen kann, wie Frau Laux mit mir redete.
Und für alle nicht Akademiker unter uns, nochmals mit Satzzeichen:
„Seit 2 Jahren geht das nun schon so. Ich kann nicht mehr. Im Winter ist immer alles in Ordnung, aber im Sommer eben nicht. Der Hund bellt die ganze Nacht und tagsüber nicht. Im Winter ist alles ruhig, aber das ist doch nicht normal, oder? Bitte gehen Sie doch mal rüber zu ihm und reden mit ihm, denn das muss doch einmal ein Ende haben. Ich weiß nicht mehr weiter. Ich muss doch schlafen. Keiner hilft mir. Der Hund kann bestimmt nix dafür, aber meinem Nachbarn scheint das egal zu sein.“

Ich bin ja grundsätzlich ein lieber Kerl, daher ging ich mal zu ihrem Nachbarn und klingelte. An dem Türschild stand „Reinhard". Drinnen hörte ich erst nichts, dann kam jemand zur Tür. Ein Mann, ziemlich verschlafen, fragte, was ich möchte. Ich sagte ihm, wer ich war und ob ich mal kurz reinkommen dürfte, es ginge um seine Nachbarin.
Ich sah ihm seine Sorgenfalten an, als er erfuhr, um was es ging. Ich erzählte ihm, dass mich Frau Laux gerufen hatte, um mit ihm zu reden, da er ja anscheinend nicht mit ihr reden wollte. Sie könne nachts nicht schlafen, weil sein Hund bellte und er solle doch auch mal an Frau Laux denken.

Ich merkte, wie sein Puls stieg und nun erzählte er mir seine Version der Geschichte:
„Vor 3 Jahren bin ich hierhergezogen, weil mir das Leben in der Stadt zu laut wurde, auch für meine Süße (das ist sein Hund und sie heißt auch so) sollte es besser werden. Den ganzen Winter über war alles in Ordnung. Ich lebte mich hier sehr gut ein und kam mit jedem zurecht. Aber dann wurde es Frühling. Ich arbeite im Schichtdienst und muss tagsüber schlafen. Aber Frau Laux saß den ganzen Tag auf ihrer Terrasse und redete ununterbrochen mit jemandem am Telefon. Vielleicht auch mit mehreren oder auch mit keinem, das ist für mich nicht nachvollziehbar. Ich bat sie mehrmals, doch bitte im Haus zu telefonieren oder auch gar nicht. Ich muss doch schlafen.
Aber es änderte sich nichts, ich glaube, sie hat mich gar nicht verstanden. Meiner Süßen ging das mittlerweile auch auf die Nerven und so trainierte ich während meines Urlaubs, dass meine Süße nachts bellen sollte, damit meine Nachbarin, die Quasselstrippe, auch nicht schlafen konnte."

Oh Mann, wo setzte ich da an?
Ich fragte, ob wir uns mal alle an einen Tisch setzen sollten und ich versuche zu vermitteln. Er stimmte zu.

Also ging ich wieder rüber zu Frau Laux und musste sie sofort bremsen, dass ich ihr überhaupt erzählen konnte, was ich herausgefunden hatte.
Ich hatte viele 5 Euro-Scheine in meinen Geldbeutel und schlug ihr vor, diese erst mal mit ihrem Geld zu wechseln.
Anschließend würden wir uns mit ihrem Nachbarn zusammensetzen und reden, um eine Lösung zu finden.
Sollte sie ihn oder mich nicht zu Wort kommen lassen, müsse sie immer 5 Euro in eine Kasse bezahlen. Diese Idee fand sie erstaunlicherweise gut.

Also wieder rüber zu ihrem Nachbarn. Als er öffnete, merkte man gleich, dass hier nicht wirklich viel Sympathie zueinander vorhanden war. Wir setzten uns und ich erklärte kurz die Spielregeln. Kurzfassung: Wenn jemand nicht zu Wort kommt, weil ein anderer zu viel redet, wird bezahlt.

Also fing erst mal Herr Reinhard an.
Er erzählte, dass er einen sehr schweren Job habe und tagsüber Schlaf brauche, da er nachts arbeitet. Dies sei aber mehr als schwierig, da Frau Laux so laut rede, dass er sogar bei geschlossenem Fenster hören könne, was sie erzählt. Und das ginge den ganzen Tag so. Daher hatte er seiner Süßen beigebracht, nachts zu bellen als Revanche, damit auch seine Nachbarin nicht schlafen könne.

Nun war Frau Laux dran.
Sie brannte sofort ein Feuerwerk der Worte und Sätze ab, dass einem schwindelig werden konnte. Ich musste sie wieder regelrecht schütteln und ständig daran erinnern zu zahlen, weil keiner von uns mehr zum Reden kam.

Als nun 60 Euro auf dem Tisch lagen, und nur von Frau Laux, stand ich auf und schrie sie an, aufzuhören.

1. Half nichts anderes mehr
2. Bekam ich es an die Nerven
3. Hatte sie kein Geld mehr

Ich übernahm nun wieder und zeigte auf das Geld, das auf dem Tisch lag. Sie schaute hin und bemerkte, dass es alles von ihr war. Ihr Gesichtsausdruck veränderte sich und da registrierte sie anscheinend, dass sie das Hauptproblem war.
Sie stand einfach auf und ging.
Ich schaute Herrn Reinhard fragend an und wir beide zuckten mit den Schultern.
Hatten wir alles geklärt? Keiner wusste es.

Ich ging rüber zu Frau Laux und klingelte. Sie machte mir weinend die Tür auf und war kurz vorm Zusammenbruch. Ich führte sie rein und versuchte sie zu beruhigen. Sie war richtig niedergeschlagen und begriff nun, dass alles wegen ihrem Verhalten so eskalierte.
Herr Reinhard kam nun auch, um zu schauen was los war. Wir redeten alle ganz ruhig miteinander. Ich merkte, dass sich Frau Laux anstrengte, aber es ging.

Hier wurde ich anscheinend nicht mehr gebraucht. Ich verabschiedete mich mit der Bitte, nun miteinander zu arbeiten und nicht mehr gegeneinander.
Arbeit getan.

Nach ungefähr 6 Monaten bekam ich einen Anruf von Frau Laux. Sie erklärte mir kurz, wer sie war und dass sie sich nochmals bedanken möchte. Denn ihr Nachbar und sie seien inzwischen liiert und sehr glücklich miteinander.
Es freute mich und ich wünschte ihnen viel Glück für die Zukunft.

Eigentlich wollte ich einmal „nur“ Hundetrainer sein.
Und selbst das „wollte“ ich nicht, sondern bin da „hineingerutscht“.

Aber dieser Beruf ist so viel mehr.
Hundetrainer
Seelentröster
Psychiater
Psychologe
Zuhörer
Menschentrainer
Therapeut

38. Rettungsschwimmer

Hund: Jack
Halter: Hain

Zu dieser Geschichte kam ich sehr spektakulär. Ich war im Sommer mit meinen Hunden an einem Baggersee. Zu dieser Zeit lebten 8 Rottweiler bei mir. Das Wetter war sehr schön, jeder meiner Hunde hatte eine Schwimmweste an und sie fühlten sich bei diesen Temperaturen sichtlich wohl. Einige waren im Wasser und der Rest am Strand, um Löcher zu buddeln.

Ich wollte mich gerade aufmachen, um wieder nach Hause zu fahren, als plötzlich hinter uns eine Frauenstimme laut nach einem gewissen Jack rief.

Ich dachte mir, dass es nur ihr Hund sein konnte, aber sah noch keinen. Unser Strand war etwas unterhalb einer Böschung. Dann sprang ein großer Hund über die Böschung auf uns zu. In dem Moment dachte ich es knallt. Aber er rannte durch uns durch ins Wasser und schwamm los. Dann kam sein Frauchen oben an und schrie wie wild, ich solle ihn aufhalten.

Aber was sollte ich tun?

Also rief ich auch nach Jack. Aber Jack schwamm nur. Die Frau hüpfte die Böschung herunter und verletzte sich an einem Seil, das gespannt war, um ein Boot zu sichern.

Ich wollte ihr helfen und sie schrie mich an, Jack zu retten. Er könne nicht schwimmen.

Mist, ich doch auch nicht, was sollte ich tun?

Ich musste schnell handeln.

Ihr Bein blutete und ihr Hund drohte abzusaufen.

Ich zog mein T-Shirt aus, um ihr Bein abzubinden, dann rief ich zwei meiner Hunde, Tina und Eyko, her. Normal kamen sie nicht gerne aus dem Wasser, wenn sie merkten, dass es heim ging, aber sie spürten, dass es ernst war.
Ich band beiden eine Leine an der Weste fest und warf Steine ins Wasser, damit sie zu Jack schwimmen sollten. Immer wieder warf ich die Steine Richtung Jack, der mittlerweile nur noch mit den vorderen Pfoten auf der Stelle ruderte.
Er bekam Panik.
Ich betete, dass er verträglich war und dass mein Plan funktionierte.
Tina schwamm um ihn herum, aber sie traute sich nicht zu ihm hin. Ich wollte die Steine auch nicht zu dicht an Jack werfen, da ich Angst hatte, ich treffe ihn noch.
Die Frau schrie hinter mir weiter nach Jack und machte mich ganz nervös.
Eyko war mittlerweile bei Jack angekommen, aber der begriff nicht, dass er in die Leine beißen sollte, damit Eyko ihn rausziehen konnte.
Jack hatte keine Kraft mehr und ging immer wieder unter, ich war verzweifelt und schrie mittlerweile die Frau an, sie sollte ruhig sein.

Plötzlich schwamm Tina zu ihm und umkreiste ihn, dass sich die Leine um ihn legte. Dann schwamm sie los. Ich betete, dass Jack nicht unterging und meine Tina noch mitriss.
Aber es funktionierte.
Tina schwamm um ihr Leben, oder besser gesagt um das Leben von Jack.
Das alles spielte sich nur ca. 40 bis 50 Meter von uns ab, und doch war ich hilflos.

Sie kamen schließlich ans Ufer und ich schnappte mir gleich Jack und legte ihm eine Leine von mir an. Dann heulte ich los, ich konnte meine Tränen nicht mehr halten. Ich war so froh, dass meine Tina nicht untergegangen war.
Meine Hunde würden heute Abend einen extra Knochen bekommen.

Als die ganze Aufregung verflogen war, stellte sich die Frau mal vor. Ihr Bein war nicht zu schlimm, sollte aber genäht werden. Sie sagte, dass sie aus dem angrenzenden Ort käme. Sie bat mich, ihren Freund anzurufen, damit er sie holen und ins Krankenhaus fahren konnte. Ich gab ihr mein Telefon, dass sie anrufen konnte. So lange warteten wir auf das Eintreffen ihres Freundes.
Als er da war, trugen wir Frau Hain zum Auto, sie bedankte sich noch und dann fuhren sie los. Ich trocknete nun meine Hunde ab und packte alles zusammen. Dann erst merkte ich, dass mein T-Shirt weg war, Frau Hain hatte es noch ums Bein gewickelt. Egal, war eh voller Blut.
Wir fuhren dann nach Hause und ich war noch ganz ergriffen von dem, was da gerade passiert war.

Zuhause angekommen erzählte ich erstmal alles meiner Frau, dann bekamen unsere Hunde ihre Belohnung in Form eines Knochens. Zum Glück haben wir immer Schwimmwesten dabei.

Zwei Wochen später bekam ich einen Anruf von Frau Hain. Ich wusste erst nicht, wer das war, aber als sie anfing zu erzählen, fiel es mir wieder ein. Sie wollte sich noch einmal recht herzlich bei mir bedanken. Ihr Bein wurde im Krankenaus genäht. Sie wusste nicht, wer ich war, und hat dann auf dem T-Shirt meine Adresse der Homepage bemerkt. So kam sie an meine Nummer. Sie möchte mir gerne das T-Shirt bezahlen und mich und meine Hunde als Dank zum Essen einladen.

Sie hätten einen großen Garten und würden sich sehr freuen, wenn ich annehmen würde.
Das freute mich und ich sagte zu.

An einem Sonntag fuhren wir dann zu ihr. Wir gingen alle in den Garten. Die Hunde beschnupperten sich und rannten durch den großen Garten. Das gerade meine Rüden alles markierten war mir peinlich, aber sie sagte, dass es egal sei.
Nun lernten wir uns erst mal kennen. Frau Hain und ihr Freund, meine Frau und ich.
Natürlich war das übergreifende Thema die Rettung von Jack und darüber hinaus Hunde.
Was auch sonst.

Sie fand super, dass wir einen Gnadenhof für Rottweiler haben, und bewunderte unsere Hunde. Alle aus dem Tierschutz und so verträglich. Ich erklärte ihr, dass dies viel Arbeit sei und das täglich. Daraufhin fragte sie, ob ich ihr helfen könnte, damit Jack besser hört.
Natürlich konnte ich nicht „Nein" sagen.
Wir ließen den schönen Tag ausklingen und verabredeten uns bei mir auf dem Hundeplatz.

Als sie mit Jack ankam, schaute ich mir erst mal an, wo die beiden trainingstechnisch standen. Dann besprachen wir, was sie sich wünschte und was ich gerade alles gesehen hatte. Jack fehlte es an vielem. Bindung und Struktur waren nur wenig vorhanden. Ihm war alles andere auf dem Platz wichtiger als Frau Hain. Daran müssten wir arbeiten.
Ich stellte ihr einen Trainingsplan auf mit vielen Übungen, die sie zuhause mit Jack machen konnte. Erst mal musste er in einem Umfeld trainiert werden, wo sie alles umsetzten und er auch alles verstehen konnte, ohne Ablenkung.

Dann sollte sie jede Woche zu mir ins Gruppentraining kommen, damit ich Jack beobachten und wir mit ihm auch mit Ablenkung arbeiten konnten.

Es wurde zunehmend besser. Jack spielte seinen Charme sehr oft aus und Frau Hain verfiel ihm immer wieder. Daran mussten wir noch am meisten arbeiten. Sie besorgte sich auch eine Schwimmweste für Jack und ließ ihn mit der Schleppleine immer wieder in den See. Das machte ihm die größte Freude.

Nach vielen Wochen, in denen wir alle zusammenarbeiteten, kam das Leben dazwischen.
Ihr Freund bekam ein sehr lukratives Jobangebot und sie würden wegziehen.
Das war schade und machte mich etwas traurig.

Am letzten Tag vor dem Umzug wurden wir nochmals zum Grillen bei ihnen eingeladen. Viele Freunde von ihnen waren da und es war ein schöner Abend.
Dann mussten wir uns verabschieden.
Wir umarmten uns sehr lange und heulten beide, denn der Anfang unseres Kennenlernens hatte uns emotional zusammengeschweißt.
Machts gut und vielleicht bis irgendwann.

39. Trauerfall

Hund: Babsi
Halter: Martin

Ich bekam einen Anruf eines Teenagers, der um Hilfe für seine Mutter anfragte. Sie sei sehr verzweifelt und schäme sich, um Hilfe zu bitten. Als ich fragte was los sei, merkte ich an seiner Stimme, wie groß das Problem sein musste.
„Wir haben einen Boxer und der rastet bei Hundebegegnungen immer aus. Auch zuhause im eigenen Garten ist es eine Katastrophe. Wenn die Nachbarn in ihren Gärten sind, flippt Babsi aus und bellt. Wir gehen schon gar nicht mehr in den Garten."

Ok, ich machte mit dem Jungen einen Termin aus und fuhr dahin, um mir die Katastrophe mal anzuschauen.
Als ich in den Hof fuhr, kam auch gleich Frau Martin auf mich zu und fragte, was ich denn hier möchte. Ich sagte ihr, dass ihr Sohn mich angerufen habe, um ihr zu helfen.
Plötzlich fing sie an zu weinen. Ich wusste gerade nicht, was ich Falsches gesagt habe. Ich stieg dann aus und ging mit Frau Martin ins Haus. Auf dem Weg ins Wohnzimmer, sah ich überall Bilder von ihr und ihrem Mann mit einer schwarzen Einfassung. Sah so aus, als ob er verstorben war.

Wir setzten uns und auch ihr Sohn kam zu uns.
Er fing zu erzählen an, weil seine Mutter noch nicht reden konnte vor Kummer.

„Mein Vater ist vor 7 Wochen plötzlich an einem Hirnschlag verstorben. Babsi war eigentlich sein Hund, er wollte immer einen Boxer haben. Sie ist 4 Jahre alt und war immer super drauf, aber seit dieser Zeit kommen wir beide nicht mehr zurecht. Wir möchten Babsi aber nicht hergeben, denn das bringen wir nicht übers Herz."

Nun redete Frau Martin weiter:
„Mir ist das etwas peinlich, dass mein Sohn Sie gerufen hat. Ich habe einfach keine Kraft mehr. Mein Mann ist jeden Tag mit Babsi spazieren gegangen und war jede Woche mit ihr auf dem Hundeplatz. Wir hatten eigentlich nicht viel zu tun mit ihr.
Nun müssen wir das hinbekommen, aber Babsi macht es uns nicht leicht.
Ich gehe jeden Morgen so früh wie möglich mit ihr raus, damit wir niemandem begegnen. Sollte uns doch mal jemand treffen, binde ich Babsi schnell an einem Schild oder einer Straßenlaterne fest, weil ich sie nicht halten kann. Jetzt im Frühjahr können wir noch nicht einmal den Garten benutzen, weil Babsi durchdreht, wenn unsere Nachbarn da sind. Das war vorher alles nicht so."

Sie fing wieder an zu weinen und ich merkte, dass ich hier schnell helfen musste. Ich sagte ihrem Sohn, er solle doch mal seine Mutter in den Arm nehmen und ich ginge mit Babsi mal an die frische Luft, um sie kennenzulernen.

Ich nahm Babsi und ging ein wenig spazieren. Einige Hunde, Fahrräder und Spaziergänger begegneten uns. Babsi blieb weitestgehend ruhig. Bei den Hunden merkte man ihre Anspannung, aber das war nichts Schlimmes.
Ich war so in Gedanken an die Familie, dass ich glatt die Zeit vergessen hatte. Nach 50 Minuten kam ich wieder bei Familie Martin an.

Sie fragten, wo ich so lange gewesen sei, und sie hätten sich Sorgen gemacht, dass etwas passiert wäre. Aber ich beruhigte die beiden und erzählte, was ich beim Spaziergang erlebt hatte. Babsi sei eine tolle Hündin. Sie brauche Führung und ihr fehle ihr Herrchen genauso wie ihnen.

Wir setzten uns und ich fragte, ob sie mit den Nachbarn Streit hätten oder ob man mit ihnen reden könne. Sie erwiderte, das seien alles liebe Menschen und sehr nett.
Ich wollte, dass die mal in den Garten gingen, damit ich das Verhalten von Babsi sehen konnte.
Ihr Sohn ging rüber und sprach mit den Nachbarn. Natürlich wollten sie helfen und wir konnten etwas probieren.

Frau Martin machte die Terassentür auf und ging mit Babsi in den Garten. Als Babsi die Nachbarn sah, war erst noch Ruhe, aber ich bemerkte, dass Frau Martin sehr traurig an den Zaun ging und plötzlich legte Babsi los. Frau Martin ging zurück und Babsi wurde ruhiger.
Sie fing sofort wieder an zu weinen und man merkte ihr die Trauer richtig an. Ich sagte, dass sie doch reingehen solle und ich würde hier noch ein wenig mit den Nachbarn reden.
Ich stand am Zaun und Babsi war relativ ruhig, für einen Boxer schon etwas zu ruhig.

Der Nachbar erzählte:
„Herr und Frau Martin und ich sind seit dem Kindergarten gute Freunde. Und nachdem er gestorben ist, brach eine Welt zusammen. Nicht nur für Frau Martin, auch für uns. Wir fuhren jedes Jahr zusammen in Urlaub und verbrachten viel Zeit zusammen. Nun ist es so, dass wenn wir uns sehen, keiner weiß, was er sagen soll. Diese Traurigkeit ist einfach schlimm, denn wir gehen uns mehr oder weniger aus dem Weg. Das ist nicht gut, das wissen wir, aber es ist wie gesagt nicht einfach für uns.

Unser Freund ist tot und hinterlässt eine sehr große Lücke. In 2 Wochen ist unser gemeinsamer Urlaub geplant. Wir wissen nicht, was wir tun sollen.
Alleine fahren? Absagen? Mit Frau Martin fahren?
Wir trauen uns ja nicht einmal, darüber zu sprechen."

Diese Worte machten mich sehr nachdenklich und betroffen.
Ich musste hier helfen, nur was war hier sinnvoll?
Wir verabschiedeten uns und ich ging mit Babsi ins Haus zurück.

Ich bat darum, ganz offen sprechen zu dürfen und sagte ihnen, was mir ihre Nachbarn erzählten:
Dass sie genauso traurig und mitgenommen seien und auch nicht wüssten, wie es weitergehe.
Das war Frau Martin nicht bewusst.
Ich hatte eine Idee. Diese musste ich aber erst genau durchdenken. Aber erst käme es darauf an, ob sie das überhaupt wollten.
Ich war davon überzeugt, dass sie Abstand brauchte, um ihre Trauer zuzulassen und auch Energie zu tanken. Mit ihrem jetzigen Zustand konnte ich ihr und Babsi nicht helfen.

Und zwar wollte ich, dass Babsi für ein paar Wochen in ein neues Zuhause mit einer guten Familie zog und die beiden mit ihren Nachbarn in Urlaub fuhren. Ich hatte da auch schon jemanden im Sinn, der das machen könnte. Dass dies wahrscheinlich nicht der schönste Urlaub werden würde, müsste jedem klar sein, aber ich dachte, so würden sie sich wieder näherkommen und auch über den Verlust sprechen können.
Sie schluchzte und nickte.
„Ich gehe jetzt mal rüber und hole Ihre Nachbarn, dann könnt ihr alles besprechen. Ich werde mich dann verabschieden und in den nächsten 2 bis 3 Tagen kommen, um Babsi zu holen."

Auf der Heimfahrt überlegte ich mir, wie hier eine richtige Hilfe überhaupt möglich war.
Ich fuhr gleich zu Ralf, einem guten Freund, und erklärte ihm mein Anliegen. Ralf hatte schon mehrere Boxer gehabt und aktuell einen kastrierten Rüden. Damit hatte er genug Erfahrung, um das, was ich mir dachte, auch umzusetzen.
Nach einem längeren Gespräch war er bereit zu helfen und mit meinen Vorschlägen einverstanden.
Manchmal braucht man auch Glück, dass man überhaupt helfen kann.

Ich rief Frau Martin an, dass ich jemanden gefunden hätte und wollte gerne, dass sie und ihr Sohn mit Babsi zu Ralf fuhren, um auch ihn und das Umfeld kennenzulernen. Dann werde der Urlaub und die Erholung viel entspannter.

3 Tage später trafen wir uns bei Ralf.
Erst redeten wir alle zusammen und dann holte Frau Martin ihre Babsi aus dem Auto. Ich sah, dass dies nicht gut gehen würde und ehe ich den Gedanken fertig gedacht hatte, lag sie schon auf der Straße. Zum Glück war nichts passiert und Ralf schnappte sich sofort Babsi.
Wir gingen in den Garten und ließen Babsi von der Leine. Dann setzten wir uns auf die Terrasse und Ralf holte seinen Rüden dazu. Die beiden Hunde sahen sich und sofort spielten und rannten sie zusammen durch den Garten. Frau Martin fing wieder an zu weinen, als sie das sah. Sie brauchte dringend Abstand. Ich erklärte noch kurz das weitere Vorgehen. Ralf werde sich um Babsi kümmern, bis sie wieder aus dem Urlaub kämen. Wenn sie dann soweit seien, komme Babsi wieder zu ihnen und wir würden zusammen trainieren.
Also verabschiedete ich mich erstmal und wünschte trotz allem gute Erholung.

In der Zeit von Frau Martins Abwesenheit kam Ralf mit Babsi jede Woche in meine Hundeschule, um zu trainieren und um sich Tipps bei mir abzuholen.

Nach gut 4 Wochen rief mich Frau Martin an, dass sie gerade heimgekommen seien. Auf meine Frage, wie es ihr gehe, erwiderte sie, dass ihr der Abstand sehr gutgetan habe.
Ok, dann gäbe ich nun Ralf Bescheid und wir brächten Babsi zurück.

Am nächsten Tag traf ich mich mit Ralf bei Frau Martin. Wir gingen erst in den Garten und Frau Martin umarmte ihre Babsi. Ich merkte, dass sie in dem Moment auch ihren Mann umarmte.
Die Nachbarn kamen in den Garten und es gab kein Theater mit Babsi. Alle sagten, wie toll es gewesen sei, das Erlebte gemeinsam zu verarbeiten und nun nach vorne schauen zu können.

Aber nun fing das Training mit Babsi an. Denn so würde es nicht bleiben, wenn es keine Strukturen gäbe. Wir erstellten einen Trainingsplan mit Übungen, um den Bezug und die Bindung aufzubauen und zu vertiefen.
Dann gingen wir raus. Ralf hatte seinen Rüden dabei und ich 2 meiner Hunde. Frau Martin kam mit Babsi raus und sollte an Ralf vorbeilaufen. Ich begleitete Frau Martin, weil Babsi natürlich zu ihrem neuen Freund hinwollte.
Aber es lief erstaunlich gut. Babsi musste nicht an eine Straßenlaterne gebunden werden.
Dann holte ich meinen Osga heraus. Wir liefen wie ganz normale Spaziergänger aneinander vorbei.
Ich erklärte Frau Martin ständig, auf was sie achten müsse.
Dann holte ich meine Tina. Sie konnte auf Kommando Krawall machen, oder wie ich immer sagte: Feuer spucken.

Das wurde schwieriger, doch auch das konnte Frau Martin bewältigen.
Ihre Nachbarn sahen die ganze Zeit zu und als wir erstmal fertig waren, kamen sie mit uns ins Haus. Ralf verabschiedete sich und der Rest von uns redete miteinander. Ihre Nachbarn boten an, die ersten Spaziergänge zusammen mit Frau Martin zu machen. Ist das nicht schön, wenn man solche Freunde hat?

Ich redete Frau Martin inständig ins Gewissen, dass sie ihre Hausaufgaben machen und sich an den Trainingsplan halten müsse. Sie hielt sich daran, die Auszeit hatte allen sehr gutgetan und sie trainierte sehr viel mit Babsi. Jede Woche kam sie zur Hundeschule und auch mit Ralf traf sie sich regelmäßig.

Wieder ein Termin erfolgreich beendet. Und wieder musste ich ungewöhnliche Wege gehen, um zu helfen.

40. Kessi und ihr Personal

Hund: Kessi
Halter: Meister

Auch bei dieser Geschichte rief mich ein junger Mann an, weil, seiner Meinung nach, seine Mutter nicht mehr mit ihrem Schäferhund klarkam.
Kessi, eine Deutsche Schäferhündin, war mittlerweile 8 Jahre alt und werde verwöhnt ohne Ende.
Er wohnte im Keller und seine Mutter im Erdgeschoss. Jeden Tag bekam er mit, wie Kessi seiner Mutter auf der Nase rumtanze.
Ich fragte ihn, ob er mir kurz erklären könnte, wo das Problem lag und wie ich helfen könne.
„Kessi wird den ganzen Tag verwöhnt, aber nur, weil meine Mutter ein schlechtes Gewissen hat. Sie macht ja nichts mit ihr. Noch nicht mal spazieren gehen."

Ok, ich fragte, was er von mir erwartete.
Dann musste mal was raus:
„Vielleicht können Sie mit Kessi trainieren, dass sie nicht mehr zieht oder meiner Mutter mal alles erklären. Auf mich hört sie ja nicht. Kessi wurde von meinen Eltern als Welpe geholt, weil ein Hund im Haus einfach dazu gehört. Keiner von beiden hatte jemals zuvor einen Hund. Zu Beginn sind sie noch ein wenig spazieren gegangen, aber da reden wir von nicht mal einem Kilometer pro Tag. Immer wenn ich was sagte, hieß es nur, ich solle mich raushalten.
Als Kessi älter und damit auch die Probleme größer wurden, suchten sie sich Hilfe bei einem Spezialisten. Als ich fragte, was das für ein Spezialist sei, sagte mein Vater, dass es sich um einen speziellen Trainer für Schäferhunde handle.

Das hatte ich bis dato auch noch nicht gehört, aber ich habe selbst noch nie Hunde gehabt, daher wird das schon seine Richtigkeit haben.
Der Trainer kam jede Woche vorbei, holte Kessi ab und brachte sie abends wieder. Meine Eltern waren zufrieden, aber ich erkannte einfach keine Fortschritte. Wenn ich was sagte, kam eben nur, dass ich keine Ahnung hätte.
Das ging über Monate so und nichts wurde besser. Dann wurde mein Vater schwer krank und um Kessi wurde sich kaum noch gekümmert. Sie bekam ihr Essen, aber das Spazierengehen wurde noch mehr gekürzt.
Ich habe mich angeboten, das zu übernehmen, aber aufgrund meiner beruflichen Situation, wo ich immer mal für 2 Tage unterwegs war, ging das auch nicht immer so, wie ich das gut fand.
Nach weiteren 6 Monaten starb mein Vater und meine Mutter war mit Kessi alleine.
Ich versuchte, sie in meinem Rahmen zu unterstützen, aber das reichte nicht. Kessi war und ist einfach komplett unterfordert. Und sie hat meine Mutter voll im Griff. Wenn sie zum Beispiel das Futter nicht möchte, bellt sie so laut, dass meine Mutter etwas anderes holt. Wenn Sie etwas zu knabbern möchte, das gleiche Spiel, bellen und Mama rennt. So geht das den ganzen Tag.
Vor 3 Wochen wollte sie mal wieder mit Kessi spazieren gehen, dann kam ein anderer Hund und Kessi sprang in die Leine. Meine Mutter fiel hin und hat sich das Handgelenk gebrochen. Seitdem muss Kessi wieder nur zuhause leben. Wir haben zwar einen großen Garten, aber das reicht doch nicht, oder?"

Also gut, ich wollte mal schauen, was ich ausrichten konnte. Wir machten wie immer einen Termin und ich fuhr vorbei.

Als ich ankam, wurde ich bereits lautstark von Kessi angekündigt. Auf mein Klingeln kam dann Herr Meister mit seiner Mutter an der Terrasse zum Vorschein und beide riefen, dass Kessi zu ihnen kommen solle, aber Kessi bellte lieber mich an. Beide kamen dann ans Tor, um Kessi einzufangen.
Na, das fing ja gut an.
Frau Meister öffnete und ihr Sohn hielt Kessi fest, damit ich eintreten konnte. Wir gingen ins Haus, um uns zu unterhalten. Kessi war lieb, das konnte man gleich sehen, aber sehr distanzlos. Sie sprang an mir hoch und wollte Aufmerksamkeit. Sie tat mir leid, denn es könnte besser laufen.
Wir redeten erstmal, was ich in ihren Augen denn hier machen sollte.

Während wir sprachen, bellte Kessi an der Terassentür und Frau Meister machte sofort auf, damit Kessi nach draußen konnte. Dann machte sie wieder zu. Nicht mal eine Minute später bellte Kessi so laut vor der Tür, dass Frau Meister wieder öffnete und Kessi rein konnte. Das Spiel ging wirklich 4-mal so, bis es mir zu blöd wurde. Wie sollten wir uns denn da vernünftig unterhalten?
Ich fragte, wie lange Kessi bellen würde, wenn die Tür nicht aufgemacht würde. Frau Meister sagte nur: *„Ewig."*

Na toll, dürfte ich vielleicht mal für Ruhe sorgen, damit wir reden konnten? Das wollten beide sehen. Wir unterhielten uns, bis Kessi wieder Alarm machte. Ich stand auf und ging zu ihr. Eine kurze Korrektur und Kessi ging von der Tür weg.
Beide waren sprachlos und auch ich dachte, dass es doch ginge. Aber denkste. Wir redeten und plötzlich bellte Kessi an einer Zimmertür. Frau Meister ging wieder sofort hin und betrat das Zimmer. Es war die Speisekammer. Da holte sie für Kessi ein Schweineohr, damit sie Ruhe gab.

Oh je, wo sollte ich denn da anfangen?
Ich erklärte erst mal, dass Kessi gelernt hatte, mit ihrem Verhalten zum Erfolg zu kommen. Sie schien hier die Prinzessin zu sein und die andern das Personal. Jedes Mal werde sie vom Kopf her stärker und fordere mehr ein.
Warum? Weil sie es konnte.
„Sie muss beschäftigt werden, Gassi geführt und Struktur aufgebaut werden. Das müsst ihr machen. Nur weiß ich ehrlich nicht, wie ich euch das beibringen soll, wenn Kessi schon seit Jahren so ein Verhalten entwickelt und gelernt hat."

Frau Meister sagte mir, dass sie es verstehe.
In diesem Moment kam Kessi an die Terassentür und bellte. Frau Meister ging wieder hin und ließ Kessi nach draußen. Ich fragte sie, ob sie mich nicht verstanden hätte. Sie meinte doch, aber so wäre es doch viel ruhiger. Eine Minute später wieder das gleiche Spiel, nur wieder nach innen.

Ich sagte erst mal nichts mehr und beobachtete das Geschehen. 3-mal raus und rein und das innerhalb von 5 Minuten. Dann glaubte ich etwas bemerkt zu haben und wollte etwas testen. Wir warteten, bis Kessi raus wollte und Frau Meister ließ sie auch. Aber nun sollte sie stehen bleiben und sich nicht hinsetzten.
Kessi stand auf der Terrasse und schaute nur zu uns.
Ca. 3 Minuten warteten wir, dann sollte sich Frau Meister setzten. Sofort bellte Kessi wieder und Frau Meister öffnete.
Ok, das war ja sehr durchtrieben von Kessi.
Wie sollte Frau Meister das ändern?

Ich wollte nun gerne anhand einiger Übungen und an meinem Auftreten erklären, was zu tun war, um Kessi in den Griff zu bekommen. Ich öffnete die Tür und forderte Kessi auf, nach draußen zu gehen. Sie machte das, jedoch sehr widerwillig.

Dann schloss ich die Tür und setzte mich. Keine Minute später bellte Kessi, ich öffnete und schrie laut *„Nein"* und machte wieder zu. Kessi setzte sich und verstand gerade nicht, was da passiert war.
Ich erklärte in dieser Zeit, was ich damit bezweckte. Dann machte ich auf und holte Kessi herein.
Und zwar, weil ich das wollte.
Frau Meister begriff und wollte es auch probieren.

Kessi bellte und Frau Meister öffnete die Tür. Ich fragte, was das nun soll. So hätte ich das nicht erklärt.
Das Ganze machten wir mehrere Male, aber Frau Meister tat sich so schwer, dass ich mit meinem Latein so ziemlich am Ende war. Ich fragte nun nochmal, was sie sich wünschten. Und bitte ehrlich sein.
Dann sagte Frau Meister, dass sie am liebsten eine Änderung hätte, aber sie wolle nichts an sich selbst ändern.
Das verstand ich nicht ganz und musste nochmals nachfragen.
Sie sagte dann, dass sie sich wünsche, dass ich Kessi mitnahm und trainierte. Und wenn sie fertig war, könne ich sie wieder bringen.
Da fiel mir erst nichts dazu ein.
Ich sagte, dass dies nichts bringen würde, denn bei mir werde das sehr schnell funktionieren. Aber wenn Kessi wieder nach Hause käme und sich nichts ändere, falle sie sehr schnell in ihr altes Schema zurück.
Über so viele Jahre erlerntes Verhalten geht nicht in ein paar Tagen weg, dazu muss sich komplett umgestellt werden.
Ich merkte, dass dies nicht die Aussage war, die Frau Meister hören wollte.

Ich machte ihr nochmals mit Nachdruck klar, dass sich nur etwas änderte, wenn sie sich änderte.
Aber das konnte ich mir sparen.
Sie und auch ihr Sohn wollten sich nicht ändern. Nur ein anderes Ergebnis wünschten sie sich, aber ohne Einsatz.
Daraufhin blieb mir nichts anderes übrig, als den Termin abzubrechen und mich gefrustet auf die Heimfahrt zu machen.

Von Familie Meister habe ich nie mehr was gehört, aber durch andere Kunden, die in der Nähe wohnten, bekam ich immer wieder Updates, dass alles noch beim Alten ist.

41. Unbefriedigender Termin

Hund: Axe
Halter: Seiler / Wagner

Ich bekam eine E-Mail, in der es um einen Cane Corso Italiano Rüden namens Axe ging.
Der Hund sei 4 Jahre alt und werde immer unberechenbarer. Sie hätten schon viel versucht, auch 3 Trainer seien schon bei ihnen gewesen, aber es werde immer schlimmer.
„Wir brauchen Hilfe."

Ich rief die angegebene Telefonnummer an und wollte wissen, wie ich helfen konnte. Herr Seiler sagte, dass er viele Fehler gemacht hatte und seine Partnerin nun auch schon große Angst vor Axe habe. Dieser Hund sei ein wahrer Terminator. Das Zusammenleben sei mittlerweile unerträglich geworden.
Ok, wir machten einen Termin für ein paar Tage später aus.

Der Termin war 85 Kilometer entfernt und ich musste früh los, da die Kunden ab 13 Uhr arbeiten mussten. Als ich in dem Wohngebiet ankam, sah ich hauptsächlich Häuser, die mehrere Stockwerke hatten.
In dem Moment dachte ich mir:
„Bitte lass es nicht in den oberen Stockwerken sein."
Denn dieses „Glück" habe ich fast immer.

An der Adresse angekommen bekam ich mal wieder Recht, es war in einem der Hochhäuser. Ich klingelte und mir wurde an der Sprechanlage mitgeteilt, dass es natürlich ganz oben im 5. Stock war. Und weil mein Glück anscheinend noch nicht vollkommen war, wurde auch gerade der Aufzug repariert und ich musste die Treppen hoch.
Das ist mir immer wieder eine große Freude.

Aber zurück zum Thema.
Cane Corso, Axe, Terminator, beißt, 4 Jahre alt.
Ich klingelte dann etwas außer Atem an der Wohnungstür und dahinter brach die Hölle los.
Und das im wahrsten Sinne des Wortes.
Es gibt Hunde, die bellen, und es gibt eben diesen Termin.
Ich konnte zu diesem Zeitpunkt nur erahnen, was da gleich auf mich zukommen würde.

Eine junge Frau öffnete und stellte sich kurz als Frau Wagner vor.
Herr Seiler stand 3 Meter entfernt und hatte Axe mit Maulkorb an der Leine und hielt sich am Türrahmen fest.
Mein lieber Mann.
Axe war ein sehr imposanter Junge, der sofort zeigte, dass es klüger wäre, wenn ich wieder ginge. Aber ich wollte ja helfen und blieb somit.
Da Axe mit dem Maulkorb ja keinen Schaden anrichten konnte, schrie ich Herrn Seiler zu (das Bellen war abartig laut), er solle ihn doch mal loslassen. Aber Herr Seiler war so beschäftigt, dass er gar nichts mitbekam.
Frau Wagner zog mich eine Wendeltreppe hoch in den Wohnbereich.
Noch eine Treppe, na toll. Hatte ja erst 5 Stockwerke hinter mir.
Aber wieder zurück zum Termin.
Ihr wisst ja noch.
Cane Corso, Axe, Terminator, beißt, 4 Jahre alt.

Als ich oben war, wurde es auch gleich ruhiger. Das war mal ein Stresspegel der besonderen Art. Man merkte, dass es Frau Wagner sehr unangenehm war und sie kurz vorm Weinen stand. Ihr Partner machte währenddessen Axe in ein Zimmer und kam zu uns hoch.

Er begrüßte mich mit zitternden Händen und ich merkte, dass beide völlig fertig waren.
Diese Situation war auch nicht sehr schön, und das ist gelinde ausgedrückt.
Auf meine Frage, was ich tun könne, fing Herr Seiler erstmal an zu erzählen:
„Axe kam als Welpe zu mir, ich bekam ihn aus dem Nachbarort. Es waren keine Züchter. Axe entstand nach einem Unfall mit der Hündin aus der Nachbarschaft.
Aber das war mir egal, ich wollte schon immer einen Cane Corso, weil ich in der Kindheit mit einem von meinem damaligen Nachbarn gespielt hatte. Ich hatte keine Hundeerfahrung und dachte immer nur an den aus meiner Kindheit. Zu der Zeit war ich noch Single und Axe wurde von mir verwöhnt, wo es nur ging. Heute weiß ich, dass ich vieles falsch gemacht habe.
Axe durfte im Bett schlafen und auf der Couch, eigentlich durfte er alles.
Bis er knapp 2 Jahre alt war, ist noch nichts passiert, aber die Anzeichen waren schon da. Er knurrte jeden an der mich besuchen kam und es kamen daraufhin immer weniger Freunde. Dann lernte ich meine Partnerin kennen. Die ersten Tage war alles entspannt, aber dann fing es auch mit ihr an. Sie wurde angeknurrt und er stellte sie mindestens einmal pro Woche. Wir suchten uns Hilfe bei mittlerweile 3 Trainern. Aber es wurde immer schlimmer und nicht besser. Der letzte Trainer hat uns geraten, Axe einzuschläfern oder ins Tierheim zu bringen.
Er sei einfach zu gefährlich.
Nun wollten wir eine 2. Meinung von Ihnen, damit uns die Entscheidung vielleicht leichter fällt“

Ich fragte, ob es denn schon eine Meinung gebe, was sie tun wollten.

Frau Wagner übernahm:

„Es hört sich vielleicht verrückt an, aber ich liebe Axe. Nur beißt er mich seit einigen Wochen auch noch. Für uns ohne erkennbaren Grund. Die letzte Attacke ist gerade erst 3 Wochen her. Mein Freund war auf der Arbeit und ich wollte mich fertigmachen zum Einkaufen. Mein Geldbeuten lag im Schlafzimmer und Axe quer im Türrahmen.

Ich ging auf ihn zu und er brummte. Ich dachte mir, dass ich stark sein müsse und stieg über ihn drüber. Er sprang hoch und ich stürzte. Axe biss mir in den Oberschenkel und ließ nicht mehr los. Er hat mir kein Fleisch rausgerissen, nur festgehalten, aber so fest, dass seine Zähne in meinem Bein waren und es blutete arg. Ich lag auf dem Boden und schlug ihm auf den Kopf, bis er endlich losließ.

Ich bin ins Badezimmer gerannt und habe mich eingeschlossen. Meine Angst wird immer größer und ich kann das nicht abstellen.

Ich verarztete mich und wollte wieder raus, aber als ich die Tür aufgemacht habe, stand Axe mit gefletschten Zähnen davor. Ich habe dann den ganzen Tag im Bad verbracht, anrufen konnte ich niemanden, da mein Handy im Wohnzimmer lag. Als am Abend mein Freund gekommen ist und mich befreit hat, war Axe ganz ruhig. Ich erzählte ihm alles und zeigte ihm mein Bein.

Wir sind dann noch ins Krankenhaus gefahren, um zu schauen, ob irgendwas kaputt ist, denn es tat höllisch weh.

Nach dieser Attacke und dem Verhalten von Axe können wir einfach nicht mehr.

Ich habe schreckliche Angst."

Frau Wagner weinte sehr und war kurz davor zusammenzubrechen. Man sah, wie es die beiden mitnahm.
Aber was sollte ich tun? Wie sollte ich helfen?
Hier fehlte jede Grundlage für Axe.
Kein Garten. Eine Wohnung im 5 Stock mit sehr kleinen und engen Zimmern.
Eine Frau, die mittlerweile panische Angst hatte.
Ihr Freund, der auch mit den Nerven am Ende war.
Und nun sollte ich einfach sagen: *„weg mit Axe?"*
So einfach wollte und konnte ich es mir nicht machen. Ich fragte, ob ich nach unten gehen durfte, um die Tür von dem Zimmer aufzumachen, wo sich Axe befand.
Wie aus der Pistole geschossen kam von beiden die Antwort: *„NEIN."*

Ich erschrak kurz. „Warum?" fragte ich.
Herr Seiler sagte, dass mich Axe sofort angreifen werde. Aber ich sagte ihm, dass er einen Maulkorb trägt und ich mir gerne mal ein Bild von Axe machen möchte. Bis jetzt hatte ich ja noch wenig von Axe, aber viel von den beiden erfahren.
Frau Wagner schluchzte, dass Axe mich angreifen werde und weinte echt hefig.
Sowas geht mir immer sehr nah, aber was sollte ich tun?
Nur reden und meine Meinung sagen und damit das eventuelle Todesurteil unterzeichnen?
Das konnte ich nicht, ich wollte ihnen etwas zu dem Verhalten von Axe erklären.
Also bekam ich grünes Licht.

Ich hatte wieder meine Spezialleine dabei, die ich bestimmt brauchen würde.
Ich ging runter und öffnete langsam die Tür.
Axe ging sofort auf mich los, und wie.

Mit einer Kraft und einem Willen, der echt atemberaubend war. Ich versuchte, ihn von mir wegzuhalten, indem ich die Leine über seinen Kopf warf und ich dann ruhig mit ihm arbeiten konnte. Ein paar kurze Korrekturen und er ließ von mir ab.
Ich sah, wie er sich umschaute. Es sah so aus, als ob er seine Familie suchte. Ich lief mit ihm im unteren Wohnbereich und es war ok. Ich blutete etwas am Bein durch die Krallen von Axe, aber das war nicht schlimm.

Dann ging ich nach oben und Axe musste hinter mir mitgehen. Oben angekommen sah er sein Herrchen und wollte zu ihm. Ich hatte ihn ja noch an der Leine und ließ das nicht zu. Daraufhin sprang er mich wieder an und ich sah in seinen Augen, dass er mich ernsthaft verletzen wollte.
Frau Wagner heulte und Herr Seiler ging zu ihr und nahm sie in den Arm.
Irgendwann hatte ich Axe so weit, dass wir ausgekämpft hatten. Ich erklärte den beiden nun, was ich gesehen hatte und warum Axe das gemacht hat.
„Er beschützt hier alles und es kommt mir vor, als ob er auch euch beschützen muss."
Ich testete nun etwas.

Axe legte ich im Wohnzimmer ab. Ich musste es ihm zweimal sagen, da er einen extrem starken Willen hatte.
Dann ging ich ans andere Ende des Raums und umarmte Frau Wagner. Axe schaute, aber blieb liegen.
Dann umarmte ich Herrn Seiler und Axe kam regelrecht angeflogen und wollte mir ans Leder.
Ich nahm ihn wieder an der Leine und ging mit ihm zu seinem Platz zurück. Ich musste ihn regelrecht nach hinten ziehen, er schaute nur nach vorne zu seinem Herrchen.

Wieder erklärte ich den beiden die Situation, und zwar so, dass es jeder verstehen konnte.
Als ich Frau Wagner umarmte, blieb Axe liegen, weil sie in seinen Augen keinen Wert habe. Sie stehe ganz unten auf der Leiter. Als ich Herrn Seiler umarmte, musste Axe eingreifen. Er war hier der Chef und regelte alles und sonst niemand.

Ich fragte, ob wir uns mal setzen können.
Herr Seiler sagte, dass es dazu etwas Vorbereitung brauche. Erst setzte sich Frau Wagner auf die kleinere Couch und schob den Tisch vor sich, dass Axe nicht zu ihr konnte.
Auf meine Frage, warum, sagte sie, dass es hier immer wieder Attacken gegen sie gebe.
Dann ging Herr Seiler auf die Couch und Axe ging sofort mit und setzte sich auf seine Füße.
Nun kam ich und setzte mich neben Herrn Seiler.

Axe schaute sich die Situation an und man sah, dass er nachdachte. Dann schleckte er an den Armen von seinem Herrchen und ging sofort auf mich los.
Ich nahm ihn an der Leine von der Couch weg und brachte ihn erst mal wieder zur Ruhe.
Die beiden heulten sehr, als sie das sahen.
Frau Wagner fragte, warum er einfach ohne Grund auf mich losging. Ich erklärte ihr, dass es für sie keinen Grund gebe, aber sehr wohl für Axe.
Er schleckte die Arme von Herrn Seiler ab, um zu zeigen, dass er alles im Griff hatte. Und dann zeigte er mir, dass er auch wirklich alles im Griff hatte. Das war dieses Vorgehen.

Herr Seiler brachte Axe wieder nach unten. Man sah, dass Axe das nicht wollte. Sein Job war noch nicht getan. Er wollte mich aus dem Haus haben.

Wir besprachen nochmal alles, was ich gesehen hatte und ich beantwortete noch viele Fragen.
Auch wohin man sich eventuell wenden könnte, um den Hund zu resozialisieren und anschließend mit viel Glück auch zu vermitteln.
Doch leider konnte ich unter diesen Begebenheiten und mit diesen Rahmenbedingungen nicht helfen.

Wir beendeten diesen Termin und ich fuhr sehr nachdenklich und traurig nach Hause.

Traurig, weil ich mir denken kann, wie die Entscheidung ausfällt.
Traurig, weil ich glaube, dass sich niemand findet, um Axe zu helfen.
Traurig, weil ich unter diesen Bedingungen nicht helfen konnte.

42. Befremdliche Welt

Hund: Fankerl
Halter: Hoeneß

Vor vielen Jahren bin ich noch in verschiedenen bayrischen Hundehotels gewesen und habe Seminare abgehalten.
Den ganzen morgen Training mit Kunden, hauptsächlich mit dem Thema Körpersprache und was diese bewirken kann. Die Kunden waren alle Gäste der Hotels und buchten die Seminare zu ihrem Urlaub dazu. Nachmittags hatte ich dann Urlaub.
Das war eine schöne, aber auch sehr anstrengende Zeit.

Bei einem der Seminare war eine Teilnehmerin aus dieser Gegend anwesend. Sie sprach mich an, mit der Bitte, einer Freundin von ihr zu helfen. Diese wohne mit ihrem Hund auf einem speziellen Campingplatz in der Gegend.
Ich fragte, wo ihr Problem liege.
Sie meinte, dass es ihrem Hund einfach an Erziehung fehle. Außerdem habe er ein spezielles Problem mit einigen Männern. Bei dieser Aussage wurde sie rot und mehr wollte sie nicht dazu sagen. Ihre Freundin sollte mir das erklären, ihr wäre das zu pikant.
Eigentlich wollte ich mittags die Ruhe mit meinen Hunden genießen, aber es machte mich doch sehr neugierig. Sie gab mir die Telefonnummer einer Frau Hoeneß, aber nicht verwandt mit den berühmten Hoeneß-Brüdern. Am Nachmittag rief ich sofort an, denn meine Zeit war hier sehr begrenzt.

Frau Hoeneß nahm das Telefon ab und ich merkte gleich, dass sie eine sehr offene Art hatte.
Sie erzählte mir, dass sie auf einem speziellen FKK-Campingplatz lebe.

„Mein Hund Fankerl ist ein richtiger Wildfang und rennt immer den Männern nach, um in ihre Geschlechtsteile zu beißen. Das ist auch zu verlockend, wenn das alles da rum baumelt. Er denkt bestimmt, dass es Würstchen sind, der kleine Schlingel. Bis jetzt hat er zwar noch niemanden erwischt, aber ich denke, das ist nur eine Frage der Zeit.
Meine Freundin ist in Ihrem Kurs und schwärmt von Ihnen und daher meine Bitte, mir zu helfen"

Ich musste mich etwas zusammenreißen, um nicht zu lachen, denn mein Kopfkino lief bereits auf Hochtouren.
Etwas verstört sagte ich zu, ihr zu helfen.
Sie sagte, dass dies aber nicht ganz so einfach sei, denn hier auf dem Campingplatz gibt es Regeln:
„Jeder darf sich nur nackt auf dem Platz bewegen. In den eigenen Unterkünften kann jeder machen, was er möchte. Ich habe heute Morgen schon mit der Verwaltung gesprochen, dass ich mir Hilfe hole, aber sie sind hart geblieben, nur nackt auf den Platz"

Ok, ich wollte vorbeikommen und schauen, wie ich helfen könnte.
Den nächsten Nachmittag bin ich dann, gleich nachdem ich meine Hunde versorgt hatte, zum Campingplatz gefahren. Ich gebe zu, es war mir etwas mulmig. An der Rezeption fragte ich nach Frau Hoeneß. Mir wurde ein Plan ausgehändigt, der mir als Wegbeschreibung zu ihrem Platz half. Ich durfte mit dem Auto bis zu ihrer Parzelle fahren. Als ich parkte, stand Frau Hoeneß in ihrem kleinen Garten.
Nackt, wie Gott sie schuf.
Und ja, sie war sehr hübsch.

Ich merkte, wie es mir so langsam unangenehm wurde. Nicht weil ich mich für meinen Körper schämte, denn zu dieser Zeit hatte ich sehr viel Krafttraining gemacht. Ich kannte das einfach nicht, mich vor jedem Menschen nackt zu zeigen.
Aber was solls, nun war ich ja hier.

Ich stieg aus und nach dem ersten *„Hallo"* sagte sie sofort, dass ich sie Marie nennen solle, das sei die Abkürzung von Marianne, aber hier sei es nicht so steif.
Marie sagte, dass ich erst mal reinkommen solle, da könne ich mich ausziehen und wir könnten uns unterhalten. Also rein in die gute Stube. Es war ein großer Wohnwagen mit einem noch größeren Vorzelt. So geräumig habe ich es mir nicht vorgestellt.
Ihr Hund sprang derweil ganz vergnügt bei uns herum.
Frau Hoeneß, sorry Marie, ging vor mir her und ich schaute mir alles rechts und links an, um meinen Blick nicht auf sie zu fixieren.
„Sorry, ich bin auch nur ein Mann."

Sie setzte sich und ich fragte, wo ich mich umziehen solle.
Sie meinte *„nicht umziehen, ausziehen."*
OK, ich zog mich aus und sie merkte, dass ich mich sehr unwohl dabei fühlte.
„Du brauchst nicht prüde zu sein, hier ist jeder nackt und niemanden kümmert es."

Ich erklärte ihr, dass dies für mich neu war und auch das erste Mal. Aber sie redete so offen, dass meine erste Scham etwas verflog. Ich setzte mich ihr gegenüber und versuchte natürlich krampfhaft, meinen Blick auf ihrem Gesicht zu behalten.
Kurz gesagt, es war schwer.

Sie erzählte mir, dass ihr Fankerl seit Welpe an bei ihr war, alles sei immer gut gewesen und nun sei er 11 Monate alt und mache so einen Blödsinn.
Ich erklärte, dass er jetzt in die Pubertät käme und alles um sich herum noch intensiver wahrnehme.
Aber sowas könne man trainieren, das nenne man Erziehung.
„Deshalb bist du hier, denn ich weiß nicht genau wie. *Auf dem Platz leben noch mehr Hunde und die machen das nicht. Ich habe schon mit den anderen gesprochen und gefragt, wie sie das trainiert haben, aber dieses Problem hatte keiner. Stell dir mal vor, Fankerl beißt in so ein Würstchen rein.“*

Diese Bilder bekam ich nicht mehr aus dem Kopf.
Marie erzählte mir, dass ihr Fankerl auch an der Leine bleiben könnte, aber hier seien alle frei, Mensch und Hund. Der ganze Platz sei eingezäunt, da wäre es schön, wenn das auch ohne Leine ginge.
Gut, ich würde gerne einmal sehen, wie das abläuft.
Aber aus Sicherheitsgründen sollte Fankerl an der Leine sein. Ich möchte nicht noch mehr verstörende Bilder in meinem Kopf.
Marie sagte, dass sie mit einigen Männern gesprochen hatte und die würden uns helfen. Wir könnten gleich rausgehen.

Ich bat um etwas Zeit. Nun, wie soll ich das sagen?
Ich kam ja nicht drum rum, mir auch Marie anzuschauen.
Mein Gott, wo sollte ich denn hinsehen?
Daher brauchte ich etwas Zeit, um aufzustehen.
Versteht ihr? Ich glaube, ich war Rot wie die Feuerwehr.

Marie meinte, das sei nicht schlimm und auch nicht ungewohnt, das gehe vielen männlichen Gästen so. Sie ging zum Kühlschrank und holte ein paar Eiswürfel raus. Ging zu mir und legte sie einfach zwischen meine Beine. Das ging so schnell, dass ich gar nicht wusste, was da gerade passierte.

Sie fragte dann: *„Und, geht's wieder?"*
Es ging, aber mein Kopf war bestimmt immer noch feuerrot. Wir gingen nach draußen und ich schaute erstmal zu Fankerl, damit er nicht mein Würstchen wollte.
Marie ging in die Nachbarparzelle und sagte den Männern Bescheid. Dann kam sie, nahm Fankerl an die Leine und wir gingen nach draußen.
Als mich die Männer sahen, kam sofort der Spruch:
„Oh, Sie sind das erste Mal hier, was?"
Ich fragte, ob man das an meinem roten Kopf sehe, dann meinte einer: *„Nein, an der fehlenden Sonne auf deinem Arsch."*

Wir mussten alle herzhaft lachen und meine Scham wurde zunehmend weniger.
Ich instruierte die Männer, dass sie einfach ein bisschen umherlaufen sollten, damit ich genau sehen konnte, wie sich Fankerl dabei verhielt.
Dann ging es los.
Erst mal interessierte sich Fankerl überhaupt nicht, aber als die Männer etwas schneller liefen wurde er angestachelt und sprang zu ihnen und wollte das Würstchen.
Ok, erstmal Stopp.

Ich fragte, ob Fankerl verfressen war.
Marie sagte „Ja, und wie."
Dann probierten wir ihn mit Leckerchen abzulenken, während die Männer umherliefen.
Es klappte ganz gut, aber das war so nicht immer umsetzbar.
Alle nackt, ihr versteht?
Wohin mit den Leckerchen?
Also beendeten wir erstmal das Training und gingen wieder in Maries Wohnwagen. Mir war was eingefallen, wie Marie vielleicht im Wohnwagen trainieren konnte.

Ich fragte, ob sie Würstchen zum Trainieren dahatte.
Mit ihrer offenen und direkten Art meinte sie: *„Eins auf jeden Fall"* und schaute an mir herunter.
Wie gesagt, das war eine neue Welt für mich.
Sie lachte und holte eins aus dem Kühlschrank.
Ich band eine Schnur daran und hing es so auf, dass Fankerl nicht dran konnte.

Dann erklärte ich Marie, was ich vorhatte. Ich bewegte das Würstchen (*nein, nicht das*) und wenn Fankerl nicht darauf reagierte, bekam er eine Belohnung.
Das probierten wir ein paarmal und es klappte super.
Ich fragte, ob sie das nun mal zwei Tage intensiv trainieren könne, dann würde ich wiederkommen und schauen, ob es klappt. Die Männer sollten sich dann auch wieder bereithalten.
Des Weiteren zeigte ich Marie noch ein paar super Übungen, um an dem Bezug und der Bindung zu arbeiten.
Ich zog mich an und verabschiedete mich. Am Ausgang musste ich dann noch auschecken. Die Frau fragte, ob ich es überlebt habe. Ich nickte nur und fuhr zu meinen Hunden ins Hotel.

Es war schwer, in den nächsten beiden Tagen an was anderes zu denken, als an Marie.
Aber was sage ich immer? Ich bin ja Profi.

Nach zwei Tagen fuhr ich wieder zu dem Campingplatz.
Wie beim letzten Mal auch: Anmelden, reinfahren, ausziehen.
Marie empfang mich wieder locker und froh gelaunt.
Sie sah auch gleich, was los war und holte mir Eiswürfel.
Herr Gott, ich bin auch nur ein Mann.

Dann wollte ich das Training sehen. Kurz gesagt, es war grandios. Marie warf das Würstchen durch den Wohnwagen und Fankerl interessierte sich nicht wirklich dafür.

Auch die anderen Übungen klappten super, und das nach nur zwei Tagen.
Wir gingen raus und holten die Männer. Auch da lief alles super. Keiner musste um sein Würstchen bangen. Nun kam die Leine weg. Fankerl lief über den Weg und interessierte sich nicht für das Corpus Delicti.

Dann machten wir gemeinsam einen Spaziergang über den Campingplatz. Ich bekam viele Blicke zugeworfen. Aber nicht wegen meiner Figur, sondern wegen meines weißen Hinterns.
Einige Männer kamen uns entgegen und Fankerl hatte nur Augen für Marie.
Wer konnte es ihm auch verdenken?
Super, das war`s.

Wir gingen zu ihrem Wohnwagen zurück und besprachen noch das weitere Vorgehen. Sie sollte ja nicht aufhören zu trainieren. In zwei Tagen saß noch nichts so tief, dass es gut war.
Marie versprach dranzubleiben, bedankte sich bei mir und umarmte mich für meine Hilfe.
Wo sind die verdammten Eiswürfel, wenn man sie mal braucht?!

Ein, im Nachhinein, wunderschöner Termin ging zu Ende. Ich werde noch lange daran zurückdenken.

43. Angsthund

Hund: Beno
Halter: Anton

Diese Geschichte zeigt wieder, dass es sich immer lohnt, dranzubleiben und niemals aufzugeben.
Ich bekam eine Nachricht per WhatsApp mit zwei Videos als Anhang. Die Videos zeigten mir sofort, dass hier Hilfe von Nöten war.
Im Text stand:
„Hallo Herr Paul, wir kennen uns nicht, aber ich brauche dringend Hilfe. Mein Name ist Alexandra Anton und ich bin 29 Jahre jung. Ich lebe mit meinen Großeltern zusammen, die ich zuhause betreue und pflege. Ich wohne nur 2 Ortschaften von Ihnen entfernt.
Schauen Sie sich bitte die Videos an und helfen Sie mir."

Ich rief sofort an und machte einen Termin am nächsten Abend. Denn es war dringend.
Frau Anton empfing mich schon im Hof und wir gingen ins Esszimmer. Unter der Bank lag Beno. Es roch stark nach Urin, was Frau Anton auch sehr peinlich war.
Auf meine Frage, wie der Hund nun hierher käme und was es für eine Geschichte dazu gebe, sagte sie:
„Ich habe vor 3 Monaten einen Hund gewollt. Bei einer Tierschutzorganisation wurde ich im Internet fündig.
Ich sagte denen, dass ich ein Anfänger sei und keinen großen Hund wollte. Sie sagten, dass sie einen passenden für mich dahätten. Er wurde mir beschrieben als Mischling, Rüde, ca. 3 Jahre alt, 10 Kilo schwer und freundlich zu allem und jedem.
Ich musste ihn in 150 km Entfernung auf einem Parkplatz abholen.

Als er mit dem Transporter ankam, bemerkte ich sofort, dass er sehr ängstlich war. Ich sprach den Verein, der auch dabei war, darauf an. Die meinten nur, dass er vom Transport durcheinander sei.
Der Hund wurde nicht aus seiner Box geholt, diese musste ich mitbezahlen. Man half mir, die Box in mein Auto zu stellen. Es waren noch weitere Menschen dort, die auch Hunde abholten, da war es das gleiche Prozedere.
Ich musste denen das alles glauben, weil ich keine Erfahrung mit Hunden habe.
Auf der Heimfahrt habe ich extra viele Pausen gemacht, aber der kleine Kerl wollte nicht mehr aus seiner Box. Zuhause habe ich mit meinem Nachbarn die Box inklusive Hund ins Haus getragen, die Box geöffnet, aber Beno blieb zitternd darin. Mein Nachbar meinte, dass er vielleicht Zeit brauche.

Ich ließ die Box offen und kümmerte mich um meine Großeltern. Gegen Abend schaute ich nach Beno, er lag immer noch in seiner Box. Aber er hatte sein Geschäft gemacht und lag nun darin. So konnte ich ihn ja nicht lassen.
Ich zog ihn heraus, um ihn und die Box zu reinigen. Er hat fürchterlich gestunken. Ich konnte ihn gar nicht richtig saubermachen, weil er so gestrampelt hat.

Beno hat sich auch sofort unter die Eckbank verkrochen. Ich stellte ihm Wasser und Futter hin und ließ ihn die ganze Nacht in Ruhe, weil ich ihn nicht zu sehr bedrängen wollte.
Am nächsten Morgen saß er immer noch zitternd unter der Eckbank und hat wieder reingemacht. Sein Futter hat er auch nicht angerührt. Ich machte unter der Eckbank so gut sauber wie ich konnte und rief bei dem Verein an.

Diese Nummer war nicht mehr erreichbar. Ich recherchierte im Internet und fand heraus, dass ich reingelegt wurde. Diese Organisation gab es gar nicht und die wollten nur Geld machen. So, reingefallen.
Was sollte ich nun tun?
Ich rief bei einem Tierarzt an und bekam nachmittags einen Termin. Ich stopfte Beno regelrecht in die Box, mein Herz blutete, aber ich wusste mir keinen Rat. Beno zitterte und hatte Angst, das sah ich auch ohne Erfahrung.

Nach der Untersuchung sagte der Tierarzt, dass es nicht gut aussehe. Bei diesem Hund stimme überhaupt nichts mit den Unterlagen überein. Selbst die Chipnummer war eine andere.
Er meinte, dass Beno noch kein Jahr alt sei und Parasiten, Würmer und Flöhe hätte.
Er gab ihm Spritzen und mir Medikamente mit. Nach einer Woche sollte ich wieder kommen.

Zuhause wurde dann alles desinfizieret, dass die Flöhe keine Chance hatten.
Die nächsten Wochen wurde es mit Beno zwar gesundheitlich besser, aber seine Angst blieb. Seit er nun da ist, sitzt er nur unter der Eckbank und macht auch sein Geschäft da. Ich habe schon versucht, ihn zu schnappen und raus in den Garten zu tragen. Aber er dreht sich sofort um und möchte wieder rein unter die Bank. Ich war noch nie spazieren mit ihm, er sitzt nur unter der Bank. Was soll ich denn tun?"

Ich beruhigte Frau Anton erst mal. Diese Nummer würde allerdings nicht einfach werden.
An einen Spaziergang brauchten wir erstmal nicht zu denken. Das Wichtigste war, dass er seine Angst verlor und sich nicht mehr verkroch.

Wir legten ein Hundebett in den Raum, damit Beno sich darauf niederlassen konnte. Dann holten wir Decken und Kartons und stopften diese unter die Eckbank, bis Beno keinen Platz mehr hatte und raus musste. Die Tür vom Esszimmer war zu und er hatte keine Möglichkeiten mehr zur Flucht.
Erst ging er panisch durch den Raum, dann fand er das Hundebett und legte sich da rein. Er kuschelte sich regelrecht unter die Decke, damit wir ihn nicht mehr sehen konnten.
Ich sagte, dass ich heute erst mal nichts mehr machen konnte, aber sie solle sich jede freie Minute neben Beno setzen und laut ein Buch lesen.
Sie fragte, was das helfen solle und welches Buch.
Ich sagte ihr, dass es egal sei, welches Buch, nur laut lesen, damit Beno ihre Stimme hörte. Keine Gruselgeschichten, denn da haben wir Menschen keine gute Energie beim Lesen.
Ich käme in 3 Tagen wiederund dann würden wir weitersehen.

Bei meinem nächsten Besuch hatte ich eine Überraschung dabei, die ich Frau Anton noch nicht sagen wollte. Ich sah ihr an, dass etwas Positives passiert sein musste, denn sie öffnete mir und strahlte. Ich fragte gleich, was passiert sei. Sie wollte es mir zeigen und nahm mich mit ins Esszimmer. Im Hundebett lag Beno und es roch nicht mehr so intensiv wie bei meinem ersten Termin. Ich sollte mich hinsetzten und zuschauen.
Ok, auch mal was anderes.
Sie setzte sich neben Beno auf den Boden und las in dem Buch, er drehte sich auf den Rücken und Frau Anton streichelte ihn.
Das war so schön zu sehen, dass ich weinen musste.
„Ja, bei Tieren bin ich sehr nah am Wasser gebaut.“

Aber sie war noch nicht fertig. Sie holte ein Handtuch und eine weitere Decke.

Beno ging, mit einem Kommando, aus seinem Hundebett und legte sich auf das Handtuch, damit Frau Anton sein Bett saubermachen konnte. Dann ging er wieder rein und legte sich hin. Das war so schön zu sehen.
Wenn man weiß, wie es 3 Monate lang gewesen ist und was nun in 2 Tagen passiert war. Wahnsinn.
Für jeden anderen Hund wäre diese Leistung noch nicht mal erwähnenswert, aber für Beno war es ein Schritt ins Leben. Ich wusste in dem Moment gar nicht, was ich sagen sollte und ob ich meine Überraschung überhaupt erwähnen sollte.
Frau Anton setzte sich neben mich und schaute mich nur an, ohne ein Wort zu sagen. Ich glaube es ging ein paar Minuten so. Dann sagte ich ihr, dass sie eine großartige Leistung vollbracht habe und ich eigentlich noch etwas vorgesehen hatte.

Ich hatte einen Hund von einer meiner Trainerinnen dabei, den ich gerne hereinholen wollte, um zu sehen, ob Beno vielleicht noch mehr auftaut. Aber ich war mir nicht sicher, ob das nun zu viel für ihn war. Wir beschlossen, es nicht zu tun.
Ich hatte bei diesem Termin nur zugeschaut und nichts gemacht, aber ich war mehr als zufrieden. Frau Anton sollte bitte so weitermachen und ich käme in 3 Tagen wieder.

Beim nächsten Besuch war auch meine Trainerin Claudia mit ihrem Hund dabei. Auf der Fahrt zur Kundin erzählte ich ihr alles über Beno und was bis dato schon unternommen wurde.
Als wir ankamen, ließen wir ihre Hündin erstmal im Auto und gingen zuerst ins Haus. Im Esszimmer waren dieses Mal auch die Großeltern dabei und Beno lief in dem Raum umher.
Zögerlich, aber er lief.
Das war einfach großartig.
Wir besprachen die Fortschritte und Frau Anton sagte, dass sie in ihrem Leben noch nie so viele Bücher gelesen habe.

Claudia holte ihre Hündin und ging direkt in den Garten. Wir wollten erstmal sehen, wie Beno durch die Terassentür auf Maya reagierte. Denn nicht, dass wir irgendwas verschlimmern. Als Beno Maya sah, ging er ganz langsam zur Tür und bellte das erste Mal, seit er da war.
Aber nicht böse, eher neugierig und irritiert.
Maya hatte ich ausgewählt, weil sie eine sehr ruhige Hündin war.

Wir öffneten die Tür und Beno ging ganz langsam hinaus. Als er vor Maya stand, gab er einen Ton von sich und verschwand wieder im Haus.
Ich war traurig und dachte schon, dass wir vielleicht zu schnell vorgegangen waren, aber Beno kam wieder heraus und hatte ein Spielzeug in seinem Maul, das er Maya vor die Füße warf.
Nun war Maya nicht gerade ein Hund, den man mit Spielzeug locken konnte, aber sie schnupperte daran und man sah die Freude in Benos Gesicht.
Er versuchte sehr zaghaft, Maya anzuspielen, aber er wusste nicht so recht, wie und Maya wollte nicht darauf eingehen. Also gingen wir alle zusammen rein. Beno wartete draußen und sah uns allen nach, dann nahm er wieder sein Spielzeug und trug es in sein Körbchen.
Wir besprachen das weitere Vorgehen und Claudia kam jeden Tag mit Maya vorbei, um dadurch Beno nach draußen zu locken.
Ich wollte in 2 Wochen den nächsten Termin anpeilen, aber ohne, dass wir jetzt was fest ausmachten. Ich wollte es davon abhängig machen, wie sich Beno weiter öffnete. Claudia sollte mich in dieser Zeit über die Fortschritte auf dem Laufenden halten.

Wie besprochen hörte ich ständig von Claudia.
Es wurde fast immer besser. Fast heißt, dass es auch 3 Tage gab, an denen Beno nicht aus dem Haus gehen wollte. Aber ansonsten war ich zufrieden.
Nach fast 3 Wochen erzählte mir Claudia, dass es der Oma von Frau Anton nicht so gut gehe, und man merkte es Beno auch an. Ich fuhr mit Claudia und Maya sofort wieder zu Frau Anton. Als ich Beno sah, war er im Vergleich zum ersten Mal schon richtig aufgetaut. Er lief in der ganzen Wohnung umher und machte auch sein Geschäft im Garten und nicht mehr im Haus.
Nur Gassi wollte er noch nicht. Aber eins nach dem anderen.

Wir gingen in den Garten und Beno spielte richtig schön mit Maya. Sie hatte sich so an Beno gewöhnt, dass auch sie davon profitierte.
Ich sprach derweil mit Frau Anton, wie es weitergehen könnte. Sie meinte, dass sie es alleine nicht mehr schaffe, ihre Großeltern zu versorgen, weil auch ihr Opa ziemlich abgebaut habe. Wir müssten 2 Wochen überbrücken, dann käme eine Sozialarbeiterin, die helfen würde.
Ok, was Beno anging, könnten 2 Wochen zu viel sein. Ihn mitnehmen kam nicht in Frage, weil ihn das zu sehr zurückwerfen würde, da waren wir uns sicher.
Ich bot an, Claudia freizustellen, damit sie mehrmals am Tag kommen könnte und sich mit ihrer Maya um Beno kümmern könnte. Wegen der Bezahlung müssten wir sehen, aber da fiele uns was ein. Ich verabschiedete mich und Claudia übernahm erstmal, bis der Pflegedienst kam.

Wir hatten leider die Rechnung ohne „den da oben" gemacht. Nach einer Woche starb die Oma von Frau Anton. Und weil nun einige fremde Menschen im Haus waren, wurde Beno in sein altes Handeln zurückgeworfen.

Er ging nicht mehr aus seinem Körbchen raus und machte auch wieder sein Geschäft im Haus. Was tun?
Frau Anton war fix und fertig und wir wussten auch keine sofortige Lösung.
2 Tage später musste auch noch der Opa ins Krankenhaus. Claudia ging das Leid von Frau Anton mittlerweile auch sehr nah. Sie war es schließlich, die für die Rettung sorgte.
Sie sprach mit Frau Anton, dass sie bei ihr einzöge, bis das hier alles geklärt sei.
Gut, alle waren einverstanden und Claudia richtete sich notdürftig ein, kümmerte sich rührend um Beno und Frau Anton hatte Luft, um ihren Opa zu besuchen.

Die Zeit lief und Claudia wohnte schon 4 Wochen bei Frau Anton, als leider auch ihr Opa verstarb.
Wir halfen, so viel wir konnten, und ich wusste mittlerweile schon gar nicht mehr, wie oft ich zu Frau Anton und Claudia gefahren bin. Ich wollte unbedingt einen Erfolg bei Beno haben. Nicht für mich, sondern zuerst natürlich für Beno und als nächstes für Alexandra (wir waren mittlerweile beim Du angelangt).

In den weiteren Wochen schaffte es Claudia, dass Beno mit ihr und Maya kurze Strecken ums Haus lief. Ein Spaziergang war das noch nicht, aber für Beno ein weiterer Schritt in die richtige Richtung.
Es ergab sich, dass Claudia ihre Wohnung kündigte und mit Alexandra zusammenzog. Dadurch wurde so viel Zeit eingespart, die immer für das Hin- und Herfahren draufging, dass Claudia auch wieder mehr bei mir mitarbeiten konnte. Ich konnte mich aus diesem Termin komplett raushalten. Claudia übernahm nun alles, was Beno betraf. Dieser Termin war so zäh, weil er fast ein Jahr andauerte.

Beno wurde immer lockerer, auch seine Spaziergänge wurden immer ausgedehnter. Nur Maya musste immer dabei sein, sonst ging nichts. Alexandra kam auch mit ihm auf den Hundeplatz und wir versuchten, in unserem Training immer mehr Hunde zu finden, an denen Beno seine Freude hatte. Auch das konnten wir ermöglichen.
Nach unglaublichen 3 Jahren – lasst euch das auf der Zunge zergehen: 3 Jahre – war Beno nicht mehr wiederzuerkennen. Auch ohne dass Maya ständig dabei sein musste, meisterte der kleine Mann sein Leben, als ob nie etwas passiert wäre.

Auch wenn es zwischendurch viele Schicksalsschläge gab, besonders natürlich für Alexandra, war auch sehr viel Freude dabei. Zu guter Letzt kamen sich Claudia und Alexandra auch noch näher und wurden sogar ein Paar.

Solche Geschichten schreibt nur das Leben.
Wir fanden eine Lösung für alle, auch für die, die meinten, keine Lösung zu brauchen.

44. Taube Nuss

Hund: Pluto
Halter: Maler

Ein guter Freund, der sich täglich im Tierschutz verausgabt, hatte eine Bekannte, die einen tauben Hund besaß. Diese bräuchte dringend Hilfe, weil sie etwas überfordert sei. Er gab mir ihre Nummer und ich rief an.
Frau Maler war überglücklich über meinen Anruf und wollte so schnell wie möglich Hilfe.

Also machten wir einen Termin und ich fuhr zu ihr, um zu sehen, was ich tun könnte. Ich weiß noch, als mir Frau Maler die Tür öffnete und mir sofort der Geruch von frisch gebackenen Plätzchen entgegenkam. Ja, ich esse diese sehr gerne.
Wir gingen in die Küche und setzten uns. Da kam auch schon ihr Hund angerannt.
Ein Dalmatiner namens Pluto und ca. 4 Jahre alt.

Frau Maler fing gleich an zu erzählen:
„Ich habe Pluto vor 2 Monaten von einem Freund übernommen. Er musste geschäftlich ins Ausland ziehen und konnte Pluto daher nicht mitnehmen. Da fragte er im Freundeskreis rum und ich sagte zu.
Er hatte ihn als Einjährigen von einer Tierschutzorganisation aus Ungarn geholt, mehr weiß ich über die Vorgeschichte nicht. Pluto ist taub, das hat er mir leider verschwiegen.
Ich habe mit solch einer Behinderung keine Erfahrung und weiß nicht, was ich tun kann, damit Pluto auf mich hört. Rufen kann ich ihn ja nicht. Er ist unheimlich lieb und anhänglich, aber ich kann ihn nicht von der Leine lassen, da ich ihn nicht rufen kann.

Ich treffe mich jede Woche mit Freunden auf einem eingezäunten Gartengrundstück. Da können die Hunde ohne Leine laufen, das ist wenigstens etwas. Aber wenn ich Pluto anleinen möchte, müssen erst alle ihre Hunde rufen, damit Pluto ihnen hinterherläuft und ich ihn dann einfangen kann. Das ist nicht immer einfach.
Ich möchte aber nicht nur, dass er freilaufen kann, sondern ihn auch besser verstehen können. Im Moment freue ich mich immer, wenn er zu mir kommt und belohne ihn, mehr weiß ich auch nicht."

Ok, das ist doch eine gute Basis, auf der wir aufbauen können. Ich sagte Frau Maler, dass ich ihr zu einem Vibrationshalsband raten würde. Das müsse aber richtig antrainiert werden, damit Pluto keine Fehlverknüpfung abspeicherte.
Das könne ich ihr zeigen und mit ihr trainieren.
Ich habe damit schon einigen tauben Hunden geholfen. Ich versuche sowas immer recht einfach zu halten. Man gibt einen Impuls ab und der Hund soll schauen, dann gibt man über Körpersprache Kommandos, die Pluto dann auch umsetzten kann. Bei zwei Impulsen soll er sofort zurückkommen.
Hört sich einfach an, ist es im Detail aber nicht, denn das Timing ist hier enorm wichtig.

Ich wollte nun erst mal sehen, wie beide spazieren gingen und wie sich Pluto an Frau Maler orientierte, oder auch nicht.
Pluto bekam ein Sicherheitsgeschirr an und dann ging es raus. Sofort legte sich der Kleine ins Zeug, Frau Maler hatte sehr zu tun, um ihn zu halten.
Das war schon mal nichts.
Als wir ca. 200 Meter gelaufen waren, hörte Pluto auf zu ziehen und es wurde sofort besser. Die 200 Meter waren durch den Ort, bis wir im Feld waren.

Ich wollte das gerne nochmals sehen, um zu prüfen, ob Pluto mit der Umgebung ein Problem hatte und bat Frau Maler, wieder zurück zum Haus zu gehen und erneut herzukommen. Pluto zeigte wieder das gleiche Verhalten. Zug auf der Leine bis ins Feld, dann fühlte er sich wohler.
Wir gingen noch ein paar Meter weiter, damit ich sehen konnte, wie es mit weniger Stress läuft. Frau Maler zupfte immer mal wieder an der Leine und Pluto schaute sie an, dann hat sie ihm Leckerchen gegeben.
Das war zwar nicht schlecht, aber mir fehlte noch etwas dazu, denn so lernte Pluto nur, dass es Futter gab, wenn ein Zupfen an der Leine zu spüren war. Da mussten wir noch ansetzten.

Nach knapp 20 weiteren Minuten kamen wir wieder zuhause an. Wir gingen rein, besprachen alles und ich stellte ihr einen Trainingsplan zusammen, was sie ab sofort trainieren sollte.
Ich schlug ihr vor, ihr selbst so ein Vibrationshalsband zu besorgen, denn da gab es viel Mist auf dem Markt.
Dann würde ich sie gerne erstmal in unserem Körpersprache-Kurs sehen, damit sie lernen konnte, wie man mit Hunden kommuniziert, ohne zu sprechen. Erst dann könnten wir richtig mit Pluto arbeiten. Ich verabschiedete mich und bestellte gleich so ein Halsband.

3 Tage später kam Frau Maler auf den Hundeplatz, um am Kurs teilzunehmen. Bei der ersten Stunde würde ich sagen, Frau Maler war sehr bemüht. Das Training zahlte sich aber aus, von Tag zu Tag wurde es besser und die Fortschritte waren deutlich zu sehen.
Pluto schaute immer mehr nach Frau Maler und orientierte sich auch an ihr.
In der Zwischenzeit kam das Halsband an und wir fingen auch damit an zu arbeiten.

Erst sollte sie es Pluto für 2 Wochen anlegen (immer, wenn es Gassi ging), damit er sich daran gewöhnte.
Den Sender behielt ich erstmal, damit Frau Maler keinen Blödsinn machen konnte.
Nach dieser Zeit fingen wir an mit dem Halsband zu arbeiten.

Wir gingen dort spazieren, wo Pluto nicht zu sehr abgelenkt war, den Sender betätigte erstmal ich.
Pluto lief so ca. 3 Meter vor uns an der Leine. Ich drückte einmal auf den Sender und als Pluto schaute, gab Frau Maler ein Sichtzeichen und Pluto kam zu ihr.
So trainierten wir den weiteren Spaziergang, damit Frau Maler sicher im Umgang mit dem Gerät wurde und Pluto sich auch daran gewöhnten konnte. Es wurden immer mehr Sichtzeichen trainiert, wenn Pluto schaute.
Dann passten wir wieder den Trainingsplan an und ich ging mit einem guten Gefühl nach Hause.

Die nächsten Wochen verliefen sehr gut.
Es ging nicht immer nur vorwärts, aber – ganz wichtig – nicht rückwärts.
Frau Malers Körpersprache wurde von Woche zu Woche besser und wir bauten nun den nächsten Impuls auf.
Bei 2-mal vibrieren musste Pluto zurückkommen.
Dies machten wir wieder wie beim ersten Mal bei einem Spaziergang.
Erst bediente ich wieder den Sender, damit Frau Maler sich nur auf Pluto konzentrieren konnte.
Und je besser es funktionierte und vor allem, je sicherer Frau Maler im Umgang wurde, desto mehr machte sie alleine. Ich beobachtete und schritt nur ein, wenn ich etwas sah, was nicht so richtig war.

Nach vielen Wochen war es dann soweit, einen Schritt weiterzugehen.
Wir trafen uns alleine auf dem Hundeplatz, dort war es sicher, dass Pluto nicht ausbüchsen konnte. Ich hatte als Ablenkung mehrere Hunde bestellt, die alle 5 Minuten dazu kamen. Frau Maler sollte Pluto immer mal wieder mit dem Halsband rufen.
Von 10 Versuchen klappte es bei 8.
Das war ok, aber noch nicht so zuverlässig, wie ich mir das vorstellte. Denn wenn wir das im Feld machen würden, müssten 10 von 10 funktionieren.
Stellt euch mal vor, Pluto würde nicht mehr auf das Halsband reagieren und wegrennen. Nicht das, was mir vorschwebte.
Also trainierten wir nach jeder Stunde Körpersprache das Abrufen mit Halsband.

Erst als das gewünschte Ergebnis zu sehen war, trafen wir uns im Feld.
Ich hatte wieder Hunde dabei und bevor es losging, rüstete ich Pluto zur Sicherheit noch mit einen GPS-Tracker aus. Sollte etwas schiefgehen, konnten wir Pluto verfolgen und wiederfinden.
Dann starteten wir das Training.
Wir gingen spazieren und alle Hunde liefen frei zusammen umher. Frau Maler trainierte dabei immer wieder den Rückruf mit Halsband.
Es lief echt toll.
Frau Maler war überglücklich und freute sich, auch ich freute mich mit ihr.
Es war toll zu sehen, wie ein tauber Hund die gleichen Freiheiten wie ein hörender Hund haben konnte.

Als wir kurz vor unseren geparkten Autos ankamen, rannte plötzlich ein Hase über den Weg und alle Hunde starteten los. Jeder rief und auch jeder Hund kam zurück, auch Pluto.
Das war schön zu sehen und ein guter Abschluss dieses Trainings.

Frau Maler kam noch viele Jahre zu mir ins Körpersprache - Training und ich konnte jede Woche sehen, dass sich diese Arbeit mehr als gelohnt hat.

Ein schöner Termin, der sich ausgezahlt hat.
So etwas macht mich sehr glücklich.

45. Polizeihund

Hund: Tilo / Buddy
Halter: Chriszilli

Die Geschichte mit Tilo war nicht leicht und stellte mich mal wieder vor Herausforderungen.
Aber erstmal von Anfang an:

Eine Kundin, die in der Verwaltung eines Veterinärs arbeitete, rief mich an, weil meine Hilfe von Nöten war.
Und zwar sofort.
Frau Baier erzählte mir, dass sie gerade einen Vorfall auf dem Tisch hätten, bei dem ein Hund seinen Halter gebissen habe. So schwer, dass dieser ins Krankenhaus musste, aber der Hund sei noch im Haus. Sie wisse, dass es hier einen Auslöser gab, denn sie kenne den Hund und der sei sehr lieb.

Ich ließ alles stehen und liegen und fuhr zur Adresse des Geschehens. Die Polizei war mittlerweile auch schon vor Ort. Sie sagten mir, dass sie den Hund erschießen würden, wenn sie reingingen. Ich sagte, dass ich reingehen und den Hund rausholen würde. Das wollten sie erst nicht zulassen, aber als auch Frau Baier eintraf und mitredete, durfte ich rein und mein Glück versuchen.
Jedoch mit der Bedingung, dass zwei Beamte hinter mir hergingen und reagieren könnten, wenn etwas passieren sollte.
Mir fiel auf, dass ich jetzt erst fragte, um was für einen Hund es überhaupt gehe.
Frau Baier sagte, einen Rottweiler namens Tilo.
Deshalb habe sie mich gerufen, weil ich bei dieser Rasse auch als „Fachmann" gälte.

Also ging ich mit dem Schlüssel, den die Polizei hatte, zur Haustür und schloss auf. Langsam öffnete ich die Tür und im Flur stand ein Prachtkerl von einem Rottweiler.
Als er mich erblickte, wedelte er und winselte. Ich sah sofort, dass es sich hier um keinen aggressiven Hund handelte. Die Polizisten hinter mir hatten schon ihre Hände an den Waffen. Ich überlegte kurz, was ich tun sollte, und ging einfach rein und schloss die Tür hinter mir.
Die Polizisten waren erst mal draußen.
Ich hörte sie schreien, aber dieses Problem musste erstmal warten.
Ich setzte mich auf den Boden und Tilo kam sofort zu mir und legte sich auf meinen Schoss. Ich legte Tilo meine Spezialleine um und ging raus, bevor noch jemand reinkommen und Blödsinn machen konnte. Als Tilo das Aufgebot vor der Tür sah, drückte er sich an mich. Ich merkte, dass er Schutz brauchte.
Ich ging zu Frau Baier und fragte, was nun passiert.
Da kam ein Polizist dazwischen und wollte mich belehren, dass ich dieses Vorgehen selbst zu verantworten hätte und Bla Bla Bla. Als ob die alles besser wüssten.

Tilo sollte ins Tierheim, bis geklärt war, was passiert sei. Ich konnte alle überzeugen, dass Tilo mit zu mir käme und ich so lange auf ihn aufpassen würde, bis es Neuigkeiten gab. Nach einigem hin und her wurde zugestimmt.
Ich ging mit Frau Baier und Tilo spazieren und wollte wissen, was sie über Tilo wusste.
Sie erzählte: *„Tilo kam als Welpe zu der Polizei und war da vorgesehen, als Diensthund zu arbeiten. Sein Hundeführer trainierte mit ihm, bis nach einem Jahr die Prüfung anstand. Tilo ist dabei mit wehenden Fahnen durchgerasselt. Aber nicht, weil es Probleme mit ihm gab, sondern weil er einfach zu lieb war. Er hatte überhaupt keine Aggression in sich.*

Ich weiß das alles, weil der Hundeführer mein Schwager ist. Laut seinen Vorgesetzten bei der Polizei ist Tilo einfach zu lieb und ein echter Familienhund.
Jetzt durfte er den Job nicht antreten.
Mein Schwager rief mich an, weil er einen neuen Hund bekommen sollte und ob ich bei der Vermittlung helfen könnte. Ich half gerne und fand einen neuen Halter, den ich für geeignet hielt. Das war Herr Knaub, der jetzt im Krankenhaus liegt.
Ich mache mir natürlich die größten Vorwürfe, aber ich hatte Herrn Knaub vorher so gut ich konnte überprüft. Er schien mir geeignet für Tilo. Ich kann mir das einfach nicht erklären"

Wir redeten noch ein wenig und Frau Baier wollte mich über das weitere Vorgehen immer auf dem Laufenden halten. Ich setzte Tilo in mein Auto und fuhr gleich ins Krankenhaus zu Herrn Knaub. Ich fand ihn im Wartebereich des Sprechzimmers. Seine rechte Hand war verbunden, alles schön weiß und von Blut keine Spur.
Aha, da hatte ich schon andere Wunden gesehen, wenn mich ein Hund angreift. Aber nicht zu vorschnell urteilen.
Ich ging zu ihm und fragte, ob er mir ein paar Fragen beantworten könnte. In weiser Voraussicht schaltete ich mein Handy auf Aufnahme. Er fragte mich gleich, ob ich bei der Polizei sei und ob es um seinen Hund ginge.
Ich dachte, warum nicht und ließ ihn erst mal in dem Glauben. Er war sehr redselig und sprach auch sehr unverblümt, was vorgefallen war.
„Ich habe mir den Hund geholt, weil er schon eine Ausbildung zum Polizeihund angefangen hatte. Da dachte ich mir, es wäre leichter mit ihm zu arbeiten und ihn zum Schutzdienst abzurichten."
Bei solchen Aussagen muss ich mich immer zusammenreißen, sonst hätte ich viele Probleme mit Körperverletzungen.

Aber weiter ging es:
„Der Tante vom Amt, die den Hund vermittelte, konnte ich ohne Probleme das Blaue vom Himmel vorlügen. Hauptsache ich bekam den Hund. In den ersten Wochen ging alles gut, aber der Köter wollte einfach nicht beißen. Und sie wissen ja wie sowas geht. Ich habe ihn dann angebunden und so lange geschlagen, bis er zubiss. Nun wollte ich es auch ohne anbinden machen und da hat er mich gebissen."

Ich hatte genug gehört und wollte, dass er eine Aussage zu diesem Vorfall machte. Auch das machte er ohne Probleme mit. Ich holte bei der Anmeldung Block und Stift und schrieb das für ihn auf. Ich fragte, was er nun mit Tilo vorhat, und er meinte:
„Verkaufen oder so."

Ich schlug ihm vor, Tilo abzukaufen.
Er wollte 1000 €.
Bei 500 € haben wir uns geeinigt.
Auch das schrieb ich auf.
Er sollte es sich nochmals durchlesen und unterschreiben. Dann wollte ich seine Verletzung sehen. Er wickelte seinen Verband ab und es war ein Biss in der Hand erkennbar, aber wegen sowas würde ich noch nicht mal zum Arzt gehen.

Da Tilo nun offiziell mir gehörte, rief ich gleich Frau Baier an, um ihr das mitzuteilen. Auf ihre Frage, warum ich das getan hätte, las ich ihr das Geständnis von Herrn Knaub vor. Nun konnte sie es besser verstehen.

Tilo lebte nun bei mir und meinem Rudel, er war ein ganz lieber Hund, der niemandem etwas Zuleide tun wollte.
Ich arbeitete jeden Tag mit ihm und er bekam auch einen neuen Namen: Buddy.

Nach mehreren Wochen rief mich Frau Baier an, um mir mitzuteilen, dass die Staatsanwaltschaft auf Vorlage des Geständnisses keine weiteren Schritte unternähme und das Verfahren einstelle.
Super, nun konnte ich einen guten Platz suchen, damit so etwas nicht noch einmal passierte.
Ich ließ Buddy kastrieren, damit auch da keiner auf dumme Ideen käme.

Ich schaltete Annoncen und fragte mein Netzwerk durch. Die Vermittlungsgebühr setzte ich extra hoch an, um die üblichen Spinner gleich mal auszusortieren.
Wie immer meldeten sich dutzende Interessenten, aber die Mehrzahl konnte man sofort ignorieren.
3 kamen in meine Auswahl und ich versuchte, so viel wie möglich von ihnen zu erfahren.
Ich redete ganz offen mit allen 3, dass ich gerne ein Treffen machen möchte, aber nur einer könnte Buddy mitnehmen. Das wollte einer schon mal gar nicht und da waren es nur noch 2.

Beide kamen zu dem vereinbarten Termin und wir gingen alle gemeinsam mit Buddy spazieren. Dabei konnte ich viele Beobachtungen machen.
Bei einem Kandidaten bemerkte ich etwas Zurückhaltung, als Buddy seine Nähe suchte. Ich sprach ihn darauf an und er sagte, dass er Buddy auf den Bildern nicht so groß eingeschätzt habe. Ich sagte doch, dass er 60 Kilo auf die Waage brächte. Das schien der junge Mann überhört zu haben.
Da war nur noch einer im Rennen.
Herr Chriszilli.

Wir gingen wieder zu mir nach Hause und setzten uns, um alles zu besprechen. Ich erzählte ihm die Geschichte von Buddy und dass sowas nicht wieder vorkommen dürfte. Er machte einen sehr guten und auch kompetenten Eindruck.
Buddy sollte nur bei ihm leben.
Er war selbstständig und von Beruf Steuerberater.
Da er in einem Büro für sich alleine arbeitete, gäbe es auch diesbezüglich keine Probleme.
Ich merkte, dass Herr Chriszilli der Richtige war.
Nach unserem 3-stündigen Gespräch ging er wieder nach Hause. Ich sagte ihm, dass ich kommenden Sonntag mit Buddy zu ihm führe, um mir vor Ort alles anzuschauen. Wenn das passte, ließe ich Buddy bei ihm.

Der Sonntag rückte näher und es machte sich eine Traurigkeit in mir breit. Ich hatte Buddy zu sehr in mein Herz geschlossen und überlegte ernsthaft, ob ich ihn behalten sollte.
Aber was sollte das?
Buddy bekäme bei Herrn Chriszilli ein schönes Zuhause und ich hätte wieder einen Platz frei, um einem Hund, der schwerer zu vermitteln ist, zu helfen.
Also machten wir uns früh morgens auf die Reise. 250 Kilometer lagen vor uns.
Als wir ankamen, sah ich sofort, dass Buddy hier einen Traumplatz bekäme.
Ein riesiger Garten und ein Mensch, der Freudentränen in den Augen hatte, als er uns sah.

Also schaute ich mir noch alles an, wie sich Herr Chriszilli den Tagesablauf mit Buddy vorstellte, gab ihm noch einige Tipps und verabschiedete mich schweren Herzens von Buddy.
Es machte mich sehr traurig und als ich im Auto saß, heulte ich drauf los.

In den nächsten Wochen bekam ich immer mal wieder Nachrichten und Bilder von Buddy gesendet.
Ich sah, dass es eine gute Entscheidung war und das alles, was dazu führte, gerechtfertigt war.

Alles Gute, Buddy mein Freund, und viel Spaß in deinem neuen Leben.

46. Idioten

Hund: Max
Halter: Brasch

Normalerweise läuft der Erstkontakt immer gleich ab. Telefonisch wird das Wichtigste besprochen und dann ist der erste Termin bei dem Halter zuhause, damit ich im gewohnten Umfeld alles sehen und analysieren kann.
Aber es gibt auch Menschen, die mehrere 100 Kilometer von mir entfernt wohnen und dann erst einmal hierherkommen, um zu sehen, was los ist.
Das sind meistens Halter mit Hunden der Rasse Rottweiler.
Warum liegt auf der Hand. Ich habe selbst schon 28 Rottweiler gehabt und arbeite seit über 30 Jahren mit ihnen. Das hat sich mittlerweile in Deutschland und den angrenzenden Nachbarländern herumgesprochen.

So wurde auch in diesem Fall ein Pärchen von Mitte 30 über das Internet auf mich aufmerksam und meldete sich zur ersten Kontaktaufnahme per E-Mail bei mir. Aus dieser Nachricht konnte ich nur entnehmen, dass es um einen Rottweiler ging, der aus dem Tierheim stamme und Probleme mache. Also musste ich erstmal anrufen, um zu erfahren, um was es überhaupt geht.

Familie Brasch hatte sich vor 3 Monaten einen 4-jährigen Rottweiler aus dem Tierheim geholt. Im Großen und Ganzen war er ganz ok, nur haperte es an der Leinenführung und bei Hundebegegnungen.
Das wollten sie gerne ändern.

Aufgrund der enormen Kosten, die auf sie zukämen, wenn ich vorbeikommen würde, wäre es schön, wenn sie zu mir kommen könnten. Sie würden auch eine ganze Woche bleiben, um an diesem Problem intensiv zu arbeiten.
Nun gut, wir fanden einen Termin, zu dem ich mir eine Woche Zeit für ein Intensivtraining nehmen konnte und besprachen noch die Kosten. Ich arbeite hier auch mit 4 Pensionen zusammen, bei denen ich immer mal wieder Kunden für ein paar Tage mit Hund unterbringen kann.
Bevor Familie Brasch ankam, machte ich mir natürlich schon Gedanken, was ich alles organisieren müsste.
Ich bräuchte definitiv Hunde als Ablenkung und wir müssten an verschiedenen Örtlichkeiten trainieren.

Sie kamen sonntags an, um sich in der Unterkunft schon mal von der knapp 400 Kilometer langen Anreise zu erholen. Montag morgens um 10 Uhr war unser erster Termin zur Begutachtung, Einschätzung und um das weitere Vorgehen zu besprechen.
Ich war zum vereinbarten Termin morgens auf dem Hundeplatz und niemand kam. Nach 10 Minuten rief ich mal an, aber keiner meldete sich. Ich dachte mir, das fängt ja gut an.
Was tun?

Ich fuhr in die Pension, die ich für die beiden gebucht hatte. Als ich rein ging und nach Familie Brasch fragte, sagte mir der Besitzer, dass die beiden im Gastraum noch frühstückten.
Ich dachte, die wollen mich verarschen. Um 10:30 Uhr?
Wo sind wir denn hier?
Also ging ich in den Gastraum und da saßen nur 2 Personen. Ich fragte, ob sie Familie Brasch seien, und in einer Seelenruhe sagten sie: *„Ja“*.

Auf meine Frage, was das sollte, wir hätten doch um 10 Uhr einen Termin, sagten sie nur, dass sie verschlafen hätten und nun erstmal frühstückten. Dann müssten sie noch mit dem Hund Gassi gehen.
Ich dachte, ich hätte mich verhört.
Sie waren um 10:30 Uhr noch nicht mit dem Hund draußen?
Ich bin ja hier für meine direkte Art bekannt, und so fing ich an, den Tisch abzuräumen und gab denen mal zu verstehen, wie das hier so läuft. Ansonsten brächen wir das Training ab, bevor wir überhaupt anfingen.
Sie merkten, dass ich sauer war, und beeilten sich nun, um ihren Hund zu holen und auf den Hundeplatz zu kommen.
Ich sagte ihnen nochmals, dass so etwas hier nicht funktioniere.

Also machten wir uns an die Arbeit.
Herr Brasch erzählte, dass der Hund Max wegen Überforderung seit ca. 8 Monaten im Tierheim saß und nun seit 4 Monaten bei ihnen war. In dieser Zeit hätten sie alles probiert, aber die beiden Probleme würden einfach nicht besser.
Ich schaute mir Max genau an, er lag auf dem Boden und machte einen recht entspannten Eindruck.
Er könnte gut und gerne 5 Kilo weniger auf den Rippen haben, bei den beiden Haltern im Übrigen wären 40 Kilo weniger auch gesünder.
Aber das nur am Rande.

Ich fragte, ob ich mit Max mal ein bisschen über den Platz laufen könne, um ein Gefühl zu bekommen.
Das war toll, er lief schön und schaute mich neugierig an.
Auch bei einigen Übungen machte er bereitwillig mit. Natürlich war mir bewusst, dass noch keine Ablenkung da war.
Dann wollte ich das gleiche bei den beiden sehen.

Ich bin ca. 10 Minuten gelaufen, Familie Brasch kam hingegen nach 3 Minuten wieder schwer atmend zu unserem Sitzplatz.
Ich fragte, warum sie nicht weitergelaufen seien. Sie erwiderte, das wäre genug fürs erste Mal.
Ich war kurz sprachlos.
Als ich fragte, wie denn ihr Tagesablauf aussehe, speziell was die Auslastung und Bewegung von Max anging, kam von Frau Brasch als Antwort:
„Morgens schlafen wir beide gerne länger. Das kann auch schon das ein oder andere Mal bis 11 Uhr sein. Dann gehen wir mit Max raus, damit er sein Geschäft machen kann. Er macht auch sofort. Nach 5-6 Minuten gehen wir wieder rein frühstücken und Max füttern. Dann setze ich mich meistens vor den Fernseher oder die Konsole. Mein Mann macht 3 Stunden Homeoffice, danach spielen wir meistens zusammen Wide Area Network."

Da musste ich voller Entsetzten kurz einhaken, was das überhaupt sei.
Folgende Antwort: *„Internetspiele. Gegen Abend müssen wir ja wieder mit Max raus."*

Auf meine Frage wie lange: *„Ca. 15 bis 20 Minuten. Er macht dann auch gleich wieder sein Geschäft und danach essen wir. Den restlichen Abend machen wir zusammen Wide Area Network und spielen ein wenig mit Max. So ungefähr sieht unser Tagesablauf aus. Wir würden ja gerne mehr machen, aber er zieht halt so sehr."*

Ich war echt fassungslos und wütend zugleich. Ich fragte nochmals, warum sie denn vorhin nicht mehr gelaufen seien, als sie die Möglichkeit hatten.
Wenn nicht hier, wo dann?
Ja, sie wollten Max halt einfach nicht überfordern.

Wir beendeten das Training, weil ich wirklich sauer war und machten um 14 Uhr den nächsten Termin aus.
Ich bestellte 4 Kunden mit ihren Hunden und wollte mal sehen, wie sie darauf reagierten.
10 Minuten nach 14 Uhr kamen sie dann wieder.
Pünktlichkeit schien ein Fremdwort zu sein. Ich sagte, dass sie nun mal hier auf dem Platz laufen sollten, und ich würde für Ablenkung sorgen. Aber wehe, sie hörten nach 5 Minuten auf.
Sie liefen los und ich holte die erste Ablenkung in Gestalt eines Bobtails herein.
Max ging gleich auf Konfrontation und beide hielten ihn nun an der Leine fest.
Ich ließ sie erst mal machen, richtig Lust hatte ich ehrlich gesagt schon lange nicht mehr, aber wie immer wollte ich Max helfen.
Nach ein paar Minuten fragte ich, ob ich helfen solle, als Antwort bekam ich ein verzweifeltes: *„Ja, bitte."*
Ich ging zu ihnen, nahm Max an der Leine, korrigierte ihn kurz und lief, als ob nichts gewesen wäre, über den Platz.
Dann erklärte ich ihnen alles, was und warum ich das getan hatte. Nun waren sie wieder dran. Der nächste Hund kam in Gestalt eines Berner Sennenhundes.
Max legte los und beide machten nichts. Ich fragte, was los sei, ich hätte doch alles erklärt.
Originalantwort: *„Das ist so stressig und kräfteaufreibend, dass wir eine Pause brauchen."*

Ich fragte sie: *„Von was braucht ihr eine Pause? Weiter geht's."*
Ja, es war vielleicht gemein, aber denen gehörte einfach kein Hund. Und das wollte ich ihnen so richtig klar machen und auch vermiesen. Warum? fragt ihr euch bestimmt.
Nun, in der Zeit zwischen unseren Terminen, rief ich bei dem Tierheim an, in dem Max gewesen war und erzählte, was für Spezialisten hier bei mir waren.

Die fielen aus allen Wolken, da sie im Tierheim einen so guten Eindruck hinterließen. Ich fragte, ob sie den Hund wieder aufnehmen und weitervermitteln würden.
Das würden sie.
Darum habe ich das gemacht.

Die nächsten beiden Hunde kamen nun herein.
Ein Airedale Terrier und ein Dogo Argentino.
Ich machte verschiedene Übungen, um die beiden an den Rand der Verzweiflung zu bringen und aber auch, um ihnen aufzuzeigen, dass sie sich am besten eine Katze zulegen sollten. Oder noch besser, ein Stofftier.
Als sie nicht mehr konnten, bat ich alle, sich zusammenzusetzten. Ich nahm Max an die Leine und die beiden schnauften wie eine Dampflock. Ich sagte, dass wir nun eine Pause zum Erholen machen würden und dann gehe es weiter.

Während dieser Zeit belehrte Herr Brasch die anderen Hundehalter, was sie besser machen sollten, und er hätte gesehen, dass der eine Hund ängstlich war und der andere zurückhaltend usw.
Ein Schaumschläger vor dem Herrn.
Ich fragte nun mal dazwischen, wenn er doch alles wisse – und den Anschein machte er –, warum setzte er das nicht mit Max um?
Laut seiner Erfahrung waren die anderen Hunde eben leichter zu händeln. Ok, ich kannte die Hunde ja und deren wahren Charakter und Potenzial. Ich sagte, er solle doch mal den Bobtail nehmen und über den Platz laufen.
Dann könne er bei dem einfachen Hund mal zeigen, was er draufhatte.

Das Ergebnis war natürlich katastrophal, aber Herr Brasch wusste selbstverständlich, wo das Problem lag.
Der Hund hatte vorhin zu viel Stress und konnte nun nicht mehr.
Aha.

Versteht mich bitte nicht falsch, ich mache das nicht gerne, Kunden so zu behandeln, aber das waren 2 Idioten.
Ich schickte die anderen nach Hause und nahm mir nun Familie Brasch vor. Ich erzählte, dass Max wieder in die Obhut des Tierheims gegeben würde, oder es käme eine Anzeige auf sie zu. Ich hätte mit dem Tierheim telefoniert und sie würden mich in Kenntnis setzen, wenn Max zurückgegeben werde oder auch nicht. Unser Intensivtraining sei hiermit beendet, weil jegliche Grundlage fehle, um in erster Linie Max zu helfen. Die beiden seien zu faul und bequem.

Das hat gesessen. Nun mussten sie das erst mal verdauen. Aber als ich nun dachte, es werden gleich wilde Anschuldigungen und Beschimpfungen über mich hereinprasseln, sagte er nur:
„Wann muss Max im Tierheim sein?“

Ich erwiderte: *„Bis Donnerstag.“*
Dann würden sie noch bis Mittwoch hierbleiben und die Umgebung genießen und danach zurückfahren.
Ich wurde bezahlt und ermahnte sie nochmals, dass ich mit dem Tierheim in Verbindung stand.

Mittwochs sind sie wirklich abgereist.
Abends bekam ich einen Anruf von der Pension, in der sie untergebracht waren, mit der Bitte, doch mal vorbeizukommen.
Ich fuhr hin und mich traf echt der Schlag.

In dem Zimmer war ein ganzer Stapel leere Kartons eines Pizza-Lieferdienstes und in der Ecke ein Karton mit der Hinterlassenschaft von Max.
Unglaublich und unverschämt.

Der Besitzer machte Bilder und die beiden bekamen noch Post mit der Rechnung von der Reinigung zugesandt.
Die Tierheimleitung sagte mir freitags auch Bescheid, dass Max wohlbehalten abgeliefert wurde und sie versuchen würden, sich noch mehr anzustrengen, um bessere Hundeeltern für Max zu finden.

Wieder ein Fall abgeschlossen und zum Wohle des Tieres gehandelt.

47. Wirbelwind

Hund: Sparky
Halter: Klein

Diese Erinnerungen habe ich aufgeschrieben, weil sie so lustig sind. Aber lest selbst:
Hier ist die Geschichte von Sparky, einem kleinen 2-jährigen Spitz-Mischling, keine 8 Kilo schwer und ursprünglich aus Bulgarien.
Sparky konnte alles.
Alles heißt übersetzt: Was er wollte und ihm Spaß machte.

Seit einem Jahr lebt er 2 Ortschafen von mir entfernt bei Familie Klein. Frau Klein ist 62 Jahre jung und fit. Herr Klein ist 66 Jahre jung und auch noch gut auf den Beinen. Sie hatten nie Kinder und außer Katzen auch keine Tiere.

Nun war das Rentenalter da und ein Hund musste her. Sie wollten was Gutes tun und suchten bei einer Tierschutzorganisation einen kleinen Hund aus, der ihnen gefallen könnte. Als dann der Tag des Transportes anbrach, bekamen sie die Mitteilung, dass bei ihrem ausgesuchten Hund Knochenkrebs diagnostiziert wurde und eine Vermittlung nicht mehr möglich sei. Das hat die beiden so schwer getroffen, dass sie aus Mitleid sofort und ohne zu überlegen einen anderen Hund genommen hatten.
Sparky.

Dieser kleine Wirbelwind hält die beiden seit nun einem Jahr auf Trapp. Man könnte auch sagen, er hält sie jung.
Warum? Er hat in jedem Zimmer ein Körbchen, dessen Decke regelmäßig ersetzt werden muss. Sind wir mal ehrlich, diese Decken halten auch nicht lange.

Im Schlafzimmer liegt er natürlich im Bett.
Und zwar zwischen den beiden.

Wenn Frau Klein die Wäsche in den Keller bringt, sortiert sie diese immer nach Farben auf dem Boden, bevor sie die Waschmaschine füllt. Dann kommt Sparky und entscheidet, dass die Farben doch besser gemischt werden. Sollte sie versuchen ihn davon abzuhalten, rennt er die Treppe rauf und sie hinterher, bis nach einer Ewigkeit das Kleidungsstück wieder in ihren Händen ist. An manchen Tagen reicht das, aber an manchen auch nicht. Dann rennt er wieder in den Keller, um das nächste Stück zu holen. Einfach ein toller Bursche.

Manchmal hat er sich als Elektriker versucht und die Kabel von allen Geräten kaputtgebissen. Ein Wunder, dass er noch keine gewischt bekam und seine Haare zu Berge standen. Seitdem sind alle Steckdosen Sparky-sicher verschlossen und es werden alle Stecker nur dann eingesteckt, wenn das betreffende Gerät auch wirklich gebraucht wird.

Im Garten das gleiche.
Herr Klein gräbt Löcher, um seine Pflanzen einzusetzen, Sparky gräbt sie wieder aus. Bei Herrn Klein lässt die Begeisterung für Sparkys Bodenarbeit zu wünschen übrig. Wenn sie viel mit ihm schimpfen, lässt er die Pflanzen in Ruhe, aber dann gräbt er den Rasen um. Das ist dann auch wieder nicht recht.

In dem Haus gibt es einen Wintergarten, das ist das Reich von Frau Klein. Sie züchtete eigentlich mal Orchideen, aber Sparky dachte sich, dass es hier zu ordentlich aussah.
Er rupfte und zupfte an den Pflanzen und verteilte sie im ganzen Wintergarten.
Nun züchtet Frau Klein keine Orchideen mehr.
Nur noch wenige stehen höher, damit Sparky nicht drankommt.

Der Kleine weiß auch, dass eine Rolle Klopapier ausreicht, um damit einmal quer durch das ganze Haus zu rennen.
Dann sitzt er da und schaut sich an, wie Herrchen oder Frauchen unter wildem Fluchen, alles schön wieder aufrollen, damit er bei der nächsten Unterhaltung die Show wieder starten kann.

Auch kaut er regelmäßig die Schnürsenkel der Schuhe durch, aber immer die, die gerade gebraucht werden.

Wenn Herrchen im Sesel liegt und sein Mittags-Nickerchen macht, ist es Sparky anscheinend zu langweilig und er geht so leise an Papas Füße, beißt in eine Socke, zieht sie aus und rennt mit der Socke durch die Wohnung.
Herrchen hinterher, bis das Spiel beendet ist.

Die Vorhänge sind in Sparkys Augen auch nicht ideal genäht, viel zu lang. Am Anfang waren sie so lang und haben auf dem Boden geschliffen, nun hat sie Sparky etwas gekürzt, damit sie besser zur Einrichtung passen.

Die Teppiche hatten vor einem Jahr noch Fransen, aber seit Sparky hier ist, haben sie diese abgeschnitten, damit er das nicht selbst tun muss.

Wie sagt Frau Klein immer: *„Kann man einem so niedlichen, kleinen Hund etwas übelnehmen? Ich nicht.“*

Als ich das alles sah und auch verstand, dass es hier eigentlich nichts für mich zu tun gab, fragte ich, was sie eigentlich von mir wollten?

Herr Klein sagte, dass Sparky ja außer der Gartenarbeit und Innenraum-Umgestaltung auch was lernen solle. Daher würden beide gerne zu mir in die Hundeschule kommen, um mit dem Kleinen zu trainieren.

Auf meine Frage, was wir hier in der Wohnung machen sollten, kam sofort die Antwort: *„Nix."*

Also gut. Ich nahm sie in einen Kurs auf, in dem wir ja entsprechend unserer Philosophie der Körpersprache, viel mit Körpersprache trainieren.
Natürlich nicht Familie Klein, sie arbeiten mit Leckerlies.
Aber was soll`s, sie stören niemanden und haben Spaß dabei.

Inzwischen sind sie auch wirklich zu einem sehr tollen Team geworden, aber zuhause hält Sparky immer noch alle auf Trapp.

48. Alkohol ist keine Lösung

Hund: Bratt
Halter: Arnold

Normalerweise mache ich abends immer mein Telefon aus, aber normalerweise ist nun mal nicht immer. An diesem Tag war es nicht aus.
An einem Sonntagmorgen um kurz vor 6 Uhr klingelte das Telefon. Natürlich bin ich aufgestanden und völlig übermüdet rangegangen.
Eine ältere Frau, zumindest der Stimme nach, heulte ins Telefon, dass ich nicht verstand, wer sie war und um was es ging. Ich brauchte lange, um zu verstehen, dass sie Arnold hieß und es um ihren Hund ging, der in ihrem Haus alles kurz und klein machte und sie nicht mehr reinließ.
Sie sagte bei jedem zweiten Satz, dass es ein Notfall sei und ich sofort kommen müsse.

Nun dachte ich mir, dass es vielleicht etwas Aufklärung bedarf, dass ich um 6 Uhr noch das Recht hatte, im Bett zu sein. Aber das interessierte sie nur wenig, denn da ich Hundetrainer bin, müsste ich bei einem Notfall helfen.
Meine Frage, in welchem Gesetz das denn stünde, ignorierte sie einfach.
Ich bat sie um Entschuldigung, aber ich würde mich nun noch ein wenig hinlegen und mich danach um meine Hunde kümmern. Wenn ich dann gefrühstückt hätte, könnte sie mich gerne nochmals anrufen, dann sähen wir, was ich tun könne.
Diese Worte wollte sie nicht hören und schrie richtig ins Telefon. Ich dachte, dass es doch keine ältere Frau sein musste und legte auf.

Ich ging ins Bett und da klingelte das Telefon erneut. Also ging ich wieder aus dem Bett und machte mein Telefon aus, aber schlafen konnte ich nun nicht mehr.
Toll, so wollte wahrscheinlich jeder seinen Sonntag beginnen.
Nach einer halben Stunde, in der ich mich nur im Bett gewälzt hatte, stand ich auf und machte Kaffee. Dann ging ich mit den Hunden spazieren, um den frühen Ärger wieder loszuwerden. Aber so richtig konnte ich nicht abschalten. Was soll's. Ich versuchte, mich mit meinen Hunden zu beschäftigen und nach über einer Stunde war ich wieder zuhause.

Meine Frau empfing mich mit einer Nachricht in der Hand. Sie hatte gesehen, dass der Stecker am Telefon rausgezogen war und hat ihn wieder eingesteckt. Sofort klingelte das Telefon und eine Frau Arnold war dran und wollte unbedingt den Hundetrainer sprechen, der vorhin aufgelegt hatte.
Na toll, der Sonntag schien nicht mehr besser zu werden.
Erstmal die Hunde versorgen und frühstücken. So dachte ich zumindest. Kaum setzte ich mich mit meinem Kaffee hin, klingelte das Telefon, meine Frau schaute mich an und sagte nur: *„Geh du ran, wird die von vorhin sein."*

Ich ging ran und natürlich war es die von vorhin. Frau Arnold polterte gleich wieder los, dass ich sofort kommen müsse. Sie stünde nun schon seit 5 Uhr vor ihrem Haus und ihr Hund lasse sie nicht mehr rein. Die Polizei habe sie auch schon angerufen, aber die sagten, dass sie beim Betreten der Wohnung schießen würden, wenn der Hund angreife.
Ich versuchte ihr ein letztes Mal, so nett ich noch konnte, zu erklären, dass ich auch ein Recht auf ein Leben hatte und nun frühstücken würde. Sollte sie mich in dieser Zeit noch einmal belästigen, riefe ich auch die Polizei rufen, aber das würde nicht wegen einem Hund sein, sondern wegen ihr.

Dann legte ich auf. Aber wie schon wenige Stunden zuvor konnte ich mich nicht mehr beruhigen und das Frühstück genießen. Sollte so mein Tag weitergehen?
Also schnappte ich mir, als alles erledigt war, das Telefon und rief die Tante an.
Ihr erster Satz war: *„Haben Sie nun fertig gefrühstückt?“*
Ich wurde nun auch sehr ungehalten und erklärte ihr, was ich von ihr hielt.
Ich würde ihr helfen, aber das werde sie was kosten.
Es war Sonntag und seit Monaten mein erster freier Tag. Ich nannte ihr einen Preis und das Geld wollte ich in Bar, wenn ich vorbeikam, und zwar bevor ich überhaupt auch nur einen Finger krumm machte. Sie könne darauf eingehen oder mich nie weder kontaktieren.
Nach kurzer Funkstille sagte sie „Ja“ und gab mir die Adresse.

Es war erst 10 Uhr an einem Sonntag und ich war schon völlig bedient. Ich fuhr also zur Adresse und Frau Arnold lag im Hof auf dem Boden. Ich rannte sofort hin, weil ich dachte, ihr fehle was, aber ich merkte sofort, dass es hier wohl ein Glas Alkohol zu viel gewesen war.
Ihr Nachbar kam gerade vom Brötchen holen und rief mir zu: *„Na, ist Caroline wieder besoffen?“*

Es gibt doch immer noch was obendrauf.
Ich schüttelte sie und ihr Nachbar kam, um zu helfen. Wir setzten sie gemeinsam auf die Stufen ihrer Treppe. Sie stammelte nur, dass ihr Köter das Haus verlassen müsse und sie endlich schlafen gehen möchte.
Na, das wollte ich heute Morgen auch.

Ihr Nachbar erzählte mir etwas:
„Caroline hat nach der Trennung von ihrem Mann, das war vor 6 Monaten, im Alkohol ihr Glück gefunden. Mindestens 3-mal pro Woche finde ich sie im Hof liegend und bringe sie ins Haus. Meine Frau hilft ihr manchmal aufzuräumen, weil es drinnen sehr chaotisch aussieht."

Er holte unter einer Stufe einen versteckten Haustürschlüssel hervor und schloss die Tür auf. Ich sagte sofort, dass er aufpassen solle, weil hier doch ein gefährlicher Hund sei.
Da musste er laut lachen.
Auf meine Frage, warum er lache, sagte er nur, dass Bratt ein Cane Corso ist und superlieb sei.
Als ich ihm erzählte, was Frau Arnold mir am Telefon mitgeteilt hatte, musste er schon wieder lachen. Also nahmen wir die junge Frau in die Mitte und schleppten sie ins Haus. Im Wohnzimmer legten wir sie auf die Couch und hinter uns tauchte Bratt auf. Man sah sofort, dass er nicht gefährlich war.
Der Nachbar verabschiedete sich mit den Worten:
„Wenn Sie noch was brauchen, klingeln sie einfach nebenan."

Ich blieb mit Bratt und Frau Arnold zurück. Ich ging erstmal zu Bratt, um mich mal „vorzustellen". Dann sah ich das ganze Ausmaß im Haus. Überall lagen wild durcheinander alle möglichen Sachen rum. Von Kleidung über Bilder bis zum Geschirr in der Küche.
Solche Bilder kennt man von Filmen, wenn eingebrochen wurde.
Was sollte ich denn hier nur tun?
Einfach gehen?
So langsam ging mein anfänglicher Zorn in Mitgefühl über.
Ich deckte Frau Arnold zu, nahm den Hausschlüssel und ging mit Bratt erstmal eine Runde spazieren.

Unterwegs kam mir eine Frau entgegen, die Bratt erkannte und mich fragte, ob ich der Neue von Frau Arnold wäre.
Ich sagte *„Nein“* und sie erzählte, dass öfters junge Männer mit Bratt spazieren gingen.
Daher fragte sie einfach mal. In diesem kleinen Dorf kannte ja jeder jeden und da fiel eben alles auf.

Als ich zurückkam, schlief Frau Arnold. Ich suchte Futter für Bratt und fütterte ihn erstmal. Dann räumte ich ein wenig auf.
In meinen Gedanken kam ständig der Satz:
„Was soll das, warum machst du das nur?“

Als meine Arbeit getan war, ließ ich meine Visitenkarte auf dem Tisch liegen und eine Nachricht, dass ich gegen Abend nochmals vorbeikommen werde. Mein Geld hatte ich ja auch noch nicht, aber in diesem Moment war das nicht wichtig.
Ich ging noch kurz bei der Nachbarschaft vorbei und fragte, ob sie wüssten, wie Bratt auf andere Hunde reagierte. Sie sagten, dass er völlig unkompliziert sei. Dann verabschiedete ich mich und sagte, dass ich später nochmal käme.

Am Abend ging ich mit meiner Frau und unseren Hunden zu Frau Arnold. Ich klingelte, aber es machte niemand auf. Ich holte den Schlüssel und wir gingen rein. Sie lag immer noch auf der Couch und schlief.
Mein Gott, dachte ich mir.
Ich schätzte sie auf Mitte 30 und ihr musste doch geholfen werden.
Ich brachte Bratt in den Garten und holte einen meiner Hunde herein, um ihn über die Terrasse zu Bratt zu bringen. Mein Eyko schaute etwas verstört als er Bratt sah, aber sofort rannten sie durch den Garten. Ok, nun holte ich auch die anderen. So konnte Bratt mal etwas anderes sehen und ich weckte Frau Arnold auf.

Sie schaute mich an, dann rannte sie ins Bad, um sich zu übergeben.
Ok, sollte ich das nun persönlich nehmen?
Wir lüfteten die Wohnung durch und räumten auf, bis Frau Arnold nach einer Ewigkeit wieder aus dem Bad kam. Sie setzte sich und meine Frau gab ihr Kaffee, den wir mitgebracht hatten. Sie trank die ganze Tasse auf Ex und wollte noch einen. Den trank sie nun langsamer und fragte das erste Mal, wer wir seien und was wir hier wollten.
Ich erklärte ihr, wie heute Morgen alles anfing und was alles passiert sei.

Daraufhin weinte sie und entschuldigte sich 1000-mal. Es war ihr sehr peinlich. Das, was ich in den wenigen Stunden mitbekommen hatte, war kein Leben. Darauf sprach ich sie auch an, das war ihr noch peinlicher.
Ich erzählte ihr auch, dass sie das Dorfgespräch hier sei und das müsse doch aufhören.
Dann fiel ihr auf, dass Bratt nicht da war und sie wollte wissen, wo er sei. Ich sagte, dass sie einmal in den Garten schauen sollte. Das verschlug ihr die Sprache. Bratt unter sieben Rottweilern und einem Dalmatiner.
Sie schaute zu und weinte.

So fröhlich hatte sie Bratt noch nie gesehen. Wir setzten uns wieder und versuchten, eine Lösung zu finden. So einfach konnten wir sie nicht zurücklassen.
In dem Gespräch kam raus, dass ihre Eltern schon lange verstorben waren und ihr Mann sie vor einem halben Jahr verlassen hatte. Es gab auch eine Tante, die in der Nähe wohnte, aber da gab es fast keinen Kontakt. Warum wisse sie eigentlich gar nicht.

Wir verbrachten alle den Abend zusammen und wir wollten ein Versprechen, dass sie sich ändere und ihr Leben in den Griff bekäme. Wir würden auch versuchen, sie zu unterstützen.
Kurz bevor wir uns verabschiedeten, machten wir noch einen Termin für Dienstag aus.
Bis dahin sollte sie die Wohnung aufräumen und sich richtig Gedanken machen, wie es weitergehe. Ich holte die Hunde und wir gingen nach Hause.
Solche Termine sind nicht alltäglich, aber was soll ich tun? Anscheinend gehört das eben dazu.

Dienstags fuhr ich mit den Hunden und meiner Frau wieder hin. Frau Arnold machte die Tür auf und man sah ihr an, dass sie sich freute, uns zu sehen. Wir gingen rein und ihre Nachbarn waren auch da. So viele Hunde waren ihnen aber eher suspekt und ich brachte alle Hunde in den Garten.
Bratt schien auch erfreut zu sein und war völlig aus dem Häuschen, als er mit unseren Hunden im Garten herumsprang.

Frau Arnold entschuldigte sich nochmals für alles und bedankte sich auch bei uns, dass wir ihr so ins Gewissen geredet hatten, dass sie verstanden hatte, hier etwas ändern zu müssen. Ihre Nachbarn waren hier, weil sie ein Jobangebot für sie hätten. Der Mann war in der Gemeinde sehr engagiert und hatte ihr eine Putzstelle bei den älteren Menschen im Ort angeboten. Auch für einige einzukaufen, wäre eine Bereicherung für alle. Dies würde von der Kirche bezahlt und sie könne damit wieder auf die Füße kommen.
Das hörte sich sehr gut an und auch Frau Arnold war gerührt über diese Hilfe, die man ihr anbot.

Viel zu tun blieb mir hier nicht und so bot ich ihr an, sie mit Bratt zu unterstützen, wenn sie Hilfe bräuchte.
Die erste Hilfe war sofort seine Nahrung. Denn da hatte ich gesehen, dass sie nur Schrott fütterte. Wir hatten auch einen großen Sack Futter dabei, um erstmal den Start hinzubekommen.

Dann verabschiedeten wir uns wieder und standen auch weiterhin mit Rat und Tat zur Verfügung.

49. Uneinsichtig

Hund: Luis
Halter: Röhrig

Bei folgendem Fall brachte mich die Familie das ein oder andere Mal zur Verzweiflung. Aber erstmal der Reihe nach.
Eine E-Mail der besonderen Art erreichte mich samstags um 11 Uhr, das sah ich auf meinem Handy. Aber samstags war Großkampftag und da musste es auch mal erlaubt sein, die E-Mail vielleicht erst montags zu beantworten.
6 Minuten nach 11 Uhr klingelte das Telefon.
Herr Röhrig war dran und erzählte, dass er eine E-Mail gesendet, aber noch keine Antwort erhalten habe.
So was liebe ich ja.
Ich sagte, dass ich arbeitete und spätestens am Montag die ganzen Nachrichten beantworten würde. Er meinte, dass es aber jetzt ein Problem gebe, das dringend zu lösen sei.
Ich erwiderte, er solle mir das Problem in 3 Sätzen schildern. Er fing damit an, dass sein Hund seit einem halben Jahr ein Problem habe.
Ein halbes Jahr ein Problem und nun kann man nicht bis Montag warten?
Ich legte auf, denn das muss ich mir nicht antun.
Weitere Klingelei ignorierte ich und machte meine Arbeit.

Gegen 14:30 Uhr erschien Herr Röhrig mit seinem Hund auf dem Hundeplatz, während einem meiner Kurse. Er schrie über den Platz, dass er dringend Hilfe brauche. Jetzt geht's aber los.
Ich ging zu ihm und sagte mit deutlichem Nachdruck, dass er sofort verschwinden solle, oder er bekäme Hausverbot und ich riefe die Polizei.
Wo sind wir denn hier?

Er ging wutentbrannt und ich machte meine Kurse weiter.
Wer nun denkt, das hätte sich erledigt, irrt.
Am frühen Abend, ich war gerade mit meinen eigenen Hunden bei einem Spaziergang, rief meine Frau an und sagte mir, dass ein Kunde vor unserem Haus stehe und mich sprechen möchte.
Ratet wer: Richtig, Herr Röhrig.
Ich sagte meiner Frau, sie solle ihn einfach stehen lassen und ins Haus gehen. Wenn er noch da sei, wenn ich käme, lerne der mich mal kennen.

Eine knappe Stunde später kam ich heim, Herr Röhrig wartete in seinem Auto vor unserem Tor. Ich musste mich sehr zusammenreisen, dass ich nicht ausfällig wurde.
Ich fuhr in den Hof und ließ die Hunde aus dem Auto. Dann ging ich ins Haus, um erstmal was zu trinken und die Hunde zu füttern. Erst danach ging ich raus und fragte ihn, ob er zufällig die falschen Tabletten genommen habe.
Ich habe genauso ein Wochenende verdient wie jeder andere auch. Er bemerkte nun, dass ich Puls hatte und sagte kleinlaut, dass er gerne sein Problem beheben möchte. Meine Worte, dass er doch seine Tablettenzufuhr ändern solle, ignorierte er.
Ich fragte ihn, was denn sein Problem sei.

Achtung: Sein Hund zog an der Leine.
Ich fragte, was noch?
Er meinte nichts, nur dass er sehr stark an der Leine ziehe.
Was sollte ich nun tun? Gewalt war nicht die beste Option. Also sagte ich nun in der deutlichsten Form, die mir meine Erziehung ermöglichte:
„Verschwinden Sie und kontaktieren Sie mich nicht mehr wieder. Ich rufe Sie am Montag an, wenn es mir meine Zeit erlaubt. Sollten Sie mich nicht in Ruhe lassen, werde ich die Polizei rufen und Sie anzeigen."

Dann ließ ich ihn stehen und ging mehr als wütend ins Haus zurück. Das ganze Wochenende war wirklich ruiniert. Der Kasper ging mir sowas von auf die Nerven, dass ich es kaum schaffte, runterzukommen.

Den Montag hatte ich richtig zu tun und wollte auch nicht telefonieren.
Auch am Dienstag nicht.
Ihr fragt euch, warum ich so bin?
Weil es Menschen gibt, die mich dazu gemacht haben.

Mittwochs rief ich dann den Typ an.
Herr Röhrig war am Telefon ganz ruhig, anscheinend hatte er eingesehen, was für Mist er angestellt hatte.
Ich erklärte ihm, dass der erste Termin bei ihm zuhause stattfinden müsse und nannte ihm meinen nächsten freien Termin. Er nahm ihn dankend an und ich konnte mich bis dahin wieder meinen anderen Fällen zuwenden.

Als ich zu ihm kam, sprang hinter dem Hoftor ein junger Rottweiler herum. Frau Röhrig kam heraus und ließ mich eintreten. Der kleine Kasper sprang wie wild an mir herum und ich sah sofort, dass Erziehung nicht gerade großgeschrieben wurde. Im Haus stand die Nervensäge in Person namens Röhrig vor mir. Nachdem wir uns gesetzt hatten, hat er mir gleich das „Du“ angeboten. Ich sagte ihm, dass ich nach der ganzen ersten Kontaktaufnahme seinerseits beim „Sie“ bleiben würde.
Nun fragte ich, was es über den kleinen Hund zu wissen gab.

Er meinte, dass Luis seit der 10. Woche bei ihnen war und bis auf das Ziehen sei alles in Ordnung. Er war nun 9 Monate alt. Doch beide hätten in der Schulter große Schmerzen und deshalb bräuchten sie Unterstützung. In ihrem Umfeld hatte jeder meinen Namen ins Spiel gebracht und daher wollten sie unbedingt meine Hilfe.

Ich schaute mir ein paar Situationen an, um ein Gefühl für Luis zu bekommen. Dann wollte ich gerne sehen, wie sie mit ihm spazieren gingen und was sie versuchten, um Luis das Ziehen abzugewöhnen.

Wir gingen auf die Straße und der kleine Kerl legte sich sofort ins Zeug. Frau Röhrig hatte nach 50 Metern keine Lust mehr und Herr Röhrig nach ca. 100 Metern.
Als ich sagte, dass etwas Einsatz und Durchhaltevermögen fehlten, sagte Herr Röhrig, dass ich es doch einmal probieren sollte.
Ich nahm die Leine und Luis lief neben mir her, ganz ohne Zug. Als ein Radfahrer kam wollte er hinziehen, aber ich korrigierte ihn nur ein wenig und er blieb auf Spur.
Wir gingen wieder Richtung zuhause und ich erzählte, wie sie es aufbauen sollten, damit es auch bei ihnen funktionierte. Herr Röhrig fragte, was es da aufzubauen gäbe. Es müsse doch sofort funktionieren. Also erklärte ich ihnen, dass es Geduld und Zeit brauche, um Luis zu erklären, was von ihm erwartet wird. Das ging nun mal nicht von jetzt auf gleich.
Dann kam etwas, was ich so auch noch nicht gehört hatte:
„Herr Paul, das verstehe ich nicht. Im Fernsehen schauen wir häufig die Übertragungen von verschiedenen Hundetrainern an und da geht das immer sehr schnell und nichts wird aufgebaut."

Ich sagte, dass es erstens fürs Fernsehen so geschnitten sei, dass es sehenswert ist und zum zweiten könnten die Kollegen erzählen und hinweisen, dass dies nicht in kurzer Zeit einzuüben ist, aber die Zuschauer überhören die Aussagen einfach.
Die Hundehalter sehen, dass der Hundetrainer 2- oder 3-mal zu Besuch kommt, und dann klappt das wie von Zauberhand.
Doch dahinter steckt viel Arbeit seitens des Hundehalters.

Und die Zuschauer, so wie die beiden, sehen oft nur die Ergebnisse, die zum Ziel führen. Hunde zu erziehen ist eine Aufgabe, die nicht mal eben so nebenher verläuft.
Der Hund ist ein Lebewesen und keine Kaffeemaschine, die man an und ausschalten kann, wie man möchte.
Es braucht Zeit und Geduld, um dem Hund die Übungen zu erklären.

Dann fragte mich Frau Röhrig, ob es schneller gehe, wenn sie mir mehr Geld bezahlten.
Was war denn das wieder für eine Frage?!
Das hat doch nichts mit der Bezahlung zu tun.
Ich würde ihren Hund nicht erziehen, sondern den beiden alles erklären und auch gerne vormachen, was sie brauchten und wissen mussten, um Luis das Laufen an der Leine zu erklären.
Und das müsse jeden Tag beim Spazierengehen geübt werden.
Dann würde es auch besser werden.
Also machte ich einen Trainingsplan, damit die beiden nichts vergäßen.
Ich wollte dann nochmals sehen, wie sie mit Luis Üben und dann ging ich, bis wir uns in 2 Wochen wiedersehen würden.

Nach einer Woche sagte Claudia, eine meiner Mitarbeiterinnen, dass Herr Röhrig angerufen und sie gefragt habe, ob sie das mit Luis schneller hinkriegen könnte als ich.
Das ist schon dreist, oder?

Als unser nächster Termin anstand, nahm ich Claudia mit. Sie blieb erst mal im Auto und ich ging ins Haus, um zu sehen, wie weit die beiden waren. Im Flur sah ich einen Flyer von einer Hundeschule in meiner Nähe liegen, wo etwas aufgeschrieben war. Ich fragte erstmal, was es Neues gab.
Herr Röhrig sagte, dass es einfach nicht besser werde, und sie gäben sich doch solche Mühe.

Ich fragte, ob sie sich an den Trainingsplan gehalten oder etwas anderes ausprobiert hätten. Frau Röhrig ergriff das Wort und meinte, dass sie nur an dem Plan gearbeitet haben und sonst nichts.

Ich ging kurz nach draußen und holte Claudia herein. Im Flur nahm ich schon mal den besagten Flyer in die Hand.
Ich sprach beide an, dass sie sich bei Claudia gemeldet hatten. Das sage mir, dass sie sich nicht an den Plan gehalten hätten. Nun wurden sie etwas kleinlaut. Ich nahm den Flyer und fragte, was es damit auf sich habe.
Da wurden sie noch kleinlauter und gaben zu, sich in dieser Hundeschule angemeldet zu haben, weil es ihrer Meinung nach nicht funktionierte.
Claudia redete nun sehr streng auf die beiden ein, dass sie mit verschiedenen Methoden auf einmal nur den Hund verunsicherten und erst recht nichts funktionieren würde.

Wir gingen nach draußen, um uns das mal anzuschauen.
Und ich hatte es befürchtet: Alles, was sie machten, war an der Leine rumzuzerren und nichts von dem, was wir besprochen hatten, wurde umgesetzt.
Ich hatte keine Lust mehr.
Ich sagte, dass sie sich nun entscheiden müssten, wer sie unterstützte. Wir oder die andere Hundeschule.

Liebe Leser, versteht mich bitte auch hier nicht falsch. Ich habe nichts gegen die Kollegen, aber bei besagter Hundeschule waren die Methoden schon sehr tierschutzrelevant und damit möchte ich nicht in Verbindung gebracht werden.

Sie entschieden sich für die andere Hundeschule. Sehr schade, aber auch gut, wir können nicht jedem helfen.
Also war hier nun Schluss und wir gingen nach Hause.

Nach gut zwei Jahren kam ein Kunde zu uns mit einem Rottweiler namens Luis. Nach den ersten drei Sätzen fiel mir auf, dass es sich doch tatsächlich um den Luis handelte, der bei Familie Röhrig war.

Er erzählte, dass Luis abgegeben wurde, weil die Familie nicht mit ihm zurechtkam. Aber er sei ein guter Hund, der nur nicht richtig gelernt hatte, wo sein Platz im Leben war.

Wir trainierten mit seinem neuen Halter einige Monate und aus Luis wurde ein souveräner Hund.

50. Falsche Erziehung

Hund: Mia
Halter: Sauer

Die letzte Geschichte dieses Buches sollte eine besondere sein. Aber wie wähle ich diese aus über 30 Jahren Berufserfahrung aus?
Ist diese nun besonders? Soll ich eine andere nehmen?
Ich glaube, dass es in diesem Buch viele besondere Geschichten gab und somit ist auch diese Geschichte besonders und ich werde auch diese nie vergessen.
Denn sie zeigt, was passieren kann, wenn man den Hund nicht versteht und ohne Grenzen und Erziehung, dafür nur mit Liebe groß werden lässt.

Frau Sauer stand eines Tages bei mir im Futtershop und erzählte, dass sie und ihr Mann sich einen Rottweiler holen möchten. Sie hatten noch nie einen Hund und was ich davon hielte.
Dazu nur ein Wort: *„Nichts."*

Nicht, weil diese Rasse schwierig ist, und auch erstrecht nicht, weil diese Rasse gefährlich ist, sondern alleine deshalb, weil da eine elegante Frau vor mir stand und mir meine Erfahrung sofort sagte, dass hier ein kleiner Malteser oder ähnliches besser wäre.
Aber nein, es musste ein Rottweiler sein.
Gut, ich würde ihr gerne helfen, aber meine Meinung habe ich ihr gesagt und auch begründet.
Sie sagte, dass ihr ausgesuchter Züchter in 4 Monaten Nachwuchs geplant habe und sie davon eine Hündin nehmen wollten.

Als ich den Namen des Züchters erfuhr, erklärte ich ihr, dass dieser richtige Leistungshunde züchtete und das nicht der Hund sein werde, den sie sich vorstellte.
Aber was weiß ich schon.
Ich konnte mir hier jegliches Veto sparen, da sie es nicht hören wollte.

Also habe ich ihr alles erklärt, wie es in meiner Hundeschule so läuft und welche Möglichkeiten sie hatte. Von der Welpenschule über die Junghunde bis zu den Leistungskursen hätten wir ein großes Angebot, das wir anbieten können.
Sie verabschiedete sich und wollte sich dann für die Welpenschule melden, wenn der Termin des Einzugs feststand.

Es vergingen die Monate und ich vergaß Familie Sauer völlig. Nach fast einem Jahr meldete sie sich per Telefon. Ich konnte mich natürlich nicht mehr an sie erinnern.

Also erzählte sie mir, dass es länger gedauert habe, weil bei dem geplanten Wurf keine Hündin dabei war, und daher mussten sie auf den Nächsten warten. Ich schrieb sie für die Welpenschule Kurs 1 auf und wartete mal, was da käme.

Sonntags drauf kam dann Frau Sauer mit Stöckelschuhen und weißer Kleidung mit ihrem Mann im Schlepptau auf dem Hundeplatz an.
Mir und den anderen Kunden stand der Mund offen und keiner wusste, was er sagen sollte. Ich meinte dann, dass sie sich vielleicht in der Garderobe vergriffen hätte und sie solle bitte beim nächsten Mal ordentliches Schuhwerk mitbringen. Auch weiße Kleidung war nicht gerade die erste Wahl.
Es wurde registriert und der Kurs begann.
Und ja, es kam, was kommen musste. Beim sozialen Spiel sprangen einige der anderen Hunde an Frau Sauer hoch, dass ihre Kleidung nun schöne Farbenspiele aufwies.

Erstaunlicherweise nahm sie es nicht zu ernst und machte gute Miene zu bösem Spiel.
Ich erkläre in unserer Welpenschule „alles", was es zur Welpenerziehung zu wissen gibt. Was unbedingt vermieden werden sollte oder was keine Rolle spielt, was gefördert oder verboten gehört.
Aber mehr als erzählen, erklären, vormachen, Beispiele erläutern, Fachwissen äußern und soziales Spielen anbieten kann auch ich nicht tun.
Letztendlich kann ich Hundehalter auch nur unterstützen oder mich anbieten, bei Problemen mit Einzelunterricht zu helfen. Aber die Erziehung muss schon vom jeweiligen Halter selbst übernommen werden.

Familie Sauer machte also den Welpenkurs 1 mit und beteiligte sich wie jeder andere Hundehalter hier auch. Sie stellten Fragen und machten alles so, wie ich mir das wünschte.
Zumindest sagten sie das und warum sollte ich es nicht glauben.
Ihr Bekleidungsstil hatte sich nach der ersten Stunde auch den Bedingungen auf dem Platz angepasst. Die Farbe Weiß war nun Blau und Schwarz gewichen.

Dann, beim Welpenkurs 2, sah ich die ersten kleinen Probleme aufkommen. Mia fing immer mehr an, das, was wir verlangten, in Frage zu stellen. Und teilweise auch mit den Zähnen und lautem Knurren.
Das gefiel mir nicht.
Ich fragte, ob das zuhause auch so sei, als Antwort bekam ich:
„Nur hier."

Ok, ich überlegte, ob Mia überfordert sei oder müde, unkonzentriert oder motzig.
Ich half ihnen so gut ich konnte und es wurde besser.

Mehrmals bot ich an, bei einem Einzeltermin zuhause zu schauen, was es vielleicht zu ändern gäbe, aber immer wurde ich abgewimmelt, dass zuhause ja alles funktioniere.
Also machten wir die Welpenschule fertig und als nächstes stand der Junghundekurs auf dem Programm.
Mia war nun ein halbes Jahr alt und fing wieder an, alles in Frage zu stellen.
Aber zuhause sei immer noch alles in Ordnung.
Warum ich das erwähne?
Weil ich glaubte, dass zuhause eben nicht alles in Ordnung war.
Aber was sollte ich tun?

In jeder Stunde wurde das Problem deutlicher, Mia hatte Null Respekt vor der Familie. Nahm ich sie und übte, klappte alles, aber eben nicht bei Familie Sauer.
Als Mia ca. ein dreiviertel Jahr alt war, rief mich Frau Sauer an und teilte mir mit, dass sie nicht mehr kämen. Der ständige Stress auf dem Hundeplatz wäre zu viel für sie.
Ich sagte ihr nochmals, dass ich gerne zu ihnen nach Hause kommen würde, weil ich glaubte, dass hier ein Problem war. Doch auch dieses Mal wollte sie das nicht hören und verabschiedete sich. Na gut, schade. Ich hätte gerne geholfen, aber dazu muss man mich auch lassen.

Die Wochen und Monate vergingen und ich hatte Mia und Familie Sauer vergessen, als plötzlich das Telefon klingelte und Herr Sauer anrief. Sie bräuchten dringen Hilfe, Mia habe seine Frau gebissen und sie verstünden nicht wieso.
Ich machte einen Termin und durfte nun zu ihnen nach Hause kommen.

Beim Betreten der Wohnung lag da ein riesengroßes rundes Hundebett und Mia lag entspannt darauf.

Als sie mich erkannte, freute sie sich, mich zu sehen, genau wie zu den Zeiten, als sie noch bei mir auf dem Platz waren. Familie Sauer hatte keine Kinder und sie lebten daher nur zu zweit mit Mia in einem großen Haus. Wir gingen in das Esszimmer und an diesem großen Tisch standen nur 2 Stühle.
Das sah etwas seltsam aus.
Frau Sauer setzte sich und auch mir wurde ein Platz angeboten. Herr Sauer stand an der Wand. Ich fragte, ob es keine weitere Sitzgelegenheit gab. Er meinte, dass zwei Stühle im Wohnzimmer stünden, aber es gehe auch so. Ok, ich fühlte mich etwas unwohl, aber was soll`s.

Frau Sauer erzählte mir aus ihrer Sicht, was passiert war:
„Wie wir ja schon zu der Zeit sagten als wir noch bei Ihnen waren, haben wir zuhause keine Probleme. Und das ist immer noch so, deshalb verstehen wir nicht, warum Mia mich gebissen hat. Mein Mann hat seit einiger Zeit Atemprobleme, wenn er schläft. Daher muss er ein Atemgerät tragen, was aber so Geräusche macht, dass ich nicht schlafen kann, deshalb wollte ich ins Wohnzimmer und mich auf die Couch legen. Aber Mia hat sich sofort auf mich gestürzt und mir in den Arm gebissen. Ich schrie, mein Mann kam und ist mit mir ins Krankenhaus gefahren. Aber zum Glück war es nur eine Fleischwunde und es waren keine Gefäße verletzt. Seitdem gab es keine Situation, die Mia nochmals zu solch einem Verhalten brachte. Wir lassen sie nun natürlich nicht mehr ins Wohnzimmer."

Ich fragte, ob das was mit dem Wohnzimmer zu tun habe. Sie meinten, dass eventuell die Couch das Problem sei.
„Warum?" fragte ich.
Herr Sauer erzählte mir nun, was sie in der Zeit bei mir nicht sagten und auch mit Absicht verschwiegen haben, damit sie niemand der anderen Teilnehmer auslacht.

„Als Mia zu uns kam, nahmen wir sie jeden Abend beim Fernsehen mit auf die Couch. Wir haben nur einen Zweisitzer, aber Mia war ja noch klein. So konnten wir sie bequem streicheln, während wir ferngesehen haben. Nach ein paar Monaten ist Mia größer geworden und uns drei wurde es ein wenig eng. Daher habe ich mir einen Stuhl aus dem Esszimmer geholt und mich damit neben die Couch gesetzt. Meine Frau wollte ja Mia sowieso streicheln, da hat sich das angeboten.
Aber nachdem wir bei Ihnen weggegangen sind, wurde Mia immer noch größer und so holte meine Frau sich auch einen Stuhl und stellte diesen auf die andere Seite der Couch.
Alles war gut. Wir konnten uns an Mia erfreuen und sie streicheln, während wir ferngesehen haben. Sie geht auch nur auf die Couch, wenn wir das Wohnzimmer betreten, ansonsten liegt sie in ihrem Bett im Flur."

Ich suchte kurz den Raum ab, ob hier vielleicht versteckte Kamera gedreht wird, denn ein bisschen veräppelt kam ich mir schon vor. Da sagte Herr Sauer selbst das Problem, aber erkannte es nicht. Nun wollte ich das sehen.

Mia lag zu unseren Füßen im Esszimmer, wir gingen ins Wohnzimmer und tatsächlich stand da ein Stuhl, daneben die Couch und dann ein weiterer Stuhl. Mia kam sofort angeschossen und sprang auf die Couch, beide Menschen setzten sich auf ihre Stühle.
Ich hätte das fotografieren sollen.
Versucht euch das vorzustellen. In der Mitte lag Mia in ihrer ganzen Pracht auf der Couch und links und rechts saßen fast schon schüchtern die beiden Halter. Ich fragte, warum sie Mia nicht von klein auf runtergeschickt hätten, wie ich es doch auch in der Welpenschule damals erzählt hatte.

Als Antwort kam nur: *„Weil sie doch so schön da liegt und wir doch keine Probleme haben.“*
Oh Mann.
Doch, genau da war das Problem. *„Ihr habt Mia zu verstehen gegeben, dass sich immer einer zurückgenommen hat und sie nun der Boss ist, auch wenn es nur um die Couch geht.“*
Wieder sagte Herr Sauer, dass sie aber damit kein Problem hätten. Darauf erwiderte ich, dass er sich doch mal auf die Couch setzten sollte. Er wollte dies gerade tun, da zeigte Mia ihre Zähne in der schönsten Form, die man sich vorstellen konnte, und brummte von ganz unten aus ihrem Bauch heraus.

Herr Sauer setzte sich wieder auf seinen Stuhl.
Ich fragte, warum er sich nicht auf die Couch setzte.
Er meinte, dass es auf dem Stuhl auch gehe.
Das würde hart werden.
Ich versuchte mit Engelszungen auf die beiden einzureden und ihnen das Problem aufzuzeigen. Aber ich drang einfach nicht durch. Verschiedene Szenarien zeigte ich ihnen auf.
Dass ich jetzt ihre Stühle übernähme, dann könnten sie sich auf den Boden setzten oder mir die Stirn bieten.
Irgendwann hatten sie es begriffen, aber wie könnten wir das wieder ändern?

Also wollte ich erstmal sehen, ob Mia es bei mir auch machen würde, um zu erkennen, wo wir ansetzten konnten.
Ich ging schnurstracks zur Couch und setzte mich. Mia wollte sofort auf mich los und zack, flog sie von der Couch runter. Ich beanspruchte diese nun für mich. Sie wollte nochmals diskutieren, aber mit mir nicht. Sie akzeptierte es und legte sich auf den Boden.
Dann erklärte ich wieder sehr viel, warum das so gelaufen ist und warum ich das gemacht hatte.

Dann stellten wir einen Trainingsplan auf, um in ganz kleinen Schritten den beiden auch die Möglichkeit zu geben, das alles umzusetzen.
Jede Woche kam ich Freitag morgens zu ihnen um nachzuprüfen, ob alles richtig umgesetzt wurde.
Es hat viele Wochen gedauert, bis sie ihre Couch wieder hatten und Mia darauf verzichtete.

Aber warum dauerte es so lange?
Familie Sauer war so lieb, dass wir so kleinschrittig wie möglich arbeiten mussten, weil sie größere Schritte einfach nicht umsetzen konnten.

Aber auch da gab es ein Happy End.
Familie Sauer und Mia konnten wieder das Wohnzimmer benutzen, ohne dass es eine Beißattacke gab.

Nachwort

Ein Hundebuch mal anders?
Das weiß ich nicht.
Ich weiß auch nicht, ob ich euren Geschmack getroffen habe und ihr Spaß beim Lesen hattet.

Es würde mich freuen, denn das war mein Ziel.
Nicht mehr, aber auch nicht weniger.

Dieses Buch ist das Erste, das ich geschrieben habe. Ob es auch mein Letztes sein wird, weiß ich noch nicht, denn ich habe ein weiteres angefangen, während ich an diesem noch schrieb.

Es hat richtig Spaß gemacht, war aber für mich als „Nicht-Schreiber" und Legastheniker nicht leicht.

Und natürlich kommen beim Schreiben Gedanken oder Träume hoch:
Wie schlägt das Buch ein?
Bekomme ich wenigsten meine Kosten wieder rein?
Liest das überhaupt jemand?
Werde ich nun reich?

Das alles ist wirklich nicht wichtig.
Es soll gefallen und euch allen einen Einblick in mein Leben geben, das sich jeden Tag nur um Hunde dreht.

Wenn ihr dieses Buch vielleicht als Bettlektüre lest und danach mit einem Lächeln einschlaft, war es jede Mühe wert.

Danksagung

An meine Frau, die mich seit Jahren erträgt.
Ich weiß, dass ich nicht perfekt bin, aber ich gebe täglich mein Bestes.
Danke für deine Liebe und deine Geduld.

An Christine, die mir half, die Rechtschreibung in den Griff zu bekommen, ständig die Geschichten rauf und runter gelesen hat, mir half, das Buch zu verlegen und mir ihre Meinung mitgeteilt hat, auch wenn ich das nicht immer hören wollte.

An Sandra, die mir half, die Bilder zu bearbeiten, weil ich am PC keine Leuchte bin.

An meine Kunden. Ohne sie alle wäre dieses Buch überhaupt nicht entstanden, weil jegliche Grundlage fehlen würde.

Danke an den Tierschutz und die Organisationen, die täglich ihr Bestes geben.

Danke auch an dich, Xaver. Du hast mir alles beigebracht und warst deiner Zeit über 30 Jahre voraus.
Alles, was ich gelernt habe im Umgang mit Hunden, gerade mit den „gefährlichen und unberechenbaren", hast du mich gelehrt.
Hunde so zu lesen ist eine Kunst, das habe ich anfangs nicht verstanden.
Ich werde dich nie vergessen.

Danke an all meine Hunde. Sie machten mich zu dem, der ich heute bin.
Ich weiß, dass ich durch euch ein besserer Mensch geworden bin.
Bei euch fand ich immer Halt und Unterstützung.
Für „Nichthundemenschen" ist das vielleicht unbegreiflich, aber das ist nicht so wichtig.

Danke an alle, die ich vielleicht vergessen habe und doch erwähnen sollte.

Und ich möchte und muss meine geliebte Kara erwähnen.
Sie kam in einer Zeit zu mir, als ich nicht mehr leben wollte.
Sie brauchte Hilfe, dachte ich mir, aber in Wirklichkeit, half sie mir.
Es vergeht kein Tag, an dem ich nicht an dich denke.
Danke Kara.
Semper fi.

Widmung

Dieses Buch widme ich all meinen Hunden, die bei uns auf dem Gnadenhof lebten und noch leben.
Besonders meiner geliebten Kara.

Rico, Rocky, Ben, Heidi, JJ, Arny, Cash, Kara, Jessi, Timmi, Lemmy, Tina, Baba, Gino, Raul, Eyko, Rick, Osga, Elsa, Rudi, Lisa, Dony, Toni, Maya, Theo, Kimi, Lucy, Leon, Nico

Ich lernte von allen so unendlich viel, sie alle inspirierten mich und machten mich zu einem besseren Menschen.
Zu dem, der ich heute bin.

Dafür meinen unendlichen Dank.
Semper fi.

Impressum

Dieter Paul
Industriegebiet
Große Ahlmühle 15
76865 Rohrbach

ISBN: 9789403713953
Veröffentlichung: 2023

Haftungsausschluss:

Die Inhalte dieses Buches dienen ausschließlich der allgemeinen Information und Unterhaltung.

Sie sind nicht als professionelle Ratschläge oder Anleitungen zu verstehen.

Der Autor übernimmt keine Haftung für Handlungen, die auf Grundlage der im Buch dargestellten Informationen unternommen werden.

Obwohl Handlungen und Charaktere in den Geschichten teilweise auf realen Begebenheiten basieren, sind sie in ihrer Gesamtheit als fiktional zu betrachten.

Halbwahrheiten sind nur zur Hälfte erfunden.

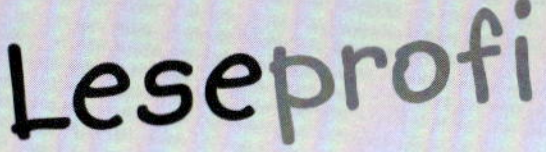

SHERLOCK JUNIOR
und der kopflose Bischof

THiLO

mit Bildern von Nikolai Renger

FISCHER Duden Kinderbuch

INHALT

(Im Glossar findest du alle Übersetzungen!)

Tipp:

Alle englischen Wörter und Sätze kannst du dir anhören unter: www.duden-leseprofi.de/Sherlock-Bischof

NEBEL IN LONDON – DRAUßEN

Saturday morning. Es ist ein ungemütlicher Samstagmorgen in London. Von der Themse steigt dichter Nebel auf.
Zwei Gestalten wandern durch die trüben Straßen der Stadt. Sind es Trickdiebe? Nein! Sind es Handtaschenräuber? Nein! Sind es vielleicht sogar Mörder auf der Suche nach einem Opfer? Erst recht nicht. Eigentlich sehen sie eher aus wie Kinder. Es sind zwei Detektive – doch heute haben sie frei. Sie müssen nicht in die Schule, denn es ist Samstag. Und einen neuen Fall haben sie auch nicht.
Sherlock Holmes, der Fünfte, schlägt den Kragen seines karierten Mantels hoch. Er rückt sich die Mütze tiefer ins Gesicht. **„It's cold, Watson!"**, murmelt er. **„Very cold."**
Watson nickt. Ja, es ist sehr kalt.

Watson heißt eigentlich Walter, er kommt aus Berlin. Aber seit Sherlock ihn zu seinem Assistenten gemacht hat, trägt er den neuen Namen mit Stolz. So hieß schließlich auch der Assistent von Sherlock Holmes, dem Ersten!

„Wo fährt denn nun die nächste U-Bahn?“, fragt Watson ungeduldig.

Sein Chef hat sich für heute mal wieder ein besonderes Programm ausgedacht. Und Watson ist sich sicher, dass es nicht langweilig wird.

„This way“, sagt Sherlock und geht um eine Häuserecke.

„Now we have to turn left. Then we have to turn right. And then right again.“
Und genau so gehen sie auch: erst links, und dann biegen sie zweimal rechts ab. Schon sind sie da.
„Und wo müssen wir hin?“, fragt Watson und studiert das Liniennetz.
„Holborn Station is close to our target“, weiß Sherlock. Offenbar war er schon oft an dem Ort, an den er nun mit Watson will.
„Da ist sie“, sagt Watson und tippt mit dem Finger auf die Station, die nah bei ihrem Ziel liegt. Auch **Tottenham Court Road** ist nicht weit weg.
Dort angekommen, sind es nur noch ein paar Schritte. Dann stehen die beiden Freunde vor einem großen, weißen Gebäude. Es sieht wie ein griechischer Tempel aus. Doch am Eingang steht: **THE BRITISH MUSEUM**.
„This is my favourite museum“, schwärmt Sherlock. Und dieses Lieblingsmuseum will er Watson heute zeigen.

Watson setzt die Brille ab und putzt sich die Gläser. Durch den Nebel sind sie beschlagen. Sherlock geht zur Kasse.

„Good morning, madam", sagt er höflich. Die Frau grüßt freundlich zurück. **„Good morning, kid."** Dann will sie wissen, was sie für Sherlock tun kann: **„What can I do for you?"**

„I'd like to buy a catalogue", erwidert Sherlock.

Sie sagt: **„That's two pounds, please."**

Der Meisterdetektiv gibt ihr die zwei Pfund und erhält wie gewünscht einen dicken Katalog. Darin sind die wichtigsten Werke des Museums abgebildet. Daneben steht, in welchen Räumen man sie findet.

„Oh, look at this!“, ruft Sherlock begeistert. **„The Lewis Chessmen from the Middle Ages. They're wonderful, aren't they?“**
Die Lewis-Schachfiguren? Watson setzt sich die Brille wieder auf und wirft gehorsam einen Blick in den Katalog. Eine Reihe von Figuren ist auf der Seite abgebildet, die Sherlock ihm unter die Nase hält. Sie stammen aus dem Mittelalter, wie Sherlock richtig gesagt hat. Und ja, sie sehen wirklich wundervoll aus.
Watson glaubt, dass sie aus Elfenbein gemacht wurden, denn die Figuren sind gelblich-weiß.

„Let's look at the real ones", beschließt Sherlock. **„They're on the upper floor, in room 40."** Und schon ist er auf dem Weg ins Obergeschoss. Der Eintritt ins Museum ist kostenlos.

Watson ist nun neugierig, er will sich die echten Figuren ebenfalls ansehen. Also folgt er seinem Chef zu Raum 40.

Die **Lewis Chessmen** sind in Vitrinen mitten in der Halle ausgestellt. Davor herrscht großes Gedränge. Die Schachfiguren sind eine der großen Attraktionen des Museums. Als Watson sich auf Zehenspitzen stellt, kann er endlich etwas sehen.

„There are sixteen chessmen in this showcase", murmelt Sherlock.

Sechzehn Schachfiguren befinden sich also in der Vitrine, vor der er steht. Er hat natürlich genau gezählt. Jede Einzelheit kann für einen Kriminalfall wichtig sein, sagt Sherlock immer. Diese Überzeugung kann er wohl auch in seiner Freizeit nicht ablegen.

Die Figuren stammen wahrscheinlich aus dem zwölften Jahrhundert, liest Watson. Also sind sie mehr als achthundert Jahre alt! Ihr Wert ist unschätzbar.
„They're more than eight hundred years old!", staunt auch Sherlock. **„I like the king, the queen and the knight most."**
Watson nickt. Sein Chef mag den König, die Königin und den Ritter am liebsten. Und er selbst?
Watson drängelt sich noch näher an die Vitrine heran. „Mir gefällt der Bischof am besten", sagt er dann. „Der da ohne Kopf. Der sieht so gespenstisch aus!"
Sherlock folgt seinem Blick. Dann sieht er in den Katalog. Dann wieder in die Vitrine.
„The bishop has no head!", wiederholt er. Sherlock klingt ganz aufgeregt. Dabei hat Watson doch gerade schon genau das Gleiche gesagt.
Sherlock tippt mit dem Finger auf die Seite im Katalog.

„But he does have a head here!“, ruft er mit zittriger Stimme. Einige Leute drehen sich schon um, so laut redet Sherlock.

„Shhh! Quiet, please!“, bittet ein älterer Herr um Ruhe.
Watson muss seinem Freund recht geben. Im Katalog ist der Bischof noch mit Kopf abgebildet. Vielleicht hat ihn das Personal beim Putzen fallen lassen?
Doch an so etwas glaubt Sherlock nicht.
„Somebody has destroyed it!“, sagt er leise.

Er sieht Watson mit zusammengekniffenen Augen an. Dieser Blick gefällt Watson gar nicht. Sollte den Bischof wirklich jemand absichtlich zerstört haben? Aber wie? Die Figuren sind doch von dickem Glas geschützt. Und die Vitrine ist mit einem Schloss und einer Alarmanlage gesichert. Niemand kommt an die Schachfiguren heran.

„Watson!“, flüstert Sherlock aufgeregt.

„We have a new case! The case of the headless bishop!“

Watson beißt sich auf die Unterlippe. Ist das wirklich ein neuer Fall für ihr Detektivbüro, wie Sherlock vermutet? Der Fall „Kopfloser Bischof“?

„Go and call a security guard!“, kommandiert Sherlock.

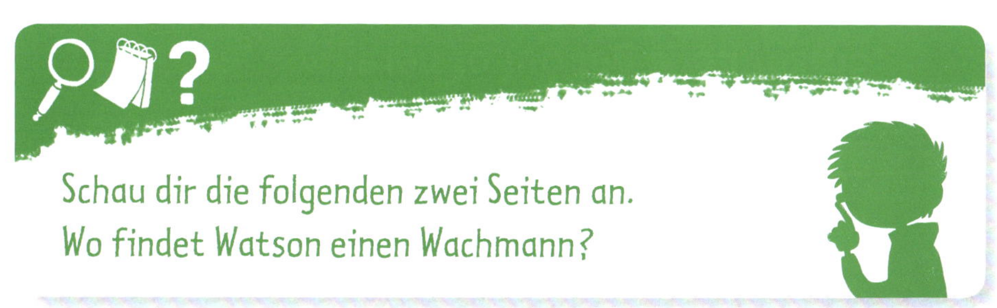

2

NEBEL IN LONDON – DRINNEN

Watson braucht nicht lange, um einen der Wachmänner zu finden. Er trägt eine Anzughose und ein Hemd mit Schulterklappen und hat ein Funkgerät dabei. Watson spricht ihn an.

„What?", fragt der Mann ungläubig. **„Somebody has destroyed the bishop?"**

Watson nickt. „Ja, jemand hat den Bischof zerstört", wiederholt er.

Sofort zückt der Wachmann sein Funkgerät und spricht hektisch hinein.

„This is Tom speaking", ruft er. **„Come to room 40. Immediately!"**

Und wirklich. Sofort stürmen zahlreiche Wachmänner in Raum Nummer 40.

Unter ihnen ist auch ein Mann in einem Cordanzug. Er sieht nicht so gefährlich aus wie die Wachmänner. Eher wie ein Wissenschaftler, findet Watson.

„Hello, my name is Professor Paul Pingle“, stellt sich der Mann vor. Er lispelt ein wenig. Er möchte wissen, was passiert ist: **„What happened?“**

Watson begleitet ihn und die Wachleute zu der Vitrine. Sherlock hat den kopflosen Bischof in der Zwischenzeit nicht aus den Augen gelassen. Doch der Kopf ist natürlich nicht wieder aufgetaucht.

„My name is Sherlock Holmes“, stellt Sherlock sich vor. **„Yes, exactly. Sherlock Holmes. Like the famous detective.“**

Der berühmte Meisterdetektiv sei nämlich sein direkter Vorfahre gewesen, fügt Sherlock hinzu.

Paul Pingle nickt abwesend. Er hat längst gesehen, warum er gerufen wurde.

„Oh, dear!“, klagt der Wissenschaftler und hält sich die Hände vor den Mund. **„The poor, poor bishop!“**

„Ja, der arme Bischof!“, denkt auch Watson. Wer hat ihm das nur angetan? Wer zerstört eine achthundert Jahre alte Figur von unschätzbarem Wert? Ein Verrückter? Und wie ist diese Person an den Bischof herangekommen? Die Vitrine besteht aus Panzerglas, nirgends ist ein Sprung oder gar ein Loch zu sehen.

„The glass is not broken“, hat auch Sherlock festgestellt. **„And the lock is closed.“**
Paul Pingle zieht und zerrt kräftig an dem Schloss. Ja, es ist zu. Fest verschlossen. Es ist ohne professionelles Werkzeug gar nicht möglich, es zu knacken.
„Try to open the showcase!“, kommandiert der Professor die Wachmänner. Zwei von ihnen packen die Vitrine und versuchen sie mit einem Ruck zu öffnen. Augenblicklich heult die Alarmanlage los. Der Lärm ist ohrenbetäubend. Alle Besucher in der Halle zucken zusammen.
„Stop it!“, brüllt Tom. Professor Pingle tippt schnell einen Code in die Alarmanlage. Sofort hört das Geheule auf. Aus den anderen Hallen drängen nun noch mehr Menschen herein. Alle wollen sehen, was hier passiert ist. Watson wird grob zur Seite geschubst. Doch er kann sich wieder nach vorne zu seinem Freund kämpfen.

„Okay“, murmelt Pingle und wischt sich den Schweiß von der Stirn. **„The alarm system is working well.“** Ja, zweifellos funktioniert die Alarmanlage bestens.

„Well, I'll take the key. Let's have a closer look at the bishop“, verkündet er. Aus der Innentasche seines Anzugs holt Pingle einen Schlüsselbund.

Schon will er mit dem Schlüssel die Vitrine öffnen, um sich den Bischof genauer anzusehen. Doch Tom stoppt ihn.

„At first we'll protect the Chessmen“, sagt er scharf.

Und das tun seine Leute dann auch. Sie sichern die Schachfiguren. Sechs Männer stellen sich im Kreis um den Glaskasten.

Mit den Gesichtern nach außen. Ihren wachen Augen entgeht nichts. Wenn sich dem geöffneten Kasten jemand nähern wollte, würden sie ihn sofort unschädlich machen. Da ist sich Watson sicher.
„Now do what you have to do“, murmelt Tom.
Paul Pingle wischt sich noch einmal den Schweiß ab. Dann tut er, was er tun muss: Er steckt den Schlüssel ins Schloss und dreht ihn herum. Die Alarmanlage hat er ja bereits ausgestellt, deshalb bleibt es still.
„God save the Queen!“, sagt der Professor leise. Watson runzelt die Stirn. „Warum soll Gott gerade in diesem Moment die Königin beschützen?“, fragt er sich. Aber wahrscheinlich sagt der Professor diesen Satz immer, wenn es brenzlig wird.
Watson sieht noch, wie sein Chef sich direkt nach vorne neben den Professor drängt.
„Can I have a look?“, fragt er. Er möchte sich die Sache ebenfalls genauer anschauen.

Doch der Professor hört ihm gar nicht zu. Zwei Wachmänner öffnen nun gemeinsam die Vitrine. Was dann passiert, verstehen Watson, die Angestellten und Besucher des Museums erst viel später. So schnell geht es. Kaum ist der Kasten geöffnet, breitet sich in der gesamten Halle blitzschnell Nebel aus. So wie draußen an der Themse, nur viel dichter.

Watson kann seine eigenen Hände nicht mehr sehen. Seine Brille beschlägt. Aber seine Ohren funktionieren auch im Nebel gut. Er hört, wie rundherum Chaos ausbricht. Menschen rufen durcheinander:
„William, where are you?“ Jemand sucht scheinbar einen William.
„Ow! That was my foot!“ Jemandem wurde auf den Fuß getreten.
„Does anybody know where the toilets are?“ Ein Witzbold fragt nach dem Weg zur Toilette. Doch niemand lacht. Ein kleines Mädchen weint. Dann erkennt Watson in dem Stimmengewirr seinen Freund.
„Watson, help!“, brüllt Sherlock. **„I've got him!“**
Sherlock hat ihn? Ja, wen denn? Den Kopf des Bischofs etwa?
Da spürt Watson, wie etwas zu Boden fällt. Genau auf seine Füße.
„Argh“, stöhnt Sherlock dort unten. **„Now he's gone!“**

Watson bückt sich und hilft seinem Chef wieder auf die Beine. Doch Sherlock lässt Watsons Hand nicht los. Mit wackligen Knien zieht er seinen Assistenten durch das Chaos nach draußen.

„Quick, we have to leave“, zischt er. So schnell wie möglich verlassen sie die Halle. In den anderen Räumen und im Treppenhaus ist kein Nebel. Die meisten Besucher versuchen neugierig, in die Mittelalter-Halle zu gelangen. Nur vier Leute sind auf dem Weg nach unten in die Eingangshalle.

„Look!“, zischt Sherlock. **„That's the thief!“**

„Das ist der Dieb?“, wundert sich Watson. „Was denn für ein Dieb?“

Der Meisterdetektiv antwortet ihm nicht. So schnell er kann, springt er die Stufen abwärts.

IN LUFT AUFGELÖST

„It's the same pattern!", bestätigt Sherlock auf dem Weg nach draußen. Das Muster! Der Mantel des Mannes hat das gleiche Muster wie der Stoff in Sherlocks Hand! Watson kann seinem Chef kaum folgen. Als die beiden im Freien sind, geht der Alarm los. Diesmal überall im Museum. Hinter ihnen werden hastig die Türen geschlossen. Watson will weiterrennen, aber Sherlock bremst ihn.

„Walk slowly, Watson!", ermahnt er seinen Assistenten. **„Don't draw attention to yourself!"**

Watson schluckt. Die Sache gefällt ihm überhaupt nicht. Im Museum wurde irgendetwas gestohlen. Und nun soll er langsam gehen, um keine Aufmerksamkeit auf sich zu ziehen? „Halten die uns etwa für Diebe?", würgt er hervor.

Sherlock zuckt mit den Schultern. **„Maybe“**, meint er. **„But the real thief is right in front of us!“**

Sherlock hält das Stück Stoff hoch. Bei dem Tumult an der Vitrine hat er es dem Mann aus dem Mantel gerissen.

Das alles beruhigt Watson kein bisschen. Im Gegenteil. Der richtige Dieb ist direkt vor ihnen. Der Mann im gemusterten Mantel!

„Follow him“, mahnt Sherlock. **„We'll catch the thief.“**

Watson ist sich nicht sicher, ob er den Dieb wirklich fangen will. Der Mann sieht breit und kräftig aus. Und wenn es stimmt, was Sherlock vermutet, hat er eben einen dreisten Museumsraub begangen. Der wird sich von zwei Jungen sicher nicht aufhalten lassen.

Trotzdem nehmen die beiden die Verfolgung des Mannes auf. Er eilt die Straße entlang. Der vermeintliche Dieb ist nur noch dreißig Schritte von ihnen entfernt, da biegt er um eine Straßenecke. Als die beiden Detektive die Stelle erreicht haben, bleibt Sherlock plötzlich stehen. Der Mann ist weg!
„He has disappeared without a trace“, stellt Sherlock bestürzt fest.
Ja, der Mann ist spurlos verschwunden. Aber wie kann das sein? Das Gebäude unweit des Museums hat an dieser Seite keinen Eingang, in den der Dieb hätte flüchten können.
„Let's go to our detective agency“, schlägt Sherlock nach einer Weile geknickt vor.
Also gehen die beiden zu ihrem Detektivbüro. Sherlock hat es in der Wohnung einer alten Lady eingerichtet. Sie ist häufig auf Reisen und hat Sherlock gebeten, auf den Raben Mortimer aufzupassen. Deshalb hat er einen Schlüssel zu der Wohnung.

Vor der Haustür steht Shirley, ein Nachbarsmädchen.

„Have you heard the news?“, fragt sie.

Ob Sherlock und Watson schon das Neueste gehört haben?

Sherlock sieht sie ernst an. **„Which news?“**

Shirley grinst. Sie freut sich, etwas zu wissen, was bei den Jungs noch nicht angekommen ist.

„There was a theft at the British Museum“, sagt sie stolz. **„Someone stole one of the Lewis Chessmen.“**

Sherlock lächelt. Er hat es schließlich als Erster gewusst: Es gab einen Diebstahl im Britischen Museum und eine der Schachfiguren wurde gestohlen. Der Bischof, um genau zu sein.

„Of course we know“, antwortet er trocken. Selbstverständlich wissen sie Bescheid! **„We're detectives!“**

Shirley verzieht das Gesicht. **„I don't believe you!“**, grinst sie und fährt auf ihrem Roller davon.

In der Wohnung werden die beiden Freunde schon von Mortimer erwartet. Der Rabe hockt auf dem Bücherregal im Wohnzimmer.

„Merry Christmas and a Happy New Year!“, wünscht er und legt den Kopf schief.

Watson rollt mit den Augen und lacht. Es ist weder Weihnachtszeit, noch steht das neue Jahr bevor. Raben plappern einfach alles nach. Denken können sie nicht. Oder?

Das kann aber Sherlock. Sogar besonders gut. Er kocht eine Kanne schwarzen Tee. Während er das heiße Getränk schlürft und an einem Keks knabbert, grübelt Sherlock laut über den Fall „Kopfloser Bischof“ nach.

„Nobody can vanish into thin air“, murmelt er.

In dem Punkt gibt Watson ihm recht: Niemand kann sich in Luft auflösen. **„There must be another explanation“**, fügt Sherlock hinzu. Es muss eine andere Erklärung geben.

Noch etwa eine halbe Stunde murmelt der Chefdetektiv unverständliche Worte in sich hinein.

Dann springt er vom Sofa auf. **„Come with me, my friend!“**, kommandiert er.

Watson ist neugierig, natürlich kommt er mit.

Saturday afternoon. Es ist mittlerweile Nachmittag geworden.

Mit Watson im Schlepptau stattet Sherlock einem Informationsschalter der **Transport for London (TfL)** einen Besuch ab.

Das ist die Gesellschaft, die für den Stadtverkehr in London zuständig ist.

„Good afternoon“, grüßt er höflich.

Die Frau am Schalter nickt ihm freundlich zu.

„What can I do for you?“, fragt sie.

„Can you give me an old city map, please?“, bittet Sherlock.

Wie gewünscht, reicht ihm die Dame einen alten Stadtplan, auf dem auch die U-Bahn-Stationen eingetragen sind.

„Thank you very much. How much is it?“, erkundigt sich Sherlock nach dem Preis.

„It's free“, sagt sie. Der Plan kostet nichts.

Die beiden Detektive setzen sich an einen Tisch und breiten ihn aus.

„Bingo!“, ruft Sherlock nach einer Weile.

„Now we know where the thief has gone!“

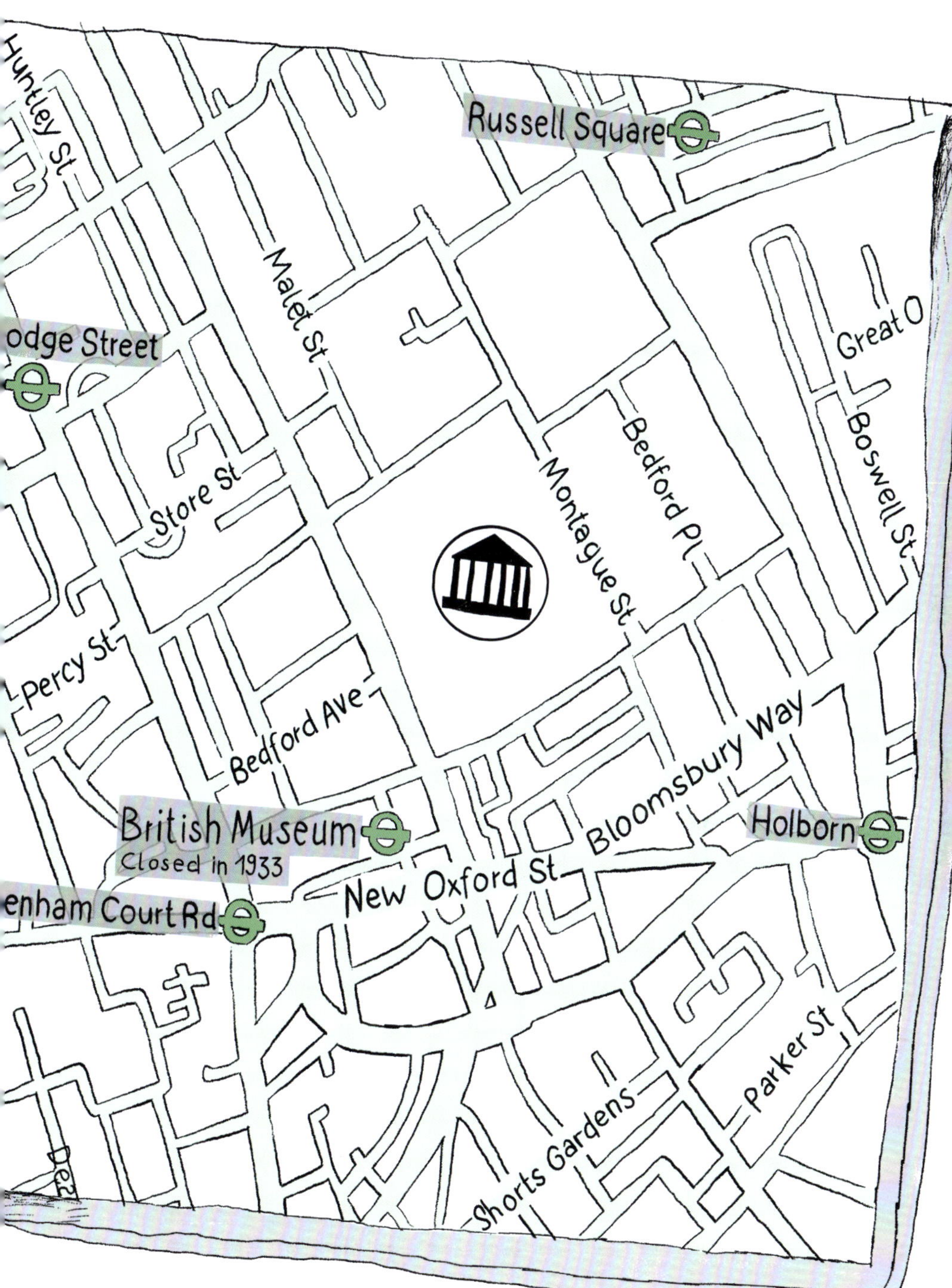

Huntley St
Russell Square
odge Street
Malet St
Great O
Store St
Bedford Pl
Montague St
Boswell St
Percy St
Bedford Ave
Bloomsbury Way
British Museum
Closed in 1933
Holborn
enham Court Rd
New Oxford St
Parker St
Shorts Gardens

VERBRECHERVISAGEN

Watson ist verblüfft. Er wusste ja schon immer, dass sein Chef ein genialer Detektiv ist. Aber Sherlocks Schlussfolgerungen überraschen ihn noch immer.
Sein Chef hat gefunden, was er vermutet hat. Direkt neben dem **British Museum** gab es früher eine U-Bahn-Station. Sie wurde allerdings schon 1933 geschlossen.
Hat sie vielleicht etwas mit der Flucht des Diebes zu tun?
„Let's go back to the crime scene", schlägt Sherlock vor. Er will noch einmal zurück an den Tatort. Watson nickt. Das kennt er schon. Sherlock kann sich an Ort und Stelle immer am besten in den Täter hineinversetzen. Allerdings wird es bald dunkel. Die beiden beschließen, eine Nacht über die Ereignisse des Tages zu schlafen. Watson findet die Idee mehr als gut.

Sunday morning. Am Sonntagmorgen stehen die beiden wieder vor dem Museum. Der Bereich rundherum ist abgeriegelt. Überall sind Polizisten und untersuchen jede kleinste Einzelheit und jede Spur.

„**There are bobbies everywhere**“, murmelt Sherlock.

Einer der Polizisten verteilt auch Zettel mit dem Phantombild von zwei Verdächtigen. Als Watson sich die Verbrechervisagen ansieht, beginnen seine Knie zu zittern. „Das sollen wir sein!“, presst er hervor. „Die verdächtigen uns!“
Sherlock wirft nur einen kurzen Blick auf den Zettel und überfliegt seine Beschreibung:

Etwa zehn Jahre alter Junge, dunkles Haar, blaue Augen, kaltblütig, seltsame Kleidung, merkwürdiger Hut, gefährlich.
„Precise description“, muss Sherlock die Polizisten heimlich loben. **„But I'm not dangerous.“** Die Beschreibung passt sehr genau. Nur gefährlich ist er nicht.
„Höchstens für Verbrecher“, denkt Watson. Am liebsten würde er weglaufen, um nicht verhaftet zu werden. Noch nie in seinem Leben war Watson im Gefängnis. Und er würde seine Krimisammlung dafür geben, dass das auch so bleibt.
Sherlock hingegen wirkt ganz ruhig. Er schiebt seinen Assistenten an den Polizisten vorbei die Straße herunter. Genau den Weg entlang, den sie gestern Vormittag gegangen sind. Der Nebel draußen ist noch dichter als am Vortag. Nach wenigen Schritten holt Sherlock den alten Stadtplan hervor. An der Stelle, an der der Dieb sich anscheinend in Luft aufgelöst hat, bleibt er stehen.

„This is the place“, stellt er fest. **„Right here was the entrance of the old station.“** Watson nickt. Er sieht es auch.
Genau hier war früher der Eingang zu der U-Bahn-Station, die seit 1933 geschlossen ist. Heute steht an der Stelle ein Hochhaus.
Da macht Watson eine interessante Entdeckung. Direkt vor dem Gebäude ist ein Kanaldeckel auf dem Bürgersteig. Der Deckel liegt nicht richtig auf.
„You have excellent eyes!“, lobt der Detektiv seinen Assistenten.
Watson grinst schief und poliert seine Brillengläser. „Na ja, so exzellent sind meine Augen nun auch wieder nicht“, widerspricht er.
Sherlock antwortet nicht, er kniet schon auf dem Boden. Mit beiden Händen zieht er den Kanaldeckel zur Seite. Watson staunt.
Eine rostige Leiter führt in den Schacht darunter.

„Are we fearless and cold-blooded?“, fragt Sherlock mit ernster Miene. Watson schüttelt heftig den Kopf. Furchtlos und kaltblütig? Er? Doch Sherlock tut bereits, was Watson befürchtet hat: Er steigt die rostige Leiter hinab in die Tiefe.

„The thief went this way“, ruft der Detektiv nach oben. Seine Stimme schallt gespenstisch von den Wänden des Schachtes wider. **„But how did he know it?“**

Watson kratzt sich am Kopf. Ja, diesen Weg hat der Dieb gestern genommen, kein Zweifel. Aber woher er von dem Schacht weiß, kann Watson auch nicht beantworten.

Er holt noch einmal tief Luft, dann folgt er Sherlock in die Tiefe.

Etwa zehn Meter geht es nach unten.

Dann ertasten Watsons Füße festen Boden.

Zum Glück fällt von oben Licht in den Gang.

Der Boden zittert, ganz in der Nähe rattert eine U-Bahn vorbei.

„Sherlock?“, brüllt Watson gegen den Lärm an. Doch es kommt keine Antwort.

Dummerweise gehen kurz hinter dem Schacht drei Gänge ab. Einen von ihnen muss der Meisterdetektiv genommen haben. Bloß welchen?

TWEED, NICHT JEANS

Watson ist stolz auf sich. Ganz ohne die Hilfe seines Chefs hat er ein Rätsel gelöst. Dort, wo die Spinnweben zerrissen sind, muss vor Kurzem jemand entlanggegangen sein.

„Ich werde immer besser!“, lobt er sich selbst. „Bald bin ich ein genauso großer Detektiv wie Sherlock Holmes!“

Frohen Mutes geht er in den mittleren Gang hinein. Schon bald hat er seinen Freund eingeholt.

„Watson, there you are again!“, freut sich Sherlock. **„You’re brave enough to follow me.“**

Watson ist sauer. Klar ist er wieder da! Selbstverständlich ist er mutig genug, um Sherlock zu folgen! Was denkt er sich eigentlich!

Doch weil Sherlock eine Taschenlampe dabeihat, lässt Watson ihn gerne vorgehen …

„I think this is the way to the old station“, erklärt Sherlock. **„It must be the right direction.“** Und er hat recht, die Richtung stimmt: Als sie um eine Ecke biegen, sind im Lichtkegel vor ihnen Schienen zu erkennen. An den Wänden sind Bänke aufgestellt.

Die alte U-Bahn-Station! Aber hier ist nichts Besonderes zu sehen.

Nun folgen die beiden den Schienen. Sie erreichen einen schmaleren Gang. Plötzlich zittert der Boden wieder. Und das Rumpeln wird immer lauter.

„Watch out!“, ruft Sherlock warnend.

Watson passt auf. Genau wie sein Freund drückt er sich in eine Nische in der Wand. Keine Sekunde zu früh!

„One, two, three“, zählt Sherlock, dann rast ein Zug an ihnen vorbei.

„Phew!“, schnauft der Detektiv. **„That was close! Let's get out of here!“**

„G-g-ganz deiner Meinung“, antwortet Watson. Ihm schlottern die Knie. Das war wirklich verdammt knapp. Und er will dringend hier herauskommen, bevor noch jemand verletzt wird! Wer die Pläne der U-Bahn nicht genau kennt, läuft höchste Gefahr, überfahren zu werden.

Zurück auf der Straße, macht Sherlock sich genau über diesen Punkt Gedanken.

„The thief knows the underground tunnels very well“, murmelt er. **„But why?“**

Watson zuckt mit den Schultern. Woher der Dieb die U-Bahn-Schächte so gut kennt, weiß er auch nicht. Da hat der Täter ihnen etwas voraus. Diese Spur können sie wohl nicht weiterverfolgen.

Aber Sherlock hat natürlich noch ein anderes Ass im Ärmel: den Stoff des Mantels. Er nimmt ihn aus der Tasche.
Der Stoff ist sehr dick, findet Watson.
„Ist das Jeansstoff?“
Sherlock sieht seinen Assistenten böse an.
„Watson!“, empört er sich. **„This is not jeans, it’s tweed!“**
Watson grinst unsicher. Tweed ist auch ein Stoff, davon hat er schon gehört.
Aber so etwas trägt doch heutzutage kein Mensch mehr. Schon gar nicht mit einem so auffälligen Muster.

„We have to ask a tailor“, beschließt Sherlock. Er gähnt. **„But not today. No tailor will work on Sundays.“**

Watson freut sich. Er fühlt sich, als hätte die U-Bahn ihn tatsächlich überfahren. Einen Schneider zu befragen, findet er eine gute Idee. Und es morgen zu tun, findet Watson noch besser! In der Tat wird heute ohnehin niemand arbeiten.

Monday morning. Am Montag geht Watson erst einmal in die Schule. Schüler zu sein, ist ja noch immer sein Hauptberuf. Sherlock sieht er nur in den Pausen, der ist nämlich eine Klasse über ihm.

„Come to the agency at four o'clock“, bittet der Detektiv seinen Assistenten. Dann öffnet er seine Lunchbox.

Watson ist einverstanden.

Monday afternoon. Pünktlich um vier Uhr will Watson beim Detektivbüro klingeln. Doch Sherlock öffnet bereits die Haustür und kommt heraus.

„We have to hurry up!“, sagt er. **„The tailor is waiting for us.“**

Sherlock hat den Schneider bereits angerufen. Nun müssen sie sich beeilen, denn der Mann wartet schon auf sie. Nebeneinander hasten die beiden Freunde durch die Straßen ihres Viertels. An einer Straßenecke ist eine Box aufgestellt, an der man Zeitungen ziehen kann.

Mit grummelndem Magen liest Watson die Schlagzeilen:

LONDON NEWS

Special Edition

Theft at the museum

Chessman stolen

Who knows these boys?

Die Extraausgabe berichtet alles über den Diebstahl im Museum und zeigt ein Bild des Bischofs. Darunter sind die Phantombilder von Watson und Sherlock abgebildet! Die Polizei will wissen, wer diese Jungen kennt. **„Let’s move to Australia“**, scherzt Sherlock. Aber so richtig vergnügt klingt er nicht. Watson will nicht nach Australien umziehen, er hat mit dem Diebstahl doch überhaupt nichts zu tun! Er war nur zur falschen Zeit am falschen Ort. Und vor allem mit der falschen Person. Hätte Sherlock sich das Foto vom kopflosen Bischof mit Kopf nicht so genau angesehen, wären sie niemals in diesen Schlamassel geraten!

Sherlock stellt seinen Kragen auf und geht weiter. Watson zieht einen Krimi aus der Tasche und hält ihn vor sein Gesicht. „Hoffentlich nutzt es was …“, murmelt er in sich hinein.

Endlich kommen die beiden an einem Schneiderladen an. Im Schaufenster stehen Puppen mit altmodischen Anzügen, Mänteln und Hemden.

„The tailor is very old“, erklärt Sherlock noch schnell. Dann tritt er ein.

Der Schneider ist wirklich sehr alt. Gebückt steht er hinter seiner Kasse. Doch als die Türglocke erklingt, streckt er sich und sieht gleich etwas jünger aus.

„Good afternoon, Sir“, wünscht Sherlock. **„I … eh, my boss called you one hour ago.“** Natürlich war es der Meisterdetektiv selbst, der vor einer Stunde hier angerufen hat. Doch niemand darf die wahre Identität des Detektivs kennen, hat Sherlock beschlossen. Leider wird er als Kind nicht so ernst genommen, wie es ihm gebührt …
„It’s about the tweed, isn’t it?“, murmelt der Schneider.
„Ja, genau“, bestätigt Watson. „Es geht um den Tweed.“
Sherlock zieht das Stück Stoff aus der Tasche, das er dem Dieb aus dem Mantel gerissen hat.
„Nice pattern! Can I have a look?“, fragt der Schneider. Ihm gefällt das Muster.
Er wartet die Antwort gar nicht erst ab und nimmt Sherlock den Fetzen aus der Hand.
Dann wirft er einen Blick darauf.
Alles, was der Experte über den Tweed sagt, schreibt Sherlock in sein Notizbuch:

Der Tweed ist von feiner Qualität, schwer und fast gänzlich wasserdicht. Sehr robust, meint der Schneider. Deshalb wundert es ihn auch, dass Sherlock das Stück einfach so aus einem Mantel reißen konnte.

Die wichtigste Information bekommt aber Watson, als er sich in dem Laden umsieht.

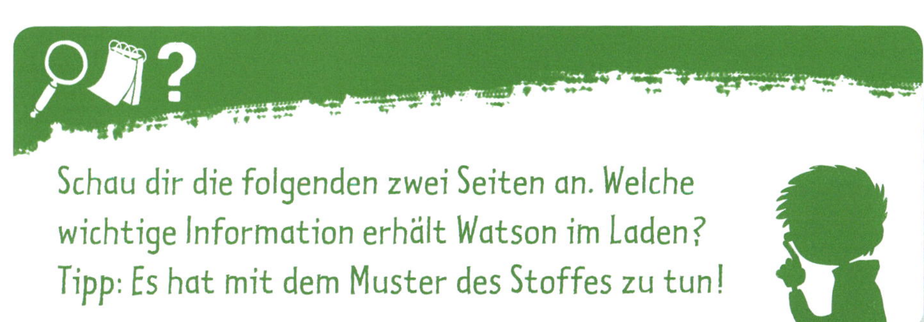

Schau dir die folgenden zwei Seiten an. Welche wichtige Information erhält Watson im Laden? Tipp: Es hat mit dem Muster des Stoffes zu tun!

"Gentleman"
£400
"Lord"
£600
Special
offer £400

Tailor Award
1975
Cloth
TWEED
Tweed
Finest Cloth
About Tweed
All You Need-Tweed
Every tailor has his own pattern

ZEITREISE

Watson hat es in einem aufgeschlagenen Buch gelesen: Jeder Schneider, der etwas auf sich hält, hat sein eigenes Stoffmuster. Sherlock Holmes, der Fünfte, ist sehr stolz auf seinen Assistenten. Diese wichtige Information verdankt er nur Watsons scharfen Augen.
Die kalte Spur ist wieder heiß geworden! Man kann also leicht herausfinden, wo der Mantel des Täters geschneidert wurde.
„Kennen Sie das Muster denn?“, fragt Watson den alten Mann.
„No, I don’t. Sorry, boys.“ Schade!

Tuesday afternoon. Am Dienstagnachmittag brütet Sherlock noch immer über dem anderen Rätsel.
Als Watson ins Detektivbüro kommt, sitzt sein Freund auf dem Sofa. Seine Beine sind

ausgestreckt, die Füße liegen auf dem Tisch. „Wie geht's dir?", fragt Watson.
„Tweed is very thick", murmelt Sherlock, statt auf die Frage nach seinem Befinden zu antworten. **„Why did it tear?"**
Watson zuckt mit den Schultern. Auch er denkt über diese Frage nach: Tweed ist sehr dick. Warum ist der Stoff gerissen?
Plötzlich fällt Watson seine Gammelhose ein. Die ist beim Klettern auf einen Baum auch aufgerissen. Aber nur, weil die schon seine drei Brüder vor ihm getragen haben.
„Vielleicht ist der Stoff schon sehr alt?", sagt er. „Oder sehr abgetragen."
Sherlocks Augen blitzen auf. **„Good idea, my clever assistant!"**, lobt er Watson.
Watson wächst glatt ein paar Zentimeter vor Stolz. Ja, er ist ein cleverer Assistent mit vielen guten Ideen!

Sein Chef hat schon einen neuen Auftrag für ihn. **„Go to the London Transport Museum“**, bittet er. **„We need a list of former employees of Transport for London.“** Watson macht sich gehorsam auf den Weg. Er hofft, dass man ihm im Transport-Museum wirklich die erhoffte Liste ehemaliger Mitarbeiter überreichen wird.
Sherlock bleibt im Büro und wälzt das Telefonbuch von London. Besonders interessiert er sich für die Schneider. Weil der Stoff so alt ist, will er mit denen anfangen, die schon lange im Geschäft sind. Vielleicht kann einer von ihnen weiterhelfen.

Watson ist ein bisschen mulmig zumute, als er das große **London Transport Museum** betritt, das von der **Transport for London** betrieben wird. Aber dann staunt er so sehr, dass er fast vergisst, warum er hier ist.
Hier sind Dutzende von alten Autobussen, Pferdekutschen und Uniformen ausgestellt.

Nach einer Stunde besinnt Watson sich und traut sich, einen der Mitarbeiter anzusprechen. Der Mann bringt ihn zum Büro von Mrs Miller. Die alte Dame kümmert sich um die Geschichte der Gesellschaft. Im Regal hinter ihrem Schreibtisch stehen Hunderte von Aktenordnern.

„Hello, young fellow“, grüßt Mrs Miller.

„Can I help you?“

Watsons Magen entspannt sich ein wenig. Mrs Miller erinnert ihn an seine Großtante Betty. Er räuspert sich.

„Sie können mir in der Tat helfen“, antwortet er freundlich. „Ich benötige eine Liste von früheren Angestellten.“

Mrs Miller sieht ihn an.

„What for?“, fragt sie. **„This is sensitive information.“**

Watson beißt sich auf die Unterlippe. Daran hat er ja gar nicht gedacht. Datenschutz wird hier natürlich sehr ernst genommen. Die Informationen bekommt man nicht einfach so.

Watson schluckt. Einen Grund hat er sich nicht ausgedacht. Da kommt ihm wieder seine Großtante in den Sinn.

„Meine Großtante Betty hatte einen Schulfreund, der hier gearbeitet hat“, flunkert Watson. „Zu ihrem neunzigsten Geburtstag würde ich ihn gerne als Überraschung einladen. Ich habe vergessen, wie sein Name ist. Aber wenn ich ihn sehe, weiß ich es wieder!“

Ob sie ihm diese Ausrede wirklich abkaufen wird? Watson ist etwas nervös. Aber tatsächlich hat er die richtige Strategie gewählt: Die Augen der alten Dame leuchten auf. So einen Großneffen wie Watson wünscht sie sich scheinbar auch. Zwinkernd reicht Mrs Miller ihm einen Ordner mit Namen. Watson darf sie sogar kopieren! Aber sobald er hat, was er braucht, soll er die Kopien zerreißen. Damit sie nicht in falsche Hände geraten.

„Versprochen!“, sagt Watson froh.

Zurück im Büro wird er schon von Sherlock erwartet. Mortimer, der Rabe, hockt auf Sherlocks Schulter. Es sieht ein bisschen gruselig aus.
„What shall we do with the drunken sailor?“, krächzt der Rabe, obwohl weit und breit kein betrunkener Seemann zu sehen ist.
„Did you get the list?“, fragt Sherlock ungeduldig.
Watson lächelt. „Natürlich habe ich die Liste“, bestätigt er und zieht sie aus der Tasche.
„Good work!“, lobt Sherlock. Seine eigene Liste liegt schon auf dem Tisch. Darauf stehen die Namen von langjährigen Schneidern, die sich mit alten Mustern und Moden bestens auskennen sollten.
Aber Watsons Liste findet Sherlock jetzt erst einmal spannender.
„I can’t believe it!“, jubelt er plötzlich los.

Transport for London

Anna Black
Sam Brown
Neill Button
Tim Davis
John Freeman
Lewis Gardner
Oliver Goodman
Tilda Greene
Gregory Hamm
Mel Hibbert
Chuck Martin
Doro McCarthy
Ellie Megson
Gordon Miller
John Oxfortt
Julian Preston
Julie Smith
Bernhard Tucker

Tailors

Mick Bancroft
Harry Carter-Brown
Lisa Curtis
Bernie Lockhart
Tom Morrison
Allan Muir
Quentin Oxfortt
Donald Sheard

Was hat Sherlock Holmes auf den Listen entdeckt?

Sherlock hat natürlich sofort erkannt, dass es auf den Listen eine Übereinstimmung gibt. Zwei Männer mit dem seltenen Nachnamen Oxfortt tauchen dort auf: Quentin Oxfortt und John Oxfortt. Quentin war Schneider, John hat bei **Transport for London** gearbeitet. Das kann Zufall sein, aber vielleicht steckt mehr dahinter … Könnte der Schneider Quentin tatsächlich der Täter sein?

Sherlock fährt einen alten Computer hoch, den er ins Büro gebracht hat. Schnell findet er im Internet, was er wissen möchte.

„Today only two people with the name Oxfortt are listed in London“, murmelt er. **„Diana Oxfortt and Z. Oxfortt.“**

Heute sind also nur noch zwei Personen mit dem Namen Oxfortt in London gelistet. Beide ruft Sherlock sofort an. Diana ist erst fünfundzwanzig Jahre alt, wie Sherlock ihr entlockt.

Der zweite Kontakt verspricht mehr Erfolg. Hinter dem Z. steckt ein Zacharias.

„Are you a tailor?“, fragt Sherlock ganz freundlich.
Zacharias hat Schneider gelernt – aber er arbeitet nicht mehr in diesem Beruf. Mehr verrät der knurrige Mann am Telefon nicht. Verärgert über die Störung knallt er den Hörer auf.
„Let's visit this guy tomorrow“, beschließt Sherlock. **„Now it's too late.“**
Ja, für heute ist es wohl zu spät für einen Besuch bei diesem Kerl.

Wednesday afternoon.
Am Mittwochnachmittag machen sich die beiden also auf den Weg. Watson seufzt schwer. Dass Detektive so viel laufen müssen! Diesmal, um den Schneider Zacharias zu besuchen. Das Leben eines Detektivs ist wirklich kein Ponyhof!
Nach einer halben Stunde erreichen die beiden Freunde die Docks an der Themse. Watson sieht sich verunsichert um.

Das hier ist echt nicht die feinste Gegend. Die Häuser in der Straße sind baufällig und viele seit Jahrzehnten nicht mehr renoviert worden. Der anhaltende Nebel rundherum macht alles noch unheimlicher. Watson bekommt eine Gänsehaut.

Sherlock steht jedoch schon vor dem Laden des ehemaligen Schneiders. Er befindet sich in einem kleinen Einfamilienhaus. Die Geschäfte scheinen nicht sonderlich gut zu laufen: Die Scheibe des Schaufensters ist trüb vor Staub. **„Oxfortt Tailors“** ist darauf zu lesen, und darunter, kaum noch erkennbar: **„Ladies and Gentlemen“**.

Neben der Tür ist jedoch ein neueres Schild angebracht:

Watson staunt. Dieser Zacharias scheint ein vielseitiger Mann zu sein. Er war nicht nur Schneider, sondern kauft, verkauft und repariert auch Filmprojektoren aller Art.

Die Tür ist geschlossen. Sherlock klingelt. Einmal. Zweimal. Dreimal. Doch niemand öffnet. Sherlock geht die zwei Stufen zurück und sieht sich das Haus noch einmal genauer an.

„Lass uns abhauen“, sagt Watson. „Es ist niemand da.“

Doch Sherlock schüttelt den Kopf. **„Someone is at home“**, widerspricht er. **„I know it.“**

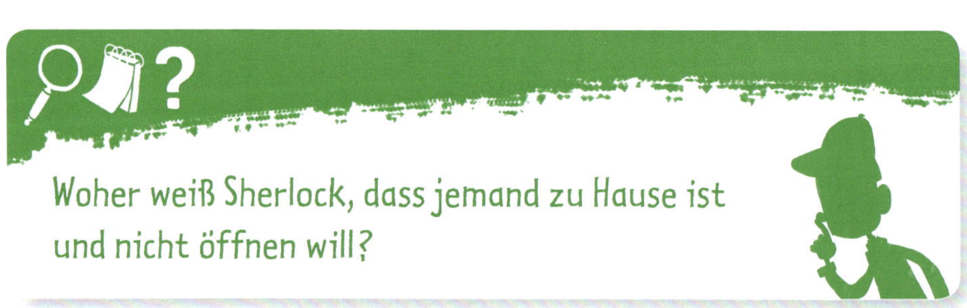

Oxfortt Tailors
Z.O. Repair

EIN HAUFEN TECHNIK

Genial! Watson war es gar nicht aufgefallen: Wenn man genau hinsieht, zeichnet sich im Fenster unten der Schatten eines Mannes ab. Watson lernt eben täglich dazu!
Sherlock lehnt sich gegen die Klingel, bis die Ladentür endlich ein Stück weit geöffnet wird.
„Get lost!“, schimpft der Mann gleich los.
„The shop is closed!“
Sie sollen sich verziehen? Das Geschäft ist geschlossen? Von solchen Aussagen lässt sich Sherlock nicht aus der Ruhe bringen.
Er stellt seinen Fuß auf die Schwelle, bevor der Mann die Tür wieder schließen kann.
„Are you Zacharias Oxfortt?“, fragt der Detektiv höflich.
„Yes, who wants to know?“, fragt Zacharias barsch zurück.
Sherlock kann natürlich unmöglich verraten, wer das wissen möchte.

Watson ist also gespannt, welchen Trick sein Freund diesmal als Tarnung benutzt. **„My name is …“**, beginnt er. Weiter kommt Sherlock nicht. Zacharias Oxfortt tritt Sherlock auf den Fuß. Automatisch zieht Sherlock ihn weg – und zu ist die Tür.

„Das war aber ein unangenehmer Zeitgenosse“, findet Watson. „Leider hat unser Besuch hier nicht viel gebracht.“

Doch Sherlock ist ein wichtiges Detail aufgefallen: Der Mann trug einen zwar alten, aber doch sehr feinen Anzug aus Seide.

Die beiden Detektive ziehen weiter. Aber Sherlock glaubt, dass sie auf der richtigen Spur sind. **„We're on the right track, Watson“**, murmelt er vor sich hin.

Watson freut sich auf sein Zimmer zu Hause. Neben seinem Bett liegt nämlich der neueste Krimi: **The Killer is Always the Butler**. Wenn es doch in Wirklichkeit so einfach und der Mörder immer der Butler wäre … Allerdings wären die Jungs dann wohl arbeitslos.

Watson würde den Krimi gerne endlich anfangen. Doch Sherlock hat eine andere Idee: Sie klingeln bei einigen Nachbarn. Zuerst öffnet niemand. Erst am Ende der Straße macht endlich ein alter Mann auf. „Crisp" steht auf dem Klingelschild. Und Mr Crisp erzählt bereitwillig von der Familie Oxfortt.

Die Oxfortts waren seit Generationen angesehene Schneider, so auch Quentin, der noch viele Adelige einkleidete.

Doch dessen Sohn John wollte vom Schneiderhandwerk nichts wissen und interessierte sich viel mehr für Technik. Er wurde Techniker bei der U-Bahn, wo er die Schienen reparierte und Ähnliches. Die Schneiderei übernahm zu Quentins Glück schließlich Johns Sohn Zacharias. **„But Zack didn't earn anything"**, verrät der alte Mann. **„So he opened a new shop. But his business is still not going well."** Zack verdiente also als Schneider nichts. Und der neue Laden läuft auch nicht besonders. Das ist gut zu wissen!

Mister Crisp beugt sich zu den beiden Besuchern hinüber und flüstert ihnen verschwörerisch zu: **„He wears the suits of his grandfather!“**

Watson findet das interessant. Er würde auch gerne die Anzüge seines Großvaters tragen. Dann würden sich die Leute nicht nur nach Sherlocks komischer Mütze umdrehen! Dummerweise hat Watsons Opa nie Anzüge besessen.

Seit fünf Jahren bastelt Zacharias Oxfortt ständig an irgendwelchen Geräten herum. Das hat schon sein Vater so gemacht. Aber diese Maschinen bekommt nie jemand zu sehen, berichtet Mister Crisp.

„Well, why not?“, schließt der alte Mann. **„He has enough time, hasn't he?“**

Auch Mister Crisp hat offenbar genügend Zeit. Er redet und redet.

„Would you like some tea?“, fragt er zwischendurch. **„I also have scones with jam!“**

Tee und Gebäck wären jetzt genau das Richtige. Watson liebt Scones mit Marmelade! Aber Sherlock schüttelt den Kopf.

Als die Jungen sich endlich von dem Herrn loseisen können, ist es schon später Nachmittag.

„Zacharias is our man!“, ist sich Sherlock sicher. **„He’s got something to do with the theft!“**

Watson zuckt mit den Schultern. Hat Zacharias wirklich etwas mit dem Raub zu tun? Sie werden es herausfinden. So schnell wie möglich.

Durch den immer dichter werdenden Nebel kehren die beiden Freunde zum Schneidergeschäft zurück.

„Stay here and watch the house“, kommandiert Sherlock.

Watson muss schlucken. „A-a-alleine?“, stammelt er.

Blöderweise nickt der Meisterdetektiv. **„Yes, alone“**, bestätigt er. **„I have to go and get something.“** Dann verschwindet er im Nebel.

Watson seufzt schwer. Sherlock muss noch etwas besorgen. Und Watson steht so lange allein hier herum.

Er lehnt sich missmutig an die Mauer schräg gegenüber vom Schneiderladen. Als Sherlock nach zwanzig Minuten zurückkommt, steht Watson immer noch brav auf seinem Posten. Sherlocks Mantel ist an der Seite ausgebeult. Er versteckt einen geheimnisvollen Gegenstand in seiner Tasche. Watson will gerade danach fragen, doch da geht alles blitzschnell: Die Tür des Ladens geht auf

und Zacharias schlüpft heraus. Er hat einen altmodischen Koffer in der Hand. Ohne sich umzudrehen, läuft er Richtung Themse. Sherlock und Watson bemerkt er nicht.
Die Detektive nehmen die Verfolgung auf.
Je näher sie der Themse kommen, desto dichter wird der Nebel.
Zacharias steigt die rutschigen Stufen nach unten und wartet an einem Pier, offenbar auf ein Boot.
Sherlock grinst. **„We're going to beat him at his own game!“** Er zieht Watson in eine Nische am Kai.

„Du willst ihn mit seinen eigenen Waffen schlagen?“, flüstert Watson zurück. „Hat das etwas mit dem zu tun, was du in der Tasche versteckt hast?“

Sherlock nickt. Er holt einen kleinen Beamer heraus und stellt ihn auf eine rostige Mülltonne.

Dann schaltet er ihn ein und projiziert ein Bild auf den Nebel – die beste Leinwand, die es gibt.

Watson erschrickt. Es ist das Bild des gestohlenen Bischofs aus den Zeitungen! Riesengroß scheint er über der Themse zu schweben.

„Bring me back to my friends!“, stöhnt Sherlock, als sei er die Schachfigur. Geisterhaft hallt seine Stimme von den Wänden der Lagerhallen wider.

Watson kichert. Genau! Der Bischof will zurück zu seinen Freunden!

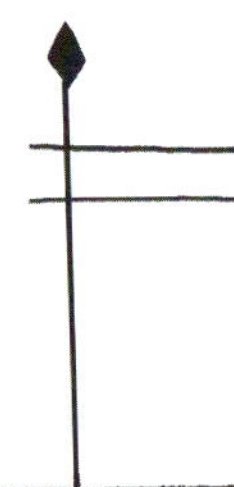

Zacharias Oxfortt rennt, so schnell ihn seine Beine tragen. Den Koffer hält er dabei fest umklammert. Noch einmal heult Sherlock los:

„Leave the suitcase here and run, you slimy worm!“

Trotz all der Spannung muss Watson kichern. Er ist sich nicht sicher, ob ein echter Bischof jemanden als schleimigen Wurm bezeichnen würde. Aber den Koffer soll Mr Oxfortt auf jeden Fall stehen lassen.

Zacharias rennt um eine Häuserecke. Watson und Sherlock folgen ihm, so schnell sie können. Doch als sie den Flüchtigen wieder sehen, hat er den Koffer nicht mehr.
„Run, Watson!“, feuert der Detektiv seinen Assistenten an. **„We must ask him where the suitcase is!“**
Watson jedoch bleibt stehen. „Nein, wir müssen ihn nicht fragen, wo der Koffer ist“, widerspricht er lächelnd. „Ich weiß es nämlich. Auf dem Hinweg habe ich mir diese Stelle hier ganz genau eingeprägt. Und nun ist etwas anders.“

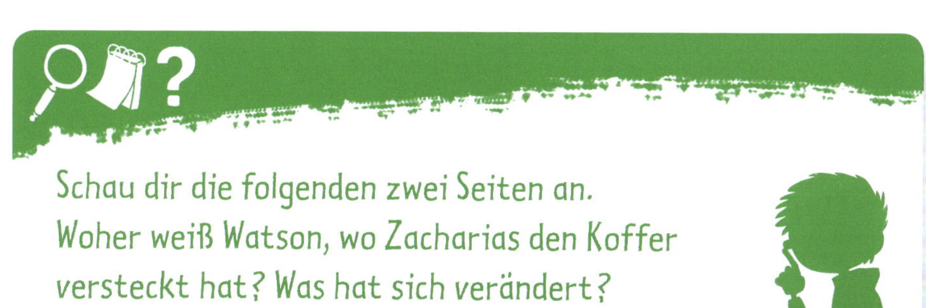

Schau dir die folgenden zwei Seiten an.
Woher weiß Watson, wo Zacharias den Koffer versteckt hat? Was hat sich verändert?

VORHER
STORE
TOXIC
CAUTION
CLOSED
LITTER

NACHHER
STORE
TOXIC
CAUTION
CLOSED
LITTER
FRAGILES

DIE RÜCKKEHR DES BISCHOFS

Sherlock Holmes, der Fünfte, gönnt seinem Assistenten den Triumph von ganzem Herzen. Watson geht zu der Mülltonne mit dem schiefen Deckel und öffnet ihn. Tatsächlich! Hier hinein hat Zacharias in aller Eile seinen Koffer gestopft. Watson zieht das Gepäckstück heraus.

„This is your masterpiece!“, lobt der Detektiv und klopft Watson auf die Schulter. **„You’re a brilliant assistant!“**
Da platzt Watson fast vor Stolz. Sherlock meint, das Auffinden des Koffers sei Watsons Meisterstück! Und Watson sei ein brillanter Assistent.
Deshalb überlässt Watson es auch seinem Chef, den Koffer zu öffnen.
Sherlock nimmt die Ehre gerne an. Mit bedeutender Geste lässt er ihn aufschnappen und greift hinein. Watson sieht nur einen Haufen Kleider und etwas Papier darin. Zacharias hatte offenbar vor, die Stadt zu verlassen.
Wie in Zeitlupe zieht Sherlock seine Hand wieder hervor. Er hält eine Figur aus Elfenbein.
„Your Grace“, sagt Sherlock feierlich. **„Now you’ll go back to your friends.“**

Und was dann kommt, verblüfft Watson sehr. Nicht aber Sherlock. Der erklärt seinem Gehilfen, dass er schon lange eine Vermutung hatte. Zacharias' neuer Beruf hat ihn nachdenklich gemacht. Und nun bestätigt sich Sherlocks Verdacht: Der Bischof ist gar nicht kopflos! Er trägt seinen Kopf dort, wo er hingehört. Auf dem Hals.
„Aber …", beginnt Watson. Doch Sherlock unterbricht ihn.
„Zacharias didn't destroy the chessman", sagt Sherlock. **„It was a trick. He wanted the security guards to open the showcase. That's all."**
Zacharias hat die Figur gar nicht beschädigt? Es war alles bloß ein Trick, damit die Wachmänner die Vitrine öffnen?
Watson ist sprachlos.
Anscheinend hat der Dieb den Kopf mit einem seiner speziellen Projektoren verschwinden lassen. Es war eine optische Täuschung!

„Now we'll bring His Grace back to the British Museum“, beschließt Sherlock und packt die Figur vorsichtig wieder in den Koffer.
Das Papier erweist sich als altes Kartenmaterial der U-Bahn. Zacharias Oxfortt muss es von seinem Vater John geerbt haben. Jedenfalls liegt auch ein Brief von John an seinen Sohn bei den Plänen.

Und dann tun die beiden Detektive, was Sherlock vorgeschlagen hat: Sie bringen Seine Gnaden, den Bischof, zurück zum Museum.
Dort treiben sich noch immer viele Polizisten herum. Sherlock schlägt den Kragen seines Mantels hoch. Watson nimmt zur Tarnung die Brille ab. Schließlich kleben mittlerweile an fast jeder Laterne die Phantombilder der beiden angeblichen Diebe.
Genau vor dem Eingang des Museums stellt Sherlock den Koffer ab.

„You are home again", flüstert er und streicht ein letztes Mal über den Koffer. Die wertvolle Schachfigur ist wieder zu Hause, der Fall „Kopfloser Bischof" ist gelöst.
Auf dem Weg ins Detektivbüro steht zum Glück eine alte Telefonzelle. Sherlock wirft ein paar Pence-Stücke in den Schlitz und ruft das Museum an.
„Hello, this is Mister White speaking", näselt er mit verstellter Stimme. **„The bishop is back. Look at the suitcase. It's at the entrance of the museum. And find Zacharias Oxfortt!"**
Dann legt er auf.

Watson geht in Gedanken noch einmal den ganzen Fall durch. Sie haben gesehen, wie der Dieb spurlos verschwunden ist. So kamen sie darauf, die alten U-Bahn-Pläne zu checken. Über den Stoff seines Mantels sind sie auf die Idee gekommen, dass ein Schneider sie weiterbringen könnte, durch die Liste der **Transport for London** fanden sie den Namen heraus. Und Sherlock dachte sich bald, dass der Kopf niemals abgeschlagen worden war.

Watson ist beeindruckt.
Von seinem Chef.
Und von sich selbst.
Mittlerweile ist auch er ein richtig guter Detektiv geworden, findet er.
Die Sonne kommt heraus. Vor dem Detektivbüro bleiben die beiden Freunde stehen. Mortimer, der Rabe, krächzt schon aufgeregt aus dem Fenster.
„Help!“, kräht er. **„I need some detectives!“**
Watson lacht. „Wir sind Detektive!“, ruft er zum Fenster hinauf. „Wir helfen dir!“
Da tippt ihm jemand auf die Schulter.
Es ist Shirley, das Mädchen mit dem Roller.
„Are you really detectives?“, will sie wissen. **„Have you solved a case yet?“**
Watson nickt. „Ja, wir sind wirklich Detektive“, antwortet er. „Und Fälle haben wir schon viele gelöst.“
Shirley reibt sich die Nase und denkt nach.
„What about the headless pope?“, fragt sie dann.

Watson grinst. „Das war kein Papst, das war ein Bischof", verbessert er. „Und den Fall haben wir gerade eben gelöst!"
Shirley zieht die Nase kraus. **„I don't believe you!"**, lacht sie und rollert davon.
Watson seufzt. „Beim nächsten Fall werden wir Shirley einen Beweis liefern, oder?"
Sherlock lächelt. **„I'm sure we'll prove how brilliant we are!"**
„Ja", denkt Watson. „Wir werden beweisen, wie brillant wir sind!"
Dann schließen sie die Tür auf und füttern den Raben Mortimer. **„Good morning, good afternoon, good evening, good night"**, wünscht das Tier höflich.
Und irgendwo in der großen Stadt wird gerade wieder ein Verbrechen begangen, für dessen Aufklärung großartige Detektive benötigt werden. Die besten: Sherlock und Watson.

GLOSSARY – GLOSSAR

Englisch anhören unter: www.duden-leseprofi.de/Sherlock-Bischof

	English	Deutsch
4	Saturday morning.	Samstagmorgen.
4	It's cold, Watson! Very cold.	Es ist kalt, Watson! Sehr kalt.
5	This way.	Hier entlang.
6	Now we have to turn left. Then we have to turn right. And then right again.	Nun müssen wir links abbiegen. Dann müssen wir rechts abbiegen. Und dann noch einmal rechts.
6	Holborn Station is close to our target.	Die Haltestelle Holborn ist nah an unserem Ziel.
6	Tottenham Court Road	Name einer U-Bahn-Haltestelle
6	THE BRITISH MUSEUM	Britisches Museum (großes Londoner Museum für Kulturgeschichte)
6	This is my favourite museum.	Dies ist mein Lieblingsmuseum.
7	Good morning, madam.	Guten Morgen, gnädige Frau.
7	Good morning, kid. What can I do for you?	Guten Morgen, Kind. Was kann ich für dich tun?
7	I'd like to buy a catalogue.	Ich würde gern einen Katalog kaufen.
7	That's two pounds, please.	Das macht zwei Pfund, bitte.
8	Oh, look at this! The Lewis Chessmen from the Middle Ages. They're wonderful, aren't they?	Oh, sieht dir das an! Die Lewis-Schachfiguren aus dem Mittelalter. Sie sind wundervoll, nicht wahr?
9	Let's look at the real ones. They're on the upper floor, in room 40.	Schauen wir uns die echten an. Sie sind im Obergeschoss, in Raum 40.
9	Lewis Chessmen	Lewis-Schachfiguren (Figuren aus Elfenbein. Sie entstanden wohl im 12. Jahrhundert in Norwegen. Im 19. Jahrhundert wurden sie auf einer schottischen Insel gefunden.)
9	There are sixteen chessmen in this showcase.	In dieser Vitrine sind sechzehn Schachfiguren.
10	They're more than eight hundred years old! I like the king, the queen and the knight most.	Sie sind über achthundert Jahre alt! Ich mag den König, die Königin und den Ritter am liebsten.
10	The bishop has no head!	Der Bischof hat keinen Kopf!
11	But he does have a head here!	Aber hier hat er einen Kopf!

12	Shhh! Quiet, please!	Psst! Ruhe, bitte!
12	Somebody has destroyed it!	Jemand hat ihn zerstört!
13	Watson!	Watson!
	We have a new case!	Wir haben einen neuen Fall!
	The case of the headless bishop!	Den Fall des kopflosen Bischofs!
13	Go and call a security guard!	Geh und ruf einen Wachmann!
16	What?	Was?
	Somebody has destroyed the bishop?	Jemand hat den Bischof zerstört?
16	This is Tom speaking.	Hier spricht Tom.
	Come to room 40. Immediately!	Kommt in Raum 40! Sofort!
17	Hello, my name is Professor Paul Pingle.	Hallo, mein Name ist Professor Paul Pingle.
	What happened?	Was ist passiert?
17	My name is Sherlock Holmes.	Mein Name ist Sherlock Holmes.
	Yes, exactly. Sherlock Holmes.	Ja, genau. Sherlock Holmes.
	Like the famous detective.	Wie der berühmte Detektiv.
18	Oh, dear!	Ach je!
	The poor, poor bishop!	Der arme, arme Bischof!
19	The glass is not broken.	Das Glas ist nicht zerbrochen.
	And the lock is closed.	Und das Schloss ist zu/verschlossen.
19	Try to open the showcase!	Versucht, die Vitrine zu öffnen!
19	Stop it!	Hört auf!
20	Okay.	Okay.
	The alarm system is working well.	Die Alarmanlage funktioniert gut.
20	Well, I'll take the key.	Nun, ich werde den Schlüssel nehmen.
	Let's have a closer look at the bishop.	Lasst uns den Bischof genauer ansehen.
20	At first we'll protect the Chessmen.	Zuerst sichern wir die Schachfiguren.
21	Now do what you have to do.	Nun tu, was du tun musst.
21	God save the Queen!	Gott schütze die Königin!
21	Can I have a look?	Darf ich mal schauen?
23	William, where are you?	William, wo bist du?
23	Ow! That was my foot!	Aua! Das war mein Fuß!
23	Does anybody know where the toilets are?	Weiß jemand, wo die Toiletten sind?
23	Watson, help!	Watson, Hilfe!
	I've got him!	Ich habe ihn!
23	Argh. Now he's gone!	Argh. Jetzt ist er weg!
24	Quick, we have to leave.	Schnell, wir müssen verschwinden.
24	Look!	Schau!
	That's the thief!	Das ist der Dieb!

26	It's the same pattern!	Es ist das gleiche Muster!
26	Walk slowly, Watson! Don't draw attention to yourself!	Geh langsam, Watson! Fall nicht auf!
27	Maybe. But the real thief is right in front of us!	Vielleicht. Aber der wirkliche Dieb ist genau vor uns!
27	Follow him. We'll catch the thief.	Folge ihm. Wir werden den Dieb schnappen.
28	He has disappeared without a trace.	Er ist spurlos verschwunden.
28	Let's go to our detective agency.	Lass uns in unser Detektivbüro gehen.
29	Have you heard the news?	Habt ihr schon die Neuigkeiten gehört?
29	Which news?	Welche Neuigkeiten?
29	There was a theft at the British Museum. Someone stole one of the Lewis Chessmen.	Es gab einen Diebstahl im Britischen Museum. Jemand hat eine der Lewis-Schachfiguren gestohlen.
30	Of course we know. We're detectives!	Natürlich wissen wir das. Wir sind Detektive!
30	I don't believe you!	Ich glaube euch nicht!
30	Merry Christmas and a Happy New Year!	Frohe Weihnachten und ein glückliches neues Jahr!
30	Nobody can vanish into thin air.	Niemand kann sich in Luft auflösen.
31	There must be another explanation.	Es muss eine andere Erklärung geben.
31	Come with me, my friend!	Komm mit, mein Freund!
31	Saturday afternoon.	Samstagnachmittag.
31	Transport for London (TfL)	Transport für London (diese Gesellschaft ist in London für den öffentlichen Verkehr zuständig, also für U-Bahn, Busse usw.)
32	Good afternoon.	Guten (Nachmit)Tag.
32	What can I do for you?	Was kann ich für dich tun?
32	Can you give me an old city map, please?	Können Sie mir bitte einen alten Stadtplan geben?
32	Thank you very much. How much is it?	Vielen Dank. Was kostet das?
32	It's free.	Der ist umsonst.
32	Bingo! Now we know where the thief has gone!	Bingo! Jetzt wissen wir, wohin der Dieb gegangen ist!
33	Closed in 1933.	1933 geschlossen.
34	British Museum	Britisches Museum (siehe auch S. 90)
34	Let's go back to the crime scene.	Lass uns zurück zum Tatort gehen.

	English	Deutsch
35	Sunday morning.	Sonntagmorgen.
35	There are bobbies everywhere.	Überall sind Polizisten.
35	cigarettes, chewing gum, crisps, chocolate	Zigaretten, Kaugummi, Chips, Schokolade
36	Wanted	Gesucht
	about ten-year-old boy	etwa zehnjähriger Junge
	dark hair	dunkles Haar
	blue eyes	blaue Augen
	cold-blooded	kaltblütig
	strange clothes	seltsame Kleidung
	weird hat	seltsamer Hut
	dangerous	gefährlich
37	Precise description.	Genaue Beschreibung.
	But I'm not dangerous.	Aber ich bin nicht gefährlich.
38	This is the place.	Das ist die Stelle.
	Right here was the entrance of the old station.	Genau hier war der Eingang der alten Station.
38	You have excellent eyes!	Du hast hervorragende Augen!
39	Are we fearless and cold-blooded?	Sind wir furchtlos und kaltblütig?
39	The thief went this way.	Der Dieb hat diesen Weg genommen.
	But how did he know it?	Aber woher kennt er ihn?
42	Watson, there you are again!	Watson, da bist du wieder!
	You're brave enough to follow me.	Du bist mutig genug, um mir zu folgen.
43	I think this is the way to the old station.	Ich glaube, das ist der Weg zu der alten Station.
	It must be the right direction.	Es muss die richtige Richtung sein.
43	Watch out!	Pass auf!
44	One, two, three.	Eins, zwei, drei.
44	Phew!	Puh!
	That was close! Let's get out of here!	Das war knapp! Lass uns von hier verschwinden!
44	The thief knows the underground tunnels very well.	Der Dieb kennt die U-Bahn-Schächte sehr gut.
	But why?	Aber warum?
45	Watson! This is not jeans, it's tweed!	Watson! Das ist nicht Jeansstoff, das ist Tweed!
46	We have to ask a tailor.	Wir müssen einen Schneider fragen.
	But not today. No tailor will work on Sundays.	Aber nicht heute. Kein Schneider wird sonntags arbeiten.
46	Monday morning.	Montagmorgen.

46	Come to the agency at four o'clock.	Komm um vier Uhr zum Büro.
47	Monday afternoon.	Montagnachmittag.
47	We have to hurry up! The tailor is waiting for us.	Wir müssen uns beeilen! Der Schneider wartet auf uns.
47	London News. Special Edition. Theft at the museum. Chessman stolen. Who knows these boys?	London Nachrichten. Sonderausgabe. Diebstahl im Museum. Schachfigur gestohlen. Wer kennt diese Jungen?
48	Let's move to Australia.	Lass uns nach Australien ziehen.
49	The tailor is very old.	Der Schneider ist sehr alt.
50	Good afternoon, Sir. I … eh, my boss called you one hour ago.	Guten (Nachmit)Tag, der Herr. Ich … äh, mein Boss hat Sie vor einer Stunde angerufen.
50	It's about the tweed, isn't it?	Es geht um den Tweed, nicht wahr?
50	Nice pattern! Can I have a look?	Schönes Muster! Darf ich mal sehen?
51	fine quality; heavy; almost rainproof; robust	feine Qualität; schwer; fast wasserdicht; robust/stabil
52	Special offer £400; "Gentleman" £400; "Lord" £600	Sonderangebot 400 Pfund; „Herr" 400 Pfund; „Lord" 600 Pfund
53	Tailor Award 1975	Schneider-Auszeichnung 1975
53	Best Cloth; Tweed; Finest Cloth; About Tweed; All you need – Tweed	Bester Stoff; Tweed; Feinster Stoff; Über Tweed; Alles, was du brauchst – Tweed
53	Every tailor has his own pattern.	Jeder Schneider hat sein eigenes Muster.
54	No, I don't. Sorry, boys.	Nein, tu ich nicht. Sorry, Jungs.
54	Tuesday afternoon.	Dienstagnachmittag.
55	Tweed is very thick. Why did it tear?	Tweed ist sehr dick. Warum ist er gerissen?
55	Good idea, my clever assistant!	Gute Idee, mein cleverer Assistent!
56	Go to the London Transport Museum. We need a list of former employees of Transport for London.	Geh zum London Transport Museum. Wir brauchen eine Liste früherer Angestellter von Transport for London.
57	Hello, young fellow. Can I help you?	Hallo, junger Mann. Kann ich dir helfen?
57	What for? This is sensitive information.	Wozu? Das sind sensible Informationen.
59	What shall we do with the drunken sailor?	Was sollen wir mit dem betrunkenen Seemann machen? (Hierbei handelt es sich um ein traditionelles Seemannslied.)

59	Did you get the list?	Hast du die Liste bekommen?
59	Good work!	Gute Arbeit!
59	I can't believe it!	Ich kann es nicht glauben!
61	Transport for London	Transport für London (siehe auch S. 92)
61	Today only two people with the name Oxfortt are listed in London. Diana Oxfortt and Z. Oxfortt.	Heute sind nur zwei Personen mit dem Namen Oxfortt in London verzeichnet. Diana Oxfortt und Z. Oxfortt.
62	Are you a tailor?	Sind Sie Schneider?
62	Let's visit this guy tomorrow. Now it's too late.	Lass uns diesen Typen morgen besuchen. Jetzt ist es zu spät.
62	Wednesday afternoon.	Mittwochnachmittag.
63	Oxfortt Tailors Ladies and Gentlemen	Oxfortt-Schneider Damen und Herren
63	Z.O. Repair We buy, sell and repair all film projectors!	Z.O. Reparatur Wir kaufen, verkaufen und reparieren alle Filmprojektoren!
64	Someone is at home. I know it.	Jemand ist zu Hause. Ich weiß es.
66	Get lost! The shop is closed!	Verschwindet! Das Geschäft ist geschlossen!
66	Are you Zacharias Oxfortt?	Sind Sie Zacharias Oxfortt?
66	Yes, who wants to know?	Ja, wer will das wissen?
67	My name is …	Mein Name ist …
67	We're on the right track, Watson.	Wir sind auf der richtigen Spur, Watson.
67	The Killer is Always the Butler.	Der Mörder ist immer der Butler.
69	But Zack didn't earn anything. So he opened a new shop. But his business is still not going well.	Aber Zack verdiente nichts. Darum hat er ein neues Geschäft eröffnet. Aber seine Geschäfte gehen immer noch nicht gut.
70	He wears the suits of his grandfather!	Er trägt die Anzüge seines Großvaters!
70	Well, why not? He has enough time, hasn't he?	Na ja, warum nicht? Er hat genug Zeit, nicht wahr?
70	Would you like some tea? I also have scones with jam!	Möchtet ihr Tee? Ich habe auch Scones mit Marmelade!
71	Zacharias is our man! He's got something to do with the theft!	Zacharias ist unser Mann! Er hat etwas mit dem Diebstahl zu tun!
72	Stay here and watch the house.	Bleib hier und beobachte das Haus.
72	Yes, alone. I have to go and get something.	Ja, allein. Ich muss gehen und etwas holen.

	English	Deutsch
73	We're going to beat him at his own game!	Wir werden ihn mit seinen eigenen Waffen schlagen! (wörtlich: Wir werden ihn in seinem eigenen Spiel schlagen!)
74	Bring me back to my friends!	Bring mich zu meinen Freunden zurück!
76	Leave the suitcase here and run, you slimy worm!	Lass den Koffer hier und renn, du schleimiger Wurm!
77	Run, Watson! We must ask him where the suitcase is!	Lauf, Watson! Wir müssen ihn fragen, wo der Koffer ist!
78–79	TOXIC; LITTER; STORE; CLOSED; CAUTION; FRAGILE	GIFTIG; MÜLL; LAGER; GESCHLOSSEN; ACHTUNG; ZERBRECHLICH
81	This is your masterpiece! You're a brilliant assistant!	Das ist dein Meisterwerk! Du bist ein brillanter Assistent!
81	Your Grace. Now you'll go back to your friends.	Euer Gnaden. Nun werden Sie zurück zu Ihren Freunden gehen.
82	Zacharias didn't destroy the chessman. It was a trick. He wanted the security guards to open the showcase. That's all.	Zacharias hat die Schachfigur nicht zerstört. Es war ein Trick. Er wollte, dass die Wachmänner die Vitrine öffnen. Das ist alles.
84	Now we'll bring His Grace back to the British Museum.	Nun werden wir Seine Gnaden zurück zum Britischen Museum bringen.
85	You are home again.	Du bist wieder zu Hause.
85	Hello, this is Mister White speaking. The bishop is back. Look at the suitcase. It's at the entrance of the museum. And find Zacharias Oxfortt!	Hallo, hier spricht Mister White. Der Bischof ist wieder da. Schauen Sie in den Koffer. Er ist am Eingang des Museums. Und finden Sie Zacharias Oxfortt!
86	Transport for London	Transport für London (siehe auch S. 92)
87	Help! I need some detectives!	Helft mir! Ich brauche Detektive!
87	Are you really detectives? Have you solved a case yet?	Seid ihr wirklich Detektive? Habt ihr schon einen Fall gelöst?
87	What about the headless pope?	Was ist mit dem kopflosen Papst?
88	I don't believe you!	Ich glaube euch nicht.
88	I'm sure we'll prove how brilliant we are!	Ich bin sicher, dass wir beweisen werden, wie brillant wir sind.
88	Good morning, good afternoon, good evening, good night.	Guten Morgen, guten (Nachmit)Tag, guten Abend, gute Nacht.

Hinweis: Damit es einheitlich ist und nicht verwirrt, setzen wir alle Anführungszeichen so: „ “
In einem englischen Text würdest du sie so setzen: “ ”

MADAME TUSSAUDS
NATIONAL GALLERY
PICCADILLY CIRCUS
ROYAL ACADEMY OF ARTS
ST JAMES'S PARK
BUCKINGHAM PALACE
WESTMINSTER ABBEY